普通高等教育机电工程类应用型本科规划教材

金属工艺学

主　编　常万顺　李继高
副主编　柯　鑫　张瑞霞

清华大学出版社
北　京

内 容 简 介

《金属工艺学》是高等工科院校机械类各专业必修技术基础课的教材,它主要研究工程材料的性能及其对加工工艺的影响;各种成形工艺方法本身的规律及其在机械制造中的应用和相互联系;金属机件的加工工艺过程和结构工艺性。

本书共分5篇。第1篇金属材料的基本知识,主要介绍金属材料的主要性能、金属的晶体结构与结晶、铁-碳合金、钢的热处理、常用金属材料及其选用等5个部分的内容。第2、3、4篇热成形工艺基础,主要介绍铸造成形、塑性成形、焊接成形三部分内容,系统阐述了各种热加工工艺方法及其特点、规律、应用与结构工艺性等内容。第5篇切削加工,主要介绍金属切削的基础知识、常用加工方法、典型表面加工分析等内容。

本书适合普通高等院校机械、材料类专业本科生及相关专业大专院校学生使用,也可供有关工程技术人员参考。

图书在版编目(CIP)数据

金属工艺学/常万顺,李继高主编.—北京:清华大学出版社,2015(2025.1重印)
(普通高等教育机电工程类应用型本科规划教材)
ISBN 978-7-302-40910-6

Ⅰ.①金… Ⅱ.①常… ②李… Ⅲ.①金属加工-工艺学-高等学校-教材 Ⅳ.①TG

中国版本图书馆 CIP 数据核字(2015)第 166154 号

责任编辑:赵 斌 赵从棉
封面设计:常雪影
责任校对:赵丽敏
责任印制:宋 林

出版发行:清华大学出版社
    网 址:https://www.tup.com.cn,https://www.wqxuetang.com
    地 址:北京清华大学学研大厦 A 座   邮 编:100084
    社 总 机:010-83470000   邮 购:010-62786544
    投稿与读者服务:010-62776969,c-service@tup.tsinghua.edu.cn
    质量反馈:010-62772015,zhiliang@tup.tsinghua.edu.cn
印 装 者:三河市铭诚印务有限公司
经 销:全国新华书店
开 本:185mm×260mm   印 张:21.5   字 数:522 千字
版 次:2015 年 10 月第 1 版   印 次:2025 年 1 月第 11 次印刷
定 价:59.80 元

产品编号:060607-03

普通高等教育机电工程类应用型
本科规划教材编委会

序

当今世界,科技发展日新月异,业界需求千变万化。为了适应科学技术的发展、满足人才市场的需求,高等工程教育必须适时地进行调整和变化。专业的知识体系、教学内容在社会发展和科技进步的驱使下不断地伸展扩充,这是专业或课程边界变化的客观规律,而知识体系内容边界的再设计则是这种调整和变化的主观体现。为此,教育部高等学校机械设计制造及其自动化专业教学指导分委员会与中国机械工程学会、清华大学出版社合作出版了《中国机械工程学科教程》(2008 年出版),规划机械专业知识体系结构乃至相关课程的内容,为我们提供了一个平台,帮助我们持续、有效地开展专业的课程体系内容的改革。本套教材的编写出版就是在上述背景下为适应机电类应用型本科教育而进行的尝试。

本套教材在遵循机械专业知识体系基本要求的前提下,力求做到知识的系统性和实用性相结合,满足应用型人才培养的需要。

在组织编写时,我们根据《中国机械工程学科教程》的相关规范,按知识体系结构将知识单元模块化,并对应到各个课程及相关教材中。教材内容根据本专业对知识和技能的设置分成多个模块,既明确教材应包含的基本知识模块,又允许在满足基本知识模块的基础上增加特色模块,以求既满足基本要求又满足个性培养的需要。

教材的编写,坚持定位于培养应用型本科人才,立足于使学生既具有一定的理论水平,又具有较强的动手能力。

本套教材编写人员新老结合,在华中科技大学、武汉大学、武汉理工大学、江汉大学等学校老教师指导下,一批具有教学经验的年轻教师积极参与,分工协作,共同完成。

本套教材形成了以下特色:

(1) 理论与实践相结合,注重学生对知识的理解和应用。在理论知识讲授的同时,适当安排实践动手环节,培养学生的实践能力,帮助学生在理论知识和实际操作方面都得到很好的锻炼。

(2) 整合知识体系,由浅入深。对传统知识体系进行适当整合,从便于学生学习理解的角度入手,编排教材结构。

(3) 图文并茂,生动形象。图形语言作为机电行业的通用语言,在描述机械电气结构方面有其不可替代的优势,教材编写充分发挥这些优势,用图形说话,帮助学生掌握相应知识。

（4）配套全面。在现代化教学手段不断发展的今天，多媒体技术已经广泛应用到教学中，本套教材编写过程中，也尽可能为教学提供方便，大部分教材有配套多媒体教学资源，以期构建立体化、全方位的教学体验。

本套教材以应用型本科教育为基本定位，同时适用于独立学院机电类专业教学。

作为机电类专业应用型本科教学的一种尝试，本套教材难免存在一些不足之处，希望读者在使用过程中，提出宝贵的意见和建议，在此表示衷心的感谢。

2012 年 6 月

前 言

《金属工艺学》是高等工科院校机械类各专业必修技术基础课的教材,它主要研究工程材料的性能及强化工艺;各种成形工艺方法本身的规律及其相互联系;比较各种加工方法的特点和应用。

本书共分5篇。第1篇金属材料的基本知识,主要介绍金属材料的主要性能、金属的晶体结构与结晶、铁-碳合金、钢的热处理、常用金属材料及其选用等5个部分的内容。第2、3、4篇热成形工艺基础,主要介绍铸造成形、塑性成形、焊接成形三部分内容,系统阐述了各种热加工工艺方法及其特点、规律、应用与结构工艺性等内容。第5篇切削加工,主要介绍金属切削的基础知识、常用加工方法、典型表面加工分析等内容。本书适合普通高等院校机械、材料类专业本科生及相关专业大专院校学生使用,也可供有关工程技术人员参考。

本书编写掌握如下原则:

(1)在内容上力求做到以实践为基础,注重教材的理论性及实用性,并适当拓宽知识面,力图反映近年来在工程材料和制造工艺领域的最新成果。

(2)理论联系实际,注意多用典型实例分析,以便于学生牢固掌握基本内容,培养学生的综合工程技术能力。

(3)在叙述上,图文并茂、深入浅出、直观形象,便于教学。

(4)每章均有一定数量的复习思考题,以便学生掌握每章内容要点,并培养学生利用所学知识分析问题和解决问题的能力。

(5)本教材在使用国标规定的术语时,考虑到贯彻新国标应有的历史延续性,所以也兼顾了长期沿用的名称和定义,并尽可能使两者达到统一。

参加本书编写的人员有武汉理工大学华夏学院:常万顺(第3篇),柯鑫(第1篇);江汉大学文理学院:李继高(第2、5篇),张倩(第2篇第4、5章);武汉科技大学城市学院:张瑞霞(第4篇)。

本书承李启友主审,对教材的编写提出了许多具体的指导;在编写过程中,参阅了国内外相关资料、文献和教材,并得到了专家和同行的指导,在此一并表示衷心的感谢!

由于编者的水平和经验所限,书中难免存在不妥之处,敬请同行与读者批评指正。

编 者

2015 年 6 月

目录

第 2 篇　铸 造 成 形

第 3 篇   塑 性 成 形

第4篇　焊　接　成　形

第5篇　切削加工

0

绪　论

0.1　本课程的性质和内容

　　金属工艺学是机械类专业学生必修的一门技术基础课程,也是近机类和部分非机类专业普遍开设的一门课程。它主要介绍各种成形工艺方法及其在机械制造中的应用和相互联系;金属零件的加工工艺过程和结构工艺性;常用工程材料的性能、改性、应用及其对加工工艺的影响等内容。

　　金属工艺学是研究产品从原材料到合格零件或机器的制造工艺技术的科学。机器制造的概念是指将毛坯(或材料)和其他辅助材料作为原料,输入机器制造系统,经过存储、运输、加工、检验等环节,最后形成符合要求的零件或产品。概括地讲,机械制造就是将原材料转变为产品的各种劳动总和,其过程如图 0-1 所示。

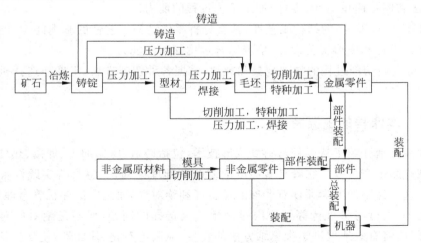

图 0-1　机械制造框图

　　从图 0-1 可以看出,多数零件是先用铸造、压力加工或焊接等方法制成毛坯,再用切削加工方法加工而成。为了改善材料的加工性能,在各工序中间常穿插各种不同的热处理。这就组成了本书的 5 篇:第 1 篇为"金属材料的基本知识",主要讲述工程材料的性能、金属的内部结构与结晶、热处理方法和常用工程材料的种类及其选择；第 2、3、4 篇分别为"铸造成形""塑性成形"和"焊接成形"，分别讲述了各自的工艺基础、常用成形方法、特点和零件的结构设计；第 5 篇为"切削加工"，主要讲述零件加工方法的基础知识、常用加工方法、零件典型表面加工方法的选择、零件的结构设计等。

0.2 本课程的目的、任务和特点

0.2.1 本课程的目的

（1）提高三个能力，即选材能力、选毛坯和切削加工方法的能力以及工艺分析能力。

（2）做到两个了解，即了解各种主要加工方法所用设备与工具的组成、结构和工作原理，了解现代机械制造的新技术和发展方向。

0.2.2 本课程的主要任务

本课程的任务是使学生获得常用工程材料及机械零件加工工艺的基础知识，培养工艺实践的初步能力，为学习其他有关课程和以后从事涉及机械设计及加工制造方面的工作奠定必要的基础。

（1）掌握工程材料和材料热加工工艺与现代机械制造的完整概念，培养良好的工程意识。

（2）掌握金属材料的成分、组织、性能之间的关系，强化金属材料的基本途径。

（3）掌握各种热加工工艺方法的成形原理、工艺特点和应用场合，初步具有选用毛坯种类、成形方法和制定简单毛坯（零件）加工工艺过程的能力。

（4）掌握毛坯（零件）的结构工艺性，具有分析零件结构工艺性的基本能力，能够进行简单产品的结构设计和成形工艺设计，培养综合运用知识的能力。

（5）了解金属切削过程的物理现象和规律，掌握各种切削方法，正确地选择机械加工工艺过程。

0.2.3 本课程的主要特点

本课程系统地介绍了从工程材料到成形技术，包括铸造、压力加工、焊接、热处理等工艺在内的机械产品生产过程。它既具有高度浓缩的基础理论知识，也具有实践性很强的应用技术知识。这门课不像数学那样有严谨的逻辑性和绝对性，而是广泛存在着合理与不合理、先进与不先进、可行与不可行等需要因时因地适当选择的问题，而不是绝对的对与错。因此，学好这门课将有效地促进学生思维方法的转变，克服绝对化、片面性，使学生认识到事物的复杂性。这无疑对学生的成才颇有益处。

材料成形技术历史悠久，但现代科学技术的发展使传统的材料成形技术日益受到现代制造技术的严峻挑战。同时，现代制造技术又要以传统的材料成形技术为基础。因此，本课程将以传统的材料成形工艺为主，以先进的材料成形技术为辅。传统的材料成形技术的使用在当今的工业规模生产中仍然占有相当大的比重。然而，现代制造技术在大中型制造类企业的生产中所占的比例也在不断提高。因此,除了充分掌握传统材料成形技术的基本知识外,还要努力学习先进的材料成形工艺和制造技术。

0.3　机械制造技术的发展简史

机械制造是在生产实践中发展起来的一门既古老又充满活力的学科。几千年来,中国人民在本学科发展的历史上写下了许多光辉篇章。

早在商代,中国就有了冶铸青铜的技术,这一个阶段被称为青铜器时代(公元前 1562—前 1066 年)。1939 年在河南安阳出土了一个现存最大的商代青铜大鼎,长方形、四足、高 133cm、重 875kg,鼎腹内有铭文,是商王为祭祀其母后而制。该鼎现藏于中国历史博物馆。

春秋时期(公元前 770—前 476 年),中国就开始应用铸铁技术,这比欧洲要早 1500 年。如吴王阖闾制造铁兵器,命干将铸剑,得雌雄两剑,雄剑名干将,雌剑名莫邪(莫邪是干将之妻,助夫铸剑),后用以泛称宝剑。由传说中宝剑的锋利情况,可见当时的技术高度。

战国时期(公元前 475—前 221 年),中国发明了"自然钢"的冶炼法,从而有了更高的制剑技术,制剑长度达一米以上,这说明那时已有了冶铸、锻造、锻焊和热处理等技术。中国古代对钢铁的主要成形方法是锻,最重要的热处理方法是"淬",即将已锻好的钢铁用高温烧红,放到水里一浸,使其质地坚硬。

中国铁器生产在西汉时期(公元前 206—公元 8 年)达到全盛时代。这时,农具及日用品多已用铁制造。到了公元 7 世纪的唐朝,应用了锡焊和银焊,而此项技术欧洲直到公元 17 世纪才出现。

明朝宋应星所著《天工开物》一书中详细记载了古代冶铁、炼钢、铸钟、锻铁、淬火等多种金属材料的加工方法。书中介绍的锉刀、针等工具的制造过程与现代几乎一致,可以说《天工开物》是世界上阐述有关金属成形加工工艺内容最早的科学著作之一。

中国从商周、春秋战国到唐、宋、元、明,在冶炼技术和机械制造工艺方面,几千年来走在世界前列。只是鸦片战争以后,中国受到帝国主义列强的侵略和国内反动统治阶级的压迫,变成一个半殖民地、半封建社会,经济命脉为帝国主义所操纵,科学技术越来越落后。

中华人民共和国成立以来,中国的机械制造业有了飞跃进步。仅就机械制造而言,建立了飞机、汽车、巨轮等生产基地。例如汽车生产,旧中国年产不到 100 辆,而仅 2012 年中国生产汽车就超过 1900 万辆。

机械制造的近代史呈现如下的发展趋势:普通机床→自动化车床→自动生产线→数控机床→机械加工中心→柔性制造系统→计算机集成制造系统→多级计算机控制的全自动化无人工厂,且其发展迅猛。

目前,机械制造业正向着柔性化、敏捷化、智能化和信息化方向发展。**柔性化**是指使工艺装备与工艺路线能适应于生产各种产品的需要。**敏捷化**是指使生产力推向市场准备时间为最短,使工厂适应市场需求灵活转向。**智能化**是柔性自动化的重要组成部分,是柔性自动化的新发展和延伸。**信息化**是指机械制造业将不再由物质和能量借助于信息的力量生产出价值,而是由信息借助于物质和能量的力量生产出价值。因此,信息产业和智力产业将成为社会的主导产业,机械制造业也将是由信息主导的,并采用先进生产模式、先进制造系统、先进制造技术和先进管理方式的全新的机械制造业。

21世纪初,机械制造业的重要特征表现在它的全球化、网络化、虚拟化及环保协调的绿色制造等方面。人类不仅要摆脱繁重的体力劳动,而且要从烦琐的计算分析等脑力劳动中解放出来,以便有更多的精力去从事更高层次的创造性劳动。智能化促进柔性化,它使生产系统具有更完善的判断与适应能力。一些发达工业国家,例如美国、德国、瑞士等国统计表明,1995—1998年机械零件的种类增加了50%;80%的工作人员不直接与材料打交道,而与信息打交道;85%的活动不直接增加产品的附加值;产品、工艺过程、组织管理日益复杂化;设计、工艺准备等占去为完成用户订货所花费总时间的65%以上。

机械制造业是所有与机械制造有关的企业机构的总体。机械制造业是国民经济的基础产业。在国民经济的各条战线上,乃至人民生活中广泛使用的大量机器设备、仪器、工具及家电产品都是由机械制造业提供的。因此,机械制造业不仅对提高人民生活水平起着重要保障作用,而且对科学技术发展,尤其对现代高新技术的发展起着更为积极的推动作用。如果没有机械制造业提供质量优良、技术先进的技术装备,将直接影响工业、农业、交通、科研和国防等各部门的生产技术和整体水平,进而影响一个国家的综合生产实力。"经济的竞争归根到底是制造技术和制造能力的竞争。"可见,机械制造业的发展水平是衡量一个国家经济实力和科技水平的重要标志之一。

第1篇

金属材料的基本知识

工程材料可分为金属材料和非金属材料两大类。尽管近几十年来非金属材料的用量正以数倍于金属材料的速度增长,但在今后相当长的时间内,机械制造中应用最广泛的仍然将是金属材料。例如,载重汽车钢件约占自重的 70%,铸铁件约占 15%;一般机床铸铁件约占 70%,钢件约占 20%。

金属材料之所以获得如此广泛的应用,除因冶炼铸铁和钢的铁矿石在地壳中储量丰富外,主要是由于它具有制造机器所需要的使用性能(力学、物理、化学性能等),并且还可用适当的工艺方法加工成机器零件,亦即具有所需的工艺性能。

机械制造中所用的金属材料以合金为主,很少使用纯金属,原因是合金比纯金属具有更好的力学性能和工艺性能,且价格低廉。合金是以一种金属为基础,加入其他金属或非金属,经过熔炼或烧结制成的具有金属特性的材料。最常用的合金是以铁为基础的铁-碳合金,如碳素钢、合金钢、灰铸铁等,还有以铜为基础的黄铜、青铜,以铝为基础的铝-硅合金等。

用来制造机械设备的金属及合金,应具有所需的力学性能和工艺性能、较好的化学稳定性和适合的物理性能。因此,学习本篇时,必须首先熟悉金属及合金的各种主要性能,以便依据零件的技术要求合理地选用金属材料。

本篇主要介绍金属材料的主要性能,金属材料的成分、组织、性能之间的关系,使读者了解热处理工艺及常用钢铁材料的类别和牌号等,为学习本课程中铸造、塑性加工、焊接和机械加工工艺奠定必要的基础。

第1章

金属材料的主要性能

金属材料的性能直接关系到机械零件产品的质量、使用寿命和加工成本,是产品选材和拟定加工工艺方案的重要依据。金属材料的性能包含使用性能和工艺性能两方面。

使用性能是指材料为保证零件能正常工作和有一定工作寿命而应具备的性能,它包括力学性能、物理性能和化学性能。工艺性能是指材料为保证零件的加工过程能顺利进行而应具备的性能,它包括铸造性能、锻造性能、焊接性能、切削加工性能和热处理工艺性能等。

1.1 金属材料的力学性能

金属材料的力学性能又称机械性能,是指材料在各种外力作用下所表现出来的性能。零件的受力情况有静载荷、动载荷和交变载荷之分。用于衡量在静载荷作用之下的力学性能指标有强度、塑性、刚度和硬度等;在动载荷作用下的力学性能指标有冲击韧度等;在交变载荷作用下的力学性能指标有疲劳强度等。

金属材料的力学性能指标可以通过各种标准试验进行测定。

1.1.1 强度与塑性

金属材料的强度和塑性是通过拉伸试验测定的。

目前金属材料室温拉伸试验方法采用 GB/T 228—2002 新标准。由于目前原有的金属材料力学性能数据是采用旧标准进行测定和标注的,所以,原有旧标准 GB/T 228—1987 仍然沿用。本教材为叙述方便采用旧标准。关于金属材料强度与塑性的新、旧标准名词和符号对照见表 1-1-1。

金属材料受外力作用时产生变形,当外力去除后能恢复其原来形状的性能,称为弹性。随外力消失而消失的变形,称为弹性变形,其大小与外力成正比。

金属材料在外力作用下,产生永久变形而不致引起断裂的性能,称为塑性。在外力去除后保留下来的这部分不能恢复的变形,称为塑性变形,其大小与外力不成正比。

将金属材料制成如图 1-1-1 所示的标准试样,在拉伸试验机上,使试样承受轴向拉力 P 并使试样缓慢拉伸,直至试样断裂。将拉力 P 除以试样的原始截面积 S_0 为纵坐标(即拉应力 σ),试样沿轴向产生的伸长量 $\Delta l(l_1-l_0)$ 除以试样原始长度 l_0 为横坐标(即应变 ε),则可画出应力-应变曲线。图 1-1-2 为低碳钢应力-应变曲线。

表 1-1-1　金属材料强度与塑性的新、旧标准名词和符号对照

GB/T 228—2002 新标准		GB/T 228—1987 旧标准	
名　词	符　号	名　词	符　号
断面收缩率	Z	断面收缩率	ψ
断后伸长率	A 和 A_{13}	断后伸长率	δ_5 和 δ_{10}
屈服强度	—	屈服点	σ_s
上屈服强度	R_{eH}	上屈服点	σ_{sU}
下屈服强度	R_{eL}	下屈服点	σ_{sL}
规定残余伸长强度	R_r，如 $R_{r0.2}$	规定残余伸长应力	σ_r，如 $\sigma_{r0.2}$
抗拉强度	R_m	抗拉强度	σ_b

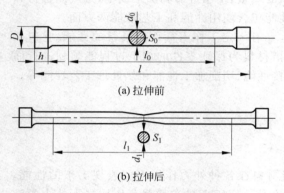

(a) 拉伸前

(b) 拉伸后

图 1-1-1　拉伸试样

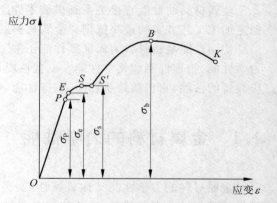

图 1-1-2　低碳钢应力-应变曲线

　　由图 1-1-2 可知,当载荷未达到 E 点以前,试样只产生弹性变形,故 σ_e 是材料所能承受的、不产生永久变形的最大应力,称为弹性极限。当载荷超过 E 点时,试样开始产生塑性变形,当载荷继续增加到 S 点时,试样承受的载荷虽不再增加,仍继续产生塑性变形,图上出现水平线段,这种现象称为屈服,S 点称为屈服点,此时的应力值 σ_s 称为屈服强度,它是金属材料从弹性状态转向塑性状态的标志。当载荷增加至 B 点时,试样截面局部出现缩颈现象,因为截面缩小,载荷也就下降,至 K 点时试样被拉断。

　　金属材料的塑性一般用断后伸长率 δ 和断面收缩率 ψ 表示。

　　试样拉断后,标距的伸长量与原始标距的百分比称为伸长率,用符号 δ 表示,其计算公式如下:

$$\delta = \frac{l_1 - l_0}{l_0} \times 100\%$$

式中,δ 为伸长率(%);l_1 为试样拉断后的标距(mm);l_0 为试样的原始标距(mm)。

　　试样拉断后,缩颈处横截面积的缩减量与原始横截面积的百分比称为断面收缩率,用符号 ψ 表示,其计算公式如下:

$$\psi = \frac{S_0 - S_1}{S_0} \times 100\%$$

式中,ψ 为断面收缩率(%);S_0 为试样原始横截面积(mm²);S_1 为试样拉断后缩颈处的横

截面积(mm^2)。

用 ψ 表示塑性比 δ 更接近材料的真实应变,因为断面收缩率与试样长度无关。伸长率 δ 的值随试样原始长度的增加而减小。所以,同一材料的短试样($l_0=5d_0$,d_0 为试样原始直径)比长试样($l_0=10d_0$)的伸长率大 20% 左右。用短试样和长试样测得的伸长率分别用 δ_5 和 δ_{10} 表示。

金属材料的伸长率和断面收缩率数值越大,表示材料的塑性越好。良好的塑性是金属材料进行轧制、锻造、冲压、焊接的必要条件,而且在使用时万一超载,由于产生塑性变形,也能够避免突然断裂。

1.1.2　刚度

金属材料受外力作用时,抵抗弹性变形的能力称为刚度。在弹性变形范围内,应力 σ 与应变 ε 的比值称为弹性模量,用符号 E 表示,即 $E=\sigma/\varepsilon$。弹性模量越大,表示在一定应力作用下,能发生的弹性变形越小,也就是刚度越大。

弹性模量的大小主要决定于材料内部原子的结合力,因此,同一种材料的弹性模量差别不大,并且热处理、微量合金化以及塑性变形对它的影响较小。但当温度升高时,原子间距加大,金属材料的 E 值会有所降低。相同材料的两个不同零件,弹性模量虽然相同,但截面尺寸大的不易发生弹性变形,而截面小的则容易发生弹性变形。因此,考虑一个零件的刚度问题,不仅要注意材料的弹性模量,还要注意零件的形状和尺寸大小。

1.1.3　强度

强度是金属材料在外力作用下抵抗塑性变形和断裂的能力,按外力作用的性质不同,可分为抗拉强度、抗压强度、抗扭强度等。工程上表示金属材料强度的指标主要是指屈服强度 σ_s 和抗拉强度 σ_b。

屈服强度 σ_s 是金属材料发生屈服现象时的屈服极限,即表示材料抵抗微量塑性变形的能力。它可按下式计算:

$$\sigma_s = \frac{P_s}{S_0}$$

式中,σ_s 为试样产生屈服时的应力(MPa);P_s 为试样屈服时所对应的载荷(N);S_0 为试样原始截面积(mm^2)。

脆性材料的拉伸曲线上没有水平线段,难以确定屈服点 S,因此,规定试样产生 0.2% 残余塑性变形时的应力值为该材料的条件屈服强度,用 $\sigma_{0.2}$ 表示。

抗拉强度 σ_b 是金属材料在拉断前所能承受的最大应力,它可按下式计算:

$$\sigma_b = \frac{P_b}{S_0}$$

式中,σ_b 为试样拉断前所能承受的最大应力(MPa);P_b 为试样拉断前所能承受的最大载荷(N);S_0 为试样原始截面积(mm^2)。

σ_s 与 σ_b 的比值称为屈强比,其值一般为 0.65~0.75。屈强比越小,工程构件的可靠性越高,万一超载也不会马上断裂;屈强比越大,材料的强度利用率越高,但可靠性降低。

合金化、热处理、冷热加工对材料的 σ_s 和 σ_b 均有很大的影响。

在评定金属材料及设计机械零件时,屈服强度 σ_s 与抗拉强度 σ_b 具有重要意义,由于机械零件或金属构件工作时,通常不允许发生塑性变形,因此多以 σ_s 作为强度设计的依据。但对于脆性材料(如灰铸铁),因断裂前基本不发生塑性变形,故无屈服点可言,在设计强度时则以 σ_b 为依据。

1.1.4　硬度

硬度是指材料抵抗局部变形,特别是抵抗塑性变形、压痕或划痕的能力。硬度不是一个单纯的物理量,而是弹性、塑性、强度、韧性等一系列不同物理量的综合性能指标。

硬度试验需要的设备简单,操作方便,不需要破坏试样便能根据硬度值估算出强度和耐磨性。因此,工业上常常采用硬度试验法来估算工件的性能。硬度测定的方法很多,一般分为刻划法和压入法两大类,生产中以压入法较常用,有布氏硬度、洛氏硬度和维氏硬度。

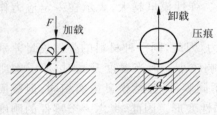

图 1-1-3　布氏硬度试验原理

1. 布氏硬度

布氏硬度试验原理如图 1-1-3 所示。使用直径为 D 的淬火钢球或硬质合金球以压力 F 压入被测材料的表面,保持一定时间后卸去载荷,此时被测表面将出现直径为 d 的压痕。将试验载荷 F 除以压痕表面积 S 所得之值即为布氏硬度,以 HB 表示。显然,材料越软,压痕直径越大,布氏硬度值越低;反之,布氏硬度值越高。

当试验压力的单位为牛顿(N)时,布氏硬度值按下式计算:

$$\text{HB(HBS 或 HBW)} = 0.102\frac{F}{S} = \frac{2F}{\pi D(D - \sqrt{D^2 - d^2})}$$

压头为淬火钢球时,布氏硬度用符号 HBS 表示,适用于测量退火、正火、调质钢及铸铁、非铁合金等布氏硬度小于 450 的软金属;压头为硬质合金球时,用 HBW 表示,适用于测量布氏硬度值在 650 以下的材料。实际测试时,硬度值不需上式计算,而根据载荷 F 及测出压痕直径后查表,即可得硬度值。

标注布氏硬度值时,代表其布氏硬度值的数字置于 HBS 或 HBW 符号前面,符号后面按球体直径、试验力、试验力保持的时间(10~15s,不标注)的顺序用数字表示试验条件。例如,260HBS10/1000/30 表示用直径 10mm 的淬火钢球在 9870N(1000kgf)试验力的作用下,保持 30s,测得布氏硬度值为 260。做布氏硬度试验时,压头球体的直径、试验力及试验力保持的时间,应根据被测金属材料的种类、硬度值的范围及金属的厚度进行选择。

布氏硬度试验的优点是压痕面积大,因此能较准确地反映出金属材料的平均性能。另外,由于布氏硬度与其他力学性能(如抗拉强度)之间存在着一定的近似关系,因而在工程上得到了广泛的应用。但因压痕面积较大,不宜测试成品或薄片金属的硬度;测试过程较繁,不宜大批量检验;此外还不宜测量硬度较高材料。布氏硬度试验法主要用于测定铸铁,有色金属及其合金,低合金结构钢,各种退火、正火及调质钢材的硬度。

2. 洛氏硬度

洛氏硬度的试验原理如图 1-1-4 所示。将一个顶角为 $120°$ 的金刚石锥体(用于硬的材料)或直径为 1.588mm 的淬火钢球(用于较软材料)在规定的载荷下压入被测试材料的表面,除去载荷后,根据压痕的深度来衡量材料的硬度值。压痕越深,材料的硬度越低;反之,材料的硬度则越高。被测材料的硬度值一般不需测量压痕深度,可直接在硬度机刻度盘上由指针指示读出。

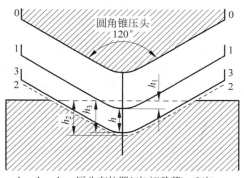

用洛氏法测定硬度时,载荷要分两次加上:开始先加预载荷 98.1N,使金刚石锥体或钢球压入金属表面,使压头压入深度为 h_1;然后再加上主载荷,压头压入深度为 h_2;经过规定的保持时间后卸除主载荷,压头回弹到深度为 h_3;根据残余压痕深度 h,在刻度盘上直接读出洛氏硬度值。

h_1、h_2、h_3—压头在位置1(加初载荷)、2(加总载荷)、3(卸去主载荷)时的压痕深度

图 1-1-4　洛氏硬度试验原理

洛氏硬度符号用 HR 表示,HR 前面的数值为硬度值,HR 后面的字母为使用的标尺类型。常用的洛氏硬度计设置了不同的压头和载荷,其刻度盘上有 3 种不同的硬度标尺 HRA、HRB、HRC 用于测定不同硬度的材料。表 1-1-2 列出了三种洛氏硬度标尺的压头、总载荷、硬度值有效范围及应用举例。这三种洛氏硬度中,HRA 宜测高硬度的材料,HRB 宜测试较低硬度的材料,而 HRC 适中,可测试较高硬度的材料,也可测试硬度不太高的材料,因此它的应用最广。

表 1-1-2　常用洛氏硬度的试验条件及应用范围

硬度符号	压头类型	总载荷/kgf(N)	硬度值有效范围	应用举例
HRA	120°金刚石圆锥体	60(588.4)	70~85	硬质合金、陶瓷、表面淬火钢、渗碳钢等
HRB	ϕ1.588mm 钢球	100(980.7)	25~100	有色金属、退火钢、正火钢等
HRC	120°金刚石圆锥体	150(1471.1)	20~67	淬火钢、调质钢等

注:总载荷=初载荷+主载荷,初载荷均为 10kgf(98.1N)。

洛氏硬度测试操作简单,效率高,压痕小,不损坏工件表面,但由于试验的压痕小易受金属表面不平或材料内部组织不均匀的影响,因此测量结果不如布氏硬度精确,一般需在被测表面的不同部位测量 3 点,取其平均值。

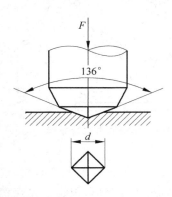

图 1-1-5　维氏硬度试验原理

3. 维氏硬度

测定维氏硬度的原理基本上和布氏硬度相同,如图 1-1-5 所示,区别在于它是用一相对面夹角为 136°的金刚石正四棱锥体压头,在规定载荷 F 作用下压入被测试材料表面,保持一定时间后卸除载荷,然后再测量压痕投影的两对角线的平均长度 d,并计算出压痕的面积 S,以 F/S 的数值来表示试样的硬度值。维氏硬度的表示符号为 HV,标注方法与布氏硬度相同。

测定维氏硬度的载荷大小可任意选择,测定范围宽,适合各种软、硬不同的材料,特别适用于薄工件或工件表面硬化层

的硬度测试。但是硬度值需通过测量对角线后计算得到,效率低于洛氏硬度测试。

1.1.5　冲击韧性

金属材料的强度、塑性和硬度等力学性能是在静载荷作用下测得的,而许多机械零件在使用过程中,除静载荷作用外,还会受到冲击载荷作用。由于冲击载荷的加载速度快,作用时间短,材料在承受冲击时应力分布与变形很不均匀,更容易使零件或工具受到破坏,如锤杆、冲模和锻模等。制造这类零件所用的材料,其性能指标不能单纯用静载荷作用下的指标来衡量,而必须考虑材料抵抗冲击载荷的能力。

材料抵抗冲击载荷作用而不被破坏的能力称为冲击韧性(简称韧性),冲击韧性值 α_K 通常采用摆锤式冲击试验机测定。测试前,按 BG/T 229—1994《金属夏比缺口冲击试验法》规定,先将被测的金属材料制成一定形状和尺寸的试样,如图 1-1-6 所示。测试时,将冲击试样安放在冲击试验机上,试样缺口背向摆锤冲击方向,把具有一定质量 G 的摆锤提到 H 高度后,使摆锤自由下落,如图 1-1-7 所示。冲断试样后落至 h 高度,其势能的变化值即为试样被冲断时所吸收的能量,称为冲击吸收功,用符号 A_K 表示,有

$$A_K = G(H - h) \quad (J)$$

冲击吸收功 A_K 除以冲击试样缺口处初始截面积 S 即为冲击韧性 α_K,即

$$\alpha_K = \frac{A_K}{S} \quad (J/cm^2)$$

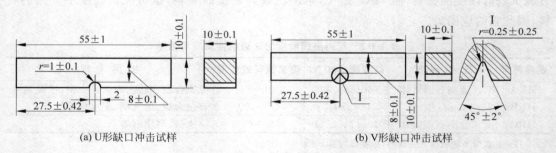

(a) U形缺口冲击试样　　　　　　　　　　(b) V形缺口冲击试样

图 1-1-6　冲击试样

α_K 值越大,金属材料的冲击韧性越好。一般来说,强度塑性均较好的材料,α_K 值较大;反之,只要强度与塑性其中之一很低,则 α_K 值也不会太大。一般把冲击韧性值 α_K 高的材料称为韧性材料,α_K 值低的材料称为脆性材料。

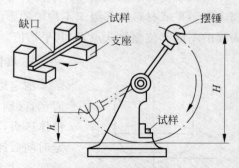

图 1-1-7　摆锤冲击试验原理

1.1.6　疲劳强度

许多机械零件,如轴、齿轮、轴承、叶片、弹簧等,在工作过程中各点的应力随时间作周期性的变化。这种随时间作周期性变化的应力称为交变应力。承受交变应力的零件,工作中往往会在工作应力低于其屈服强度的情况下发生断裂,这种断裂称为疲劳断裂。疲劳断裂都是突然发生的,事先没有明显的塑性变形,很难事先观察

到,因此,具有很大的危险性。

机械零件产生疲劳断裂的原因是由于材料表面或内部有缺陷(夹杂、划痕、显微裂纹等),这些部位在交变应力反复作用下产生了微裂纹,致使其局部应力大于屈服点,从而产生局部塑性变形,导致开裂。随着应力循环次数的增加,裂纹不断扩展使零件实际承受载荷的面积不断减少,直至不能承受外加载荷的作用而产生突然断裂。

大量试验表明,金属材料所受的最大交变应力 σ 越大,断裂前所受的循环次数 N(定义为疲劳寿命)就越少。如图 1-1-8 所示,该曲线称为疲劳曲线,亦称 $\sigma\text{-}N$ 曲线。从疲劳曲线上可以看出,当交变应力的最大值低于某一定值时,材料可能经受无限次循环仍不会发生疲劳断裂,这个最大应力值就称为疲劳强度,对称循环交变应力的疲劳强度用 σ_{-1} 来表示。实际上,测定时金属材料不可能作无数次交变载荷试验。所以一般试验时规定,对于黑色金属应力循环取 10^7 周次,有色金属、不

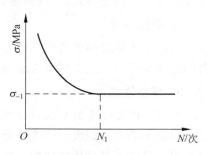

图 1-1-8　疲劳曲线示意图

锈钢等取 10^8 周次交变载荷时,材料不断裂的最大应力称为该材料的疲劳极限。

影响疲劳强度的因素有很多,主要有循环应力特性、温度、材料的成分和组织、表面状态、残余应力等。因此,改善零件疲劳强度可通过合理选材、改善材料的结构形状、减少材料和零件的缺陷、降低零件表面粗糙度值、对零件表面进行强化等方法解决。

1.2　金属材料的物理、化学及工艺性能

1.2.1　金属的物理性能

金属材料的物理性能主要有密度、熔点、热膨胀性、导热性、导电性和磁性等。由于机器零件的用途不同,对材料物理性能的要求也不同。例如,飞机零件常选用密度小的铝、镁、钛合金来制造;设计电机、电器零件时,常要考虑金属材料的导电性。

金属材料的物理性能对热加工工艺也有一定的影响。例如,高速钢的导热性较差,锻造时应采用分段式加热,否则容易产生裂纹;锡基轴承合金、铸铁和铸钢的熔点不同,在铸造时三者的熔炼工艺就有很大的不同。

1.2.2　金属的化学性能

金属材料的化学性能主要指其在常温或高温时,抵抗各种活性介质侵蚀的能力,如耐酸性、耐碱性、抗氧化性等。

在腐蚀性介质中或在高温下工作的零件,其受到的腐蚀比在空气或室温下的更为强烈。在设计这类零件时,应特别注意材料的化学性能,并采用化学稳定性良好的合金。如化工设备、医疗用具等可采用不锈钢,内燃机排气阀和电站设备的一些零件可采用耐热钢。

1.2.3　金属的工艺性能

金属材料的工艺性能是指金属材料在加工过程中是否易于加工成形的能力。工艺性能

的好坏会直接影响所制造零件的工艺方法、质量以及成本,因此选材时也必须充分考虑。按工艺方法不同,材料的工艺性能可分为以下几个方面:

1. 铸造性能

金属及合金在铸造工艺中获得优良铸件的能力称为铸造性能。衡量铸造性能的主要指标有流动性、收缩性和偏析倾向等。金属材料中,灰铸铁和青铜的铸造性能较好。

2. 锻造性能

锻造性能是指用锻造成形的方法获得优良锻件的难易程度。锻造性能的好坏主要以材料的塑性变形能力及变形抗力来衡量。塑性越好,变形抗力越小,金属的锻造性能越好。

3. 焊接性能

焊接性能是指金属材料对焊接加工的适应性,也就是在一定的焊接工艺条件下,获得优质焊接接头的难易程度。焊接性能好的材料焊接时不易出现气孔、裂纹,焊后接头强度与母材相近。低碳钢具有优良的焊接性能,而铸铁和铝合金的焊接性能较差。

4. 切削加工性能

切削加工性能指材料进行切削加工的难易程度。通常用刀具寿命、切削后工件表面状态、切屑排除难易程度等指标进行评定。凡使刀具耐用度高、许用切削速度高、加工后表面粗糙度低、加工精度易于保证、排屑出屑容易、切削量大和消耗功率低的金属,均具有良好的切削加工性,反之则差。

复习思考题

1-1-1　说明下列力学性能指标的名称、单位、含义:δ、σ_b、σ_s、$\sigma_{0.2}$、HRC、α_K、σ_{-1}。

1-1-2　一个紧固螺栓使用后出现塑性变形(伸长),试分析材料有哪些性能指标没有达到要求?

1-1-3　什么是硬度?指出测定金属硬度的常用方法和各自的优缺点。

1-1-4　何为金属的疲劳现象?为什么疲劳断裂对机械零件危害性较大?如何提高零件的疲劳强度?

1-1-5　拉伸试验、冲击试验及疲劳试验时,试样所承受载荷分别属于哪种类型的载荷?各种载荷有何特点?

1-1-6　何为金属的工艺性能?主要包括哪些内容?

第2章

金属的晶体结构与结晶

    自然界的固态物质,根据其结构特征,即原子或分子的排列特征,可分为晶体和非晶体两大类。晶体是指原子呈规则排列的物体,绝大多数金属在固态下一般均属于晶体,如纯铁、纯铝、天然金刚石等。反之,原子排列不规则的物体称为非晶体,如玻璃、松香、沥青等。晶体具有固定的熔点,其性能呈各向异性;非晶体没有固定熔点,而且表现为各向同性。

2.1　金属材料的晶体结构

    为了便于分析晶体中原子的排列规律,可把原子看成是一个刚性小球,则金属晶体就是由这些小球有规律地堆积而成的物体,如图 1-2-1(a)所示,这种图形虽然直观,但不便于分析晶体中各原子的空间位置。为了形象地表示晶体中原子排列的规律,可以将原子简化成处在原子中心的一个结点,用假想的线将这些结点连接起来,构成有明显规律性的空间格架。这种用形象方法来描绘原子在晶体中排列形式的空间格架,称为晶格,如图 1-2-1(b)所示。

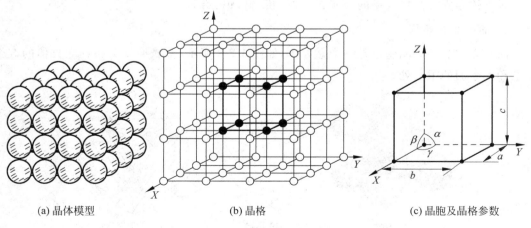

(a) 晶体模型　　　　　　　　　(b) 晶格　　　　　　　　(c) 晶胞及晶格参数

图 1-2-1　晶体结构示意图

晶格是由许多形状、大小相同的几何单元重复堆积而成的,能够完整地反映晶格特征的最小几何单元称为晶胞。不同的元素结构不同,晶胞的大小和形状也不同。在晶体学中,用于描述晶胞大小与形状的几何参数称为晶格参数,包括晶胞的三个棱边长度 a、b、c 和三个棱边夹角 α、β、γ,如图 1-2-1(c)所示。

2.1.1　纯金属的晶体结构

金属中由于原子间通过较强的金属键结合,因而金属原子趋于紧密排列,构成少数几种高对称性的简单晶体结构。常见金属晶格结构有:体心立方晶格、面心立方晶格和密排六方晶格。

1. 体心立方晶格

体心立方晶格的晶胞是一个立方体,如图 1-2-2 所示,8 个原子处于立方体的顶角上,1 个原子处于立方体的中心。

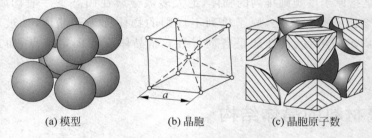

(a) 模型　　　　　(b) 晶胞　　　　　(c) 晶胞原子数

图 1-2-2　体心立方晶胞

(1) 晶格参数: $a=b=c=a$,$\alpha=\beta=\gamma=90°$。

(2) 晶胞原子数:晶胞每个角上原子为相邻的 8 个晶胞共有,加上晶胞中心 1 个原子,故每个晶胞原子数 $n=8\times1/8+1=2$(个)。

(3) 致密度:原子排列的紧密程度可用晶胞中原子所占体积与晶胞体积之比表示,称为致密度,体心立方晶格的致密度为 0.68。

属于体心立方晶格类型的金属有 α-Fe、钒、铬、钨、铅等。

2. 面心立方晶格

面心立方晶格的晶胞也是一个立方体,如图 1-2-3 所示,金属原子分布在立方体的 8 个角上和 6 个面的中心处。

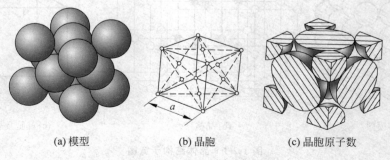

(a) 模型　　　　　(b) 晶胞　　　　　(c) 晶胞原子数

图 1-2-3　面心立方晶胞

（1）晶格参数：$a=b=c=a$，$\alpha=\beta=\gamma=90°$。

（2）晶胞原子数：晶胞每个角上原子为相邻的8个晶胞共有，而每个面中心的原子却为2个晶胞所共有，所以每个晶胞原子数 $n=8\times1/8+6\times1/2=4$（个）。

（3）致密度：面心立方晶格的致密度为0.74。

属于面心立方晶格类型的金属有 γ-Fe、铝、铜、镍、银、金等。

3. 密排六方晶格

密排六方晶格的晶胞如图1-2-4所示，12个金属原子分布在六方体的12个角上，在上、下底面的中心各分布1个原子，并在上、下两个面的中间分布着3个原子。

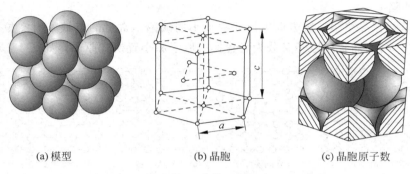

(a)模型　　　　　(b)晶胞　　　　　(c)晶胞原子数

图 1-2-4　密排六方晶胞

（1）晶格参数：底面正六边形的边长为 a，六方体的高度为 c，当原子紧密排列时，$c/a=1.633$；两相邻侧面之间的夹角为120°，侧面与底面之间的夹角为90°。

（2）晶胞原子数：密排六方晶胞每个角上的原子同时为6个晶胞所共有，上、下底面中心的原子同时为2个晶胞所共有，再加上晶胞内的3个原子，故密排六方晶胞的原子数 $n=12\times1/6+2\times1/2+3=6$（个）。

（3）致密度：密排六方晶格的致密度为0.74。

属于密排六方晶格类型的金属有镁、锌、镉、铍等。

面心立方晶格和密排六方晶格中原子排列紧密程度完全一样，体心立方晶格中原子排列紧密程度要差些。因此当一种金属从面心立方晶格（γ-Fe）向体心立方晶格（α-Fe）转变时，会伴随有体积的膨胀，这就是钢在淬火时容易产生开裂的原因之一。

2.1.2　实际金属的晶体结构

1. 单晶体与多晶体

结晶位向完全一致的晶体称为单晶体，如图1-2-5(a)所示。单晶体在不同晶面和晶向的力学性能不同，这种现象称为各向异性。实际金属晶体内部包含了许多颗粒状的小晶体，每个小晶体晶格位向一致，而小晶体之间彼此晶格位向不同，如图1-2-5(b)所示。这种外形不规则的小晶体称为晶粒，晶粒与晶粒之间的界面称为晶界。由于晶界

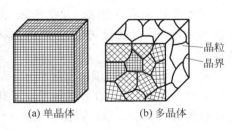

晶粒
晶界

(a)单晶体　　　　(b)多晶体

图 1-2-5　单晶体与多晶体示意图

是相邻两晶粒不同晶格位向的过渡区,所以在晶界上原子排列是不规则的。这种由多晶粒构成的晶体结构称为多晶体,多晶体呈现各向同性。多晶体结构之所以测不出像单晶体那样的各向异性,就是因为大量微小的晶粒之间位向不同,因此在某一方向上的性能只能表现出这些晶粒在各个方向上的平均性能。

2. 晶体缺陷

在多晶体的实际金属中,由于晶体形成条件、原子的热运动及其他各种因素的影响,原子的规则排列在局部区域受到破坏,呈现出不完整的区域,通常把这些区域称为晶体缺陷。根据晶体缺陷的几何特征,可将其分为点缺陷、线缺陷和面缺陷。

（1）点缺陷

点缺陷是指在晶格中三维方向上尺寸都很小的缺陷。常见的点缺陷有空位、间隙原子和置换式原子 3 种,而置换原子又分为大置换式原子和小置换式原子。如图 1-2-6 所示。

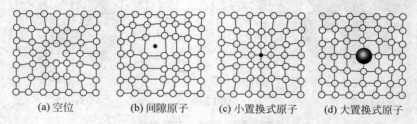

(a) 空位　　　(b) 间隙原子　　　(c) 小置换式原子　　　(d) 大置换式原子

图 1-2-6　点缺陷的类型

空位是指未被原子所占有的晶格结点,间隙原子是指处于晶格间隙中的多余原子,置换原子是指占据晶格结点上的异类原子。产生点缺陷的原因是原子在热运动过程中,个别原子或异类原子具有较高的能量,从而摆脱晶格中相邻原子对其的束缚,脱离其平衡振动位置,跳到晶界处或晶格间隙处形成间隙原子,或跳到结点上形成置换原子,并在原来位置上形成空位。随温度升高,原子跳动加剧,点缺陷也增多。空位和间隙原子的运动和变化是金属扩散的主要方式之一,这对于热处理和化学热处理过程极为重要。

点缺陷的存在使原子之间的作用力失去平衡,其周围的原子发生靠拢或撑开,使晶体结构的规律性遭到破坏,晶格发生歪扭,即产生了晶格畸变,这会引起金属强度、硬度、电阻等的增加。

（2）线缺陷

线缺陷是指在晶格中三维方向上的某一方向尺寸较大、而另两个方向尺寸很小的缺陷,它的具体形式就是位错。所谓位错,就是在晶体中某处有一列或若干列原子发生了某种有规律的错排现象。这种错排有两种基本类型,即刃型位错和螺型位错。

刃型位错示意图如图 1-2-7 所示,晶体的上半部多出了一个原子面,这个多余的原子面称为半原子面,就像刀刃一样将晶体上半部分切开,其刃口处的原子列称为刃型位错线。

螺型位错示意图如图 1-2-8 所示,晶体右边的上部分原子相对于下部分原子向后错动了一个原子间距,即右边上部相对于下部晶面发生了错动,若将错动区的原子用线连起来,则具有螺旋型特征,故称为螺型位错。

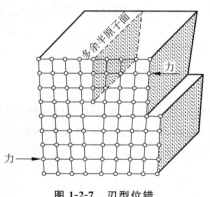

图 1-2-7　刃型位错

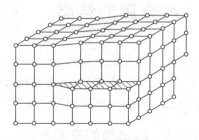

图 1-2-8　螺型位错

金属中存在大量位错,位错在外力作用下会产生运动、堆积和缠结。位错附近区域会产生晶格畸变,对金属性能的影响很大。没有缺陷的晶体强度很高,但这样理想的晶体很难得到,工业上生产的金属晶体只是理想晶体的近似。位错的存在使晶体强度降低,但当位错大量产生后,强度反而提高,生产中可通过增加位错的办法来对金属进行强化。例如,冷塑性变形使晶体中位错缺陷大量增加,金属的强度大幅度提高,但强化后其塑性有所降低。

（3）面缺陷

面缺陷是指在晶格中三维方向上的某一方向尺寸很小、而另两个方向尺寸较大的缺陷。常见的面缺陷有金属晶体中的晶界和亚晶界。

实际金属材料一般为多晶体材料,相邻两晶粒间的位向差一般为 $30°\sim40°$,所以晶界原子的排列是采取相邻两晶粒的折中位置排列的,即晶格由一个晶粒的位向逐步过渡为相邻晶粒的位向,因此晶界成为两晶粒间原子无规则排列的过渡层,如图 1-2-9(a)所示。

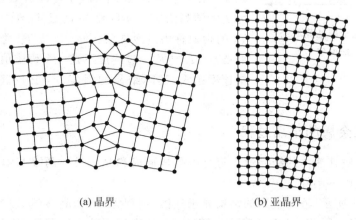

(a) 晶界　　　　　　　(b) 亚晶界

图 1-2-9　面缺陷示意图

晶粒也不是完全理想的晶体,而是由许多位向相差很小（$1°\sim2°$）的小晶块组成的。在这些小晶块的内部,原子排列的位向是一致的,这些小晶块称为亚晶粒,两个相邻亚晶粒间的界面即为亚晶界,如图 1-2-9(b)所示。

由于晶界和亚晶界处原子排列都是不规则的,会使晶格产生畸变,因而在常温下会对金属塑性变形起阻碍作用,从宏观上来看,晶界处表现出较高的强度和硬度。晶粒越细小,晶界越多，它对塑性变形的阻碍作用就越大，金属的强度、硬度也就越高，同时还能改善塑性和韧性。

2.2　纯金属的结晶

物质从液态到固态的转变过程称为凝固，如果凝固成的固体是晶体，则此凝固过程又称为结晶。金属材料的成形，一般要经过熔炼和浇注，即经过一个结晶过程。金属结晶后所形成的组织直接影响金属的加工性能和使用性能。因此了解金属的结晶过程是很有必要的。

2.2.1　纯金属的冷却曲线

将纯金属加热熔化成液体，然后让液态金属冷却下来，在冷却过程中，金属的温度与时间之间的关系曲线称为冷却曲线，如图 1-2-10 所示。液态金属随着冷却时间的延长，温度不断下降，但当冷却到某一温度时，冷却时间虽然延长但其温度并不下降，即在冷却曲线上出现了一个水平线段，这个水平线段所对应的温度就是纯金属进行结晶的温度。出现水平线段的原因是结晶时放出的结晶潜热补偿了向外界散失的热量。

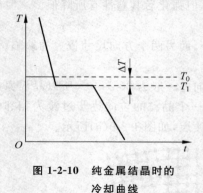

图 1-2-10　纯金属结晶时的冷却曲线

金属在无限缓慢冷却条件下（即平衡条件下）所测得的结晶温度 T_0 称为理论结晶温度（平衡结晶温度）。它是指当原子由液态转变成晶体的速度与由晶体转变为液态的速度相等时的温度，即指液态金属与其晶体处于动平衡的状态下，既不结晶又不熔化时的温度。可见，处在平衡结晶温度 T_0 下的金属不能有效结晶，只有当温度降到 T_0 以下某一温度 T_1 时，才可能有效进行结晶，T_1 称为实际结晶温度。实际结晶温度 T_1 低于理论结晶温度 T_0 的现象称为过冷现象。而 T_0 与 T_1 之差称为过冷度，即 $\Delta T = T_0 - T_1$。过冷度不是一个恒定值，液态金属的冷却速度越大，实际结晶的温度 T_1 就越低，即过冷度 ΔT 就越大。

2.2.2　纯金属的结晶过程

任何一种物质其液体的结晶过程都是由晶核形成和晶核长大两个基本过程组成的，纯金属的结晶过程也不例外。

如图 1-2-11 所示，液态金属的结构介于气体（短程无序）和晶体（长程有序）之间，即长程无序，短程有序。因此，在液态金属中存在许多有序排列的小原子团，这些小原子团或大或小，时聚时散，称为晶胚。在 T_0 以上，由于液相自由能低，这些晶胚不可能长大，而当液态金属冷却到 T_0 以下后，便处于热力学不稳定状态，经过一段时间（称为孕育期），那些达到一定尺寸的晶胚将开始长大，这些能够继续长大的晶胚称为晶核。晶核形成后，便向各个方向不断地长大。在这些晶核长大的同时，又有新的晶核产生。就这样，不断形核，不断长大，直到液体完全消失。每一个晶核最终长成为一个晶粒，两晶粒接触后便形成晶界。纯金属的结晶过程如图 1-2-12 所示。

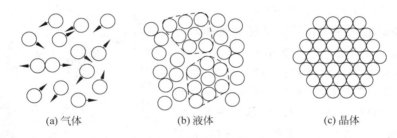

(a) 气体　　　　　　　(b) 液体　　　　　　　(c) 晶体

图 1-2-11　气体、液体和晶体结构示意图

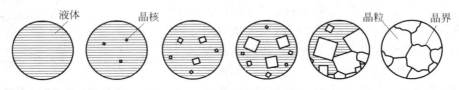

图 1-2-12　纯金属结晶过程示意图

金属结晶的形核方式可分为两种：一种是由液体中直接产生晶核，称为均匀形核或自发形核；而实际的液体金属中都或多或少地含有一些杂质，以外来杂质作为结晶核心的形核方式称为非均匀形核或非自发形核。通常自发形核和非自发形核是同时存在的，但非自发形核比自发形核一般更容易发生，所以非自发形核机制往往发挥着更为重要的作用，常常处于优先地位，起到主导形核的作用。

在晶核开始长大的初期，因其内部原子规则排列的特点，其外形也是比较规则的。随着晶核长大和晶体棱角的形成，由于棱角处散热条件优于其他部位，晶粒在棱边和顶角处优先长大，如图 1-2-13 所示。其生长方式像树枝状一样，先生长出的干枝称为一次晶轴，然后再生长出的分枝称为二次晶轴，以此类推。晶体如此不断地生长，分支越来越多，就形成了树枝状晶体称为枝晶。

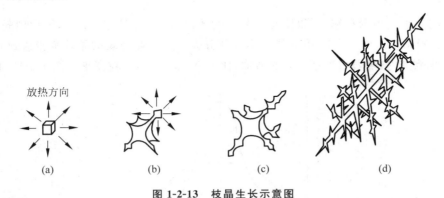

放热方向

(a)　　　　　　(b)　　　　　　(c)　　　　　　　(d)

图 1-2-13　枝晶生长示意图

2.2.3　纯铁的同素异构转变

绝大多数纯金属的晶体结构属于体心立方、面心立方、密排六方三种晶格类型的一种。但有些晶体固体并不是只有一种晶体结构，而是随着外界条件（如温度、压力）的变化而转变成不同类型的晶体结构，称为同素异构转变。例如，纯铁，从液态经 1538℃ 结晶后是体心立方晶格,称为 δ-Fe;在 1394℃ 以下转变为面心立方晶格,称为 γ-Fe;冷却到 912℃ 时又转变为体心立方晶格,称为 α-Fe,如图 1-2-14 所示。

由于纯铁能够发生同素异构转变,在生产中,才有可能对钢和铸铁进行各种热处理,以改变其组织和性能。同素异构转变的过程,也是原子重新排列的过程,实质上也是一种广义的结晶过程,它遵循着形核与长大的基本规律,与液-固结晶过程不同之处在于晶体结构的转变是在固态下进行的。因为是在固态下进行的,需要有比一次结晶更大的结晶推动力,所以要有更大的过冷度。同时晶格类型的转变会造成致密度的差异,从而引起体积的变化,产生组织应力,从而会引起金属的变形,甚至开裂。

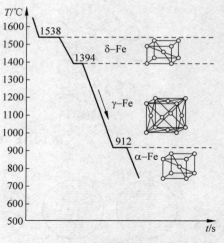

图 1-2-14　纯铁的冷却曲线及晶体结构

2.2.4　金属结晶后晶粒的大小及其控制

金属结晶后是由许多晶粒组成的多晶体,晶粒大小的程度称为晶粒度,用单位面积上的晶粒数目或晶粒的平均线长度(或直径)表示。实验表明,在常温下,细晶粒金属比粗晶粒金属具有更高的强度、硬度、塑性和韧性。这是因为,晶粒越细,塑性变形越可分散在更多的晶粒内进行,使塑性变形更均匀,内应力集中更小。而且晶粒越细,晶界面越多,晶界就越曲折,晶粒与晶粒间犬牙交错的机会就越多,越不利于裂纹的传播和发展,彼此就越紧固,强度和韧性就越好,这种强化机制叫做细晶强化。为了获得细晶粒的金属,生产中可以采用以下方法细化铸件的晶粒。

1. 增大过冷度

晶粒的粗细是由形核率 N 和长大速率 G 的比值 N/G 决定的。显然,该比值越大,晶粒越细;反之则越粗。图 1-2-15 中曲线的实线部分为一般工业金属结晶时所能达到的过冷度范围。在此范围内,随着过冷度 ΔT 的增加,比值 N/G 增加,晶粒变细。图 1-2-15 中曲线的

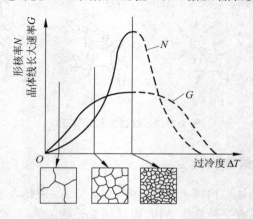

图 1-2-15　形核率 N 和长大速率 G 与过冷度 ΔT 的关系

后半部分,由于工业金属的结晶一般达不到这样的过冷度,故用虚线表示。近年来的激冷技术证明,在高度过冷的情况下,金属结晶的形核率和长大速率确能再度接近于零,此时,金属不再通过结晶的方式凝固,而将成为非晶态金属,使金属的性质完全改变。虽然提高冷却速度能增大过冷度和细化晶粒,但冷却速度的提高也有一定限度,特别是对于大体积的铸件,不容易达到高的冷却速度。况且,冷却速度过大也会引起金属中铸造应力的增加,给金属铸件带来各种缺陷。因此,在工业生产中常采用其他细化晶粒的方法。

2. 变质处理

所谓变质处理,就是在液态金属中加入孕育剂或变质剂。这些变质剂在结晶过程中能起到晶核的作用,促使了非均匀形核,使单位体积的晶核数增加,因而细化了晶粒。例如,在铅合金液体中加入钛、锆,钢液中加入钛、钒、铌等,都可使晶粒细化。在铁液中加入硅铁、硅-钙合金,能使组织中的石墨变细。还有一类物质,虽不能提供结晶核心,但能阻止晶粒的长大,它能附着在晶体的结晶前沿,强烈地阻碍晶粒长大。例如,在铝-硅合金中加入钠盐,钠能富集在硅的表面,降低硅的长大速度,阻碍粗大的硅晶体的形成,同样可使合金的组织细化。

3. 附加振动

用机械振动、电磁振动和超声波振动等方法,可以增加形核率,同时又可将正在生长的枝晶打碎,促使晶粒变细。

2.3　合金的晶体结构与合金的结晶过程

合金是两种或两种以上的金属元素或金属元素与非金属元素组成的具有金属特性的物质。如黄铜是铜和锌组成的合金,碳素钢是铁和碳组成的合金,硬铝是铝、铜、镁等组成的合金等。与组成它们的纯金属相比,合金具有较高的力学性能和某些特殊的物理、化学性能。此外,还可调节其组成的比例,获得一系列性能不同的合金,以满足不同的性能要求。

2.3.1　基本概念

1. 组元

组成合金最基本的、独立的单元称为组元。组元大多数是元素,如铁-碳合金中的铁元素和碳元素都是组元,铜-锌合金中的铜元素和锌元素也是组元。有时稳定的化合物也可作为组元,如铁-碳合金中的 Fe_3C 等。由两个组元组成的合金称为二元合金,由三个组元组成的合金称为三元合金,由三个以上组元组成的合金称为多元合金。

2. 合金系

由两个或两个以上组元按不同比例配制成一系列不同成分的合金称为合金系。

3. 相

合金中晶体结构和化学成分相同、与其他部分有明显分界的均匀区域称为相。例如,纯金属固态时为一个相,即固相,熔点以上处于液态,为另一个相,即液相。当液体结晶时,固相与液相共存,两者之间有界面分开。固态合金可以是仅由一种固相组成的单相合金,也可以是由几种不同固相组成的多相合金。

4. 显微组织

用金相观察方法,在金属及合金内部看到的相的大小、方向、形状、分布及相间结合状态称为显微组织。合金的性能取决于它的组织,而组织的性能又取决于其组成相的性质。

2.3.2 合金的晶体结构

根据构成合金各组元之间相互作用的不同,固态合金的相可分为固溶体和金属化合物两大类。

1. 固溶体

合金组元通过相互溶解形成一种成分和性能均匀且晶体结构与组元之一相同的固相称为固溶体。与固溶体晶格相同的组元为溶剂,一般在合金中含量较多;其他组元为溶质,含量较少。

根据溶质原子在溶剂晶格中的位置不同,可将固溶体分为置换固溶体和间隙固溶体。置换固溶体是指溶质原子位于溶剂晶格的某些结点位置而形成的固溶体,如图 1-2-16(a)所示。间隙固溶体是指溶质原子填入溶剂晶格的间隙中形成的固溶体,如图 1-2-16(b)所示。

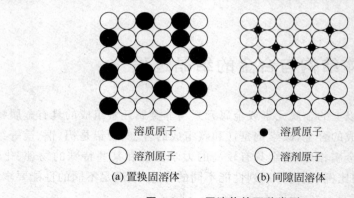

(a) 置换固溶体　　　　　(b) 间隙固溶体

图 1-2-16　固溶体的两种类型

在置换固溶体中,溶质原子在溶剂晶格的分布一般是无序的,称为无序固溶体。有的合金在一定条件(如结晶后缓慢冷却)下,通过原子的扩散,溶质原子可过渡到有序排列,这种固溶体称为有序固溶体,其硬度和脆性较大,塑性和电阻较低。

按照溶质原子在固溶体中的溶解度不同,固溶体还可分为有限固溶体和无限固溶体。溶质原子以任意比例溶入溶剂金属中形成的固溶体叫无限固溶体。只有晶体结构相同、原子半径相差不大、电负性相近的组元才有可能形成无限固溶体。

在间隙固溶体中,溶质原子往往是一些原子半径很小的非金属,如氢、氧、氮、碳、硼等。实验证明,当溶质元素与溶剂元素原子半径的比值 $R_质/R_剂 < 0.59$ 时才可能形成间隙固溶体。凡是间隙固溶体必然是有限固溶体,这是因为溶剂晶格中的间隙总是有一定限度的。

由于溶质原子的溶入,会引起固溶体晶格发生畸变。晶格畸变会使合金变形阻力增大,从而提高了合金的强度和硬度,这种现象称为固溶强化。例如,低合金高强度结构钢就是利用锰、硅等元素来强化铁素体,从而使材料的力学性能大为提高。

2. 金属化合物

合金中溶质含量超过溶剂的溶解度后,将出现新相。若新相的晶体结构不同于任一组元,则新相是组元间形成的化合物,称为金属化合物,也称为中间相。金属化合物一般具有复杂的晶体结构,熔点高,硬度高,脆性大。当合金中出现金属化合物时,合金的强度、硬度和耐磨性均提高,而塑性和韧性降低。但当金属化合物以细小的颗粒均匀分布在固溶体基体上时,将使合金的强度、硬度和耐磨性大大提高,同时又具有一定的塑性和韧性。

3. 机械混合物

两种或两种以上相按一定的质量分数组合成的物质称为机械混合物。混合物中各组成相仍保持自己的晶格,彼此无交互作用,其性能主要取决于各组成相的性能以及相的分布状态。

2.3.3　合金的结晶过程

合金的结晶过程比纯金属复杂,常用相图进行分析。相图是用来表示合金系中各合金在缓冷条件下结晶过程的简明图解,又称状态图或平衡图。

合金发生相变时,必然伴随有物理及化学性能的变化,因此测定合金系中各种成分合金的相变温度可以确定不同相存在的温度和成分界限,从而建立相图。常用的方法有热分析法、膨胀法、射线分析法等。下面以铜-镍合金系为例,简单介绍用热分析法建立相图的过程。

(1) 配制不同成分的铜-镍合金。例如合金Ⅰ:100%Cu;合金Ⅱ:75%Cu+25%Ni;合金Ⅲ:50%Cu+50%Ni;合金Ⅳ:25%Cu+75%Ni;合金Ⅴ:100%Ni。

(2) 合金熔化后缓慢冷却,测出每种合金的冷却曲线,找出各冷却曲线上临界点(转折点或平台)的温度。

(3) 画出温度-成分坐标系,在各合金成分垂线上标出临界点温度。

(4) 将具有相同意义的点连接成线,标明各区域内所存在的相,即得到 Cu-Ni 合金相图,如图 1-2-17 所示。

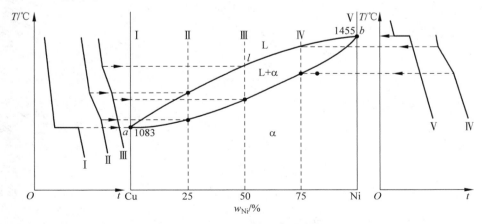

图 1-2-17　建立 Cu-Ni 合金相图的示意图

相图中,上临界点的连线为液相线,表示开始凝固或熔化终了的温度;下临界点连线为固相线,表示凝固完成或开始熔化的温度。液相线以上为液相单相区,固相线以下为固相单相区,液相线和固相线之间是两相共存区。二元相图中每一个点都对应一定的成分、温度和相组成,这些点代表了某一确定成分的合金在某一温度时所处的状态。

复习思考题

1-2-1　常见的纯金属晶体结构有哪几种?

1-2-2　实际金属的晶体结构与理论晶体结构有何区别?

1-2-3　简述纯金属的结晶过程。

1-2-4　单晶体与多晶体有何差别?为什么单晶体具有各向异性的性质,而多晶体则无各向异性的性质?

1-2-5　什么是同素异构转变?同素异构转变的意义何在?

1-2-6　影响金属结晶后晶粒大小的因素有哪些?

1-2-7　什么叫晶界?说明晶粒大小对材料强度的影响。

1-2-8　合金的组织有哪些?什么是固溶体?

1-2-9　什么是固溶强化?

1-2-10　什么是合金相图?它是如何建立的?

第3章

铁-碳合金

碳钢和铸铁是现代机械制造业中应用最广泛的金属材料,它们是以铁和碳为基本组元组成的合金。合金钢和合金铸铁实际上是有目的地加入一些合金元素的铁-碳合金。为了合理地选用钢铁材料,必须掌握铁-碳合金的成分、组织结构和性能之间的关系。

铁-碳合金相图是一个比较复杂的二元合金相图,它不仅可以表示不同成分的铁-碳合金在平衡条件下的成分、温度与组织之间的关系,而且可以推断其性能与成分、温度的关系。了解和掌握铁-碳合金状态图,对于制定钢铁材料的各种加工工艺有很重要的指导意义。

3.1 铁-碳合金的基本相和组织

铁是具有同素异构的金属,铁-碳合金的基本组元是 Fe 和 Fe_3C,属于二元合金。其基本相有铁素体、奥氏体和渗碳体 3 种,由基本相组成的铁碳合金的基本组织有铁素体、奥氏体、渗碳体、珠光体、莱氏体和低温莱氏体 6 种,其特性归纳于表 1-3-1。

表 1-3-1 铁-碳合金中的基本组织

名称与符号	铁素体(F)	奥氏体(A)	渗碳体(Fe_3C)	珠光体(P)	莱氏体(L_d)	低温莱氏体(L_d')
定义	C 溶于 α-Fe	C 溶于 γ-Fe	Fe+C→Fe_3C	F+Fe_3C	A+Fe_3C	P+Fe_3C
组织类型	固溶体	固溶体	金属间化合物	机械混合物	机械混合物	机械混合物
组织形态	等轴状、片状	等轴状	片状、粒状、网状	层片状	鱼骨状	斑点状
力学性能	良好的塑性和韧性	硬而脆	综合力学性能好	硬而脆		

不同成分的铁-碳合金在不同温度下的各类组织就是由以上一种或几种基本组织构成的。

3.2 铁-碳合金相图

铁-碳合金相图是解决在平衡状态下铁-碳合金的成分、组织与性能之间的相互关系及变化规律问题的基本工具,是制定各种热加工工艺的依据。

铁和碳可形成一系列稳定化合物(Fe_3C、Fe_2C、FeC),由于碳的含量超过 6.69% 时的铁-碳合金脆性极大,没有使用价值,而且 Fe_3C 又是一个稳定的化合物,可以作为一个独立的组元,因此人们所研究的铁-碳合金相图实际上是 Fe-Fe_3C 相图,如图 1-3-1 所示。

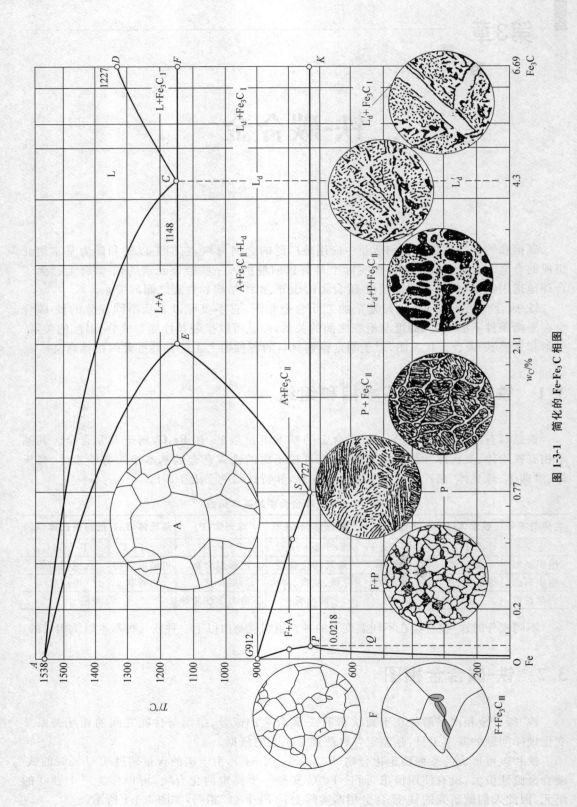

图 1-3-1 简化的 Fe-Fe₃C 相图

3.2.1　Fe-Fe₃C 相图分析

1. 点的含义

铁-碳合金相图中各重要特征点的温度、碳的质量分数及其含义见表 1-3-2。

表 1-3-2　Fe-Fe₃C 相图中各特性点的物理含义

特性点	$T/℃$	$w_C/\%$	特性点的含义
A	1538	0	纯铁的熔点或结晶温度
C	1148	4.30	共晶点，发生共晶转变 $L_{4.30} \Longleftrightarrow A_{2.11} + Fe_3C$
D	1227	6.69	渗碳体的熔点
E	1148	2.11	碳在 γ-Fe 中的最大溶碳量，也是钢与生铁的化学成分分界点
F	1148	6.69	共晶渗碳体的化学成分点
G	912	0	α-Fe $\Longleftrightarrow \gamma$-Fe 同素异构转变点
S	727	0.77	共析点，发生共析转变 $A_{0.77} \Longleftrightarrow F_{0.0218} + Fe_3C$
P	727	0.0218	碳在 α-Fe 中的最大溶碳量

2. 线的分析

（1）ACD 线：液相线，ACD 线以上全部是液体，合金冷却至该线以下便开始结晶。

（2）$AECF$ 线：固相线，固相线以下全部是固体，加热时温度达到该线后合金开始熔化。

（3）ECF 线：共晶转变线，在这条线上发生共晶转变 $L_C \Longleftrightarrow A_E + Fe_3C$，转变产物（$L_d$）（$A_E + Fe_3C$ 混合物）称为莱氏体。含碳量为 2.11%～6.69% 的铁-碳合金冷却到 1148℃ 时均发生共晶转变。

（4）PSK 线（A_1 线）：共析转变线，在这条线上发生共析转变 $A_s \Longleftrightarrow F_P + Fe_3C$，产物为珠光体（P）。含碳量为 0.0218%～6.69% 的铁-碳合金冷却到 727℃ 时都有共析转变发生。

（5）ES 线：碳在奥氏体中的溶解度曲线，又称 A_{cm} 温度线。随温度的降低，碳在奥氏体中的溶解度下降，到 727℃ 时溶解度只有 0.77%，所以含碳量超过 0.77% 的铁-碳合金自 1148℃ 冷却至 727℃ 时，会从奥氏体中析出渗碳体，称为二次渗碳体，标记为 Fe_3C_{II}。二次渗碳体通常沿奥氏体晶界呈网状分布。

（6）GS、GP 线：固溶体转变线。GS 线为不同含碳量的奥氏体冷却时析出铁素体的开始线，加热时铁素体向奥氏体转变终了线，又称为 A_3 线。GP 线则是奥氏体冷却时析出铁素体的终了线，加热时铁素体向奥氏体转变开始线。所以，GSP 区的显微组织为 F+A。

（7）PQ 线：碳在铁素体中的溶解度曲线。随温度的降低，碳在铁素体中的溶解度减小，多余的碳以 Fe_3C 形式析出，从 F 中析出的 Fe_3C 称为三次渗碳体 Fe_3C_{III}。由于铁素体含碳很少，析出的 Fe_3C_{III} 也很少，一般忽略，认为从 727℃ 冷却到室温的显微组织不变。

3. 相区分析

相图中有 4 个单相区：液相区（L）、奥氏体（A）相区、铁素体（F）相区、渗碳体（Fe_3C）相区。

相图中有 5 个两相区：L+A、L+Fe_3C、A+F、A+Fe_3C、F+Fe_3C。

相图中有 2 个三相共存区：ECF 线（L+A+Fe_3C）、PSK 线（A+F+Fe_3C）。

3.2.2   相图中的铁-碳合金分类

Fe-Fe$_3$C相图中不同成分的铁-碳合金在室温下将得到不同的显微组织,其性能也不同。通常根据图中的P点和E点将铁-碳合金分为工业纯铁、钢及白口铸铁三大类,见表1-3-3。

表 1-3-3   铁-碳合金分类

合金类别	工业纯铁	钢			白口铸铁		
		亚共析钢	共析钢	过共析钢	亚共晶白口铸铁	共晶白口铸铁	过共晶白口铸铁
w_C/%	$w_C \leqslant 0.0218$	0.0218 < w_C ≤ 2.11			2.11 < w_C < 6.69		
		<0.77	0.77	>0.77	<4.3	4.3	>4.3
室温组织	F	F+P	P	P+Fe$_3$C$_{\mathrm{II}}$	L$_d'$+P+Fe$_3$C$_{\mathrm{II}}$	L$_d'$	L$_d'$+Fe$_3$C$_{\mathrm{I}}$

3.2.3   典型铁-碳合金的平衡结晶过程

平衡结晶过程是指合金由液态缓慢冷却到室温所发生的组织转变的过程。在铁-碳合金状态图的实际使用过程中,常需要分析具体成分的合金在加热或冷却过程中的组织转变。下面就以一些典型成分的碳钢为例,分析其结晶过程。

1. 共析钢($w_C = 0.77\%$)

共析钢的结晶过程如图1-3-2所示。在1点温度以上为液相(L);在1~2点温度之间,发生匀晶反应,从液相中析出奥氏体相;在2~3点温度之间为单相奥氏体(A),只有温度的降低,无相的变化;在3点(S点)时到达共析温度(727℃),奥氏体发生共析反应,生成珠光体组织(P);3点以下直到室温,合金温度降低,为珠光体组织(P),组织形貌为F和Fe$_3$C层片状机械混合物,如图1-3-3所示。

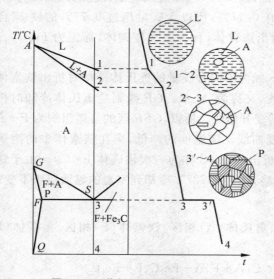

图 1-3-2   共析钢结晶过程示意图

图 1-3-3   共析钢室温组织

2. 亚共析钢

亚共析钢的结晶过程如图1-3-4所示。在1点温度以上为液相(L)；在1～2点温度之间，从液相中结晶出奥氏体，直到2点全部结晶成奥氏体(A)；合金继续冷却到3点以前，组织不再发生变化；当温度降低到3点以后，逐渐由奥氏体中析出铁素体(F)，由于铁素体的碳含量很低，所以剩余奥氏体的碳含量沿着GS增加；当温度降低到4点时，剩余奥氏体的碳含量已增加到S点所对应的成分，即共析成分；到达4点以后，剩余奥氏体因发生共析反应而转变为珠光体(P)，已析出的铁素体不再发生变化；从4点直到室温，组织为F＋P，合金温度降低，组织不再变化。因此，亚共析钢室温下的相为F＋Fe_3C，组织组成物是F和P，组织形貌如图1-3-5所示。

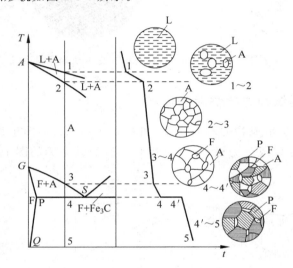

图1-3-4　亚共析钢的结晶过程示意图

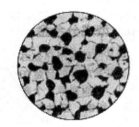

图1-3-5　亚共析钢室温组织

3. 过共析钢

过共析钢的结晶过程如图1-3-6所示。由液态(L)冷却到3点以前，其结晶过程与共析钢的结晶过程相同。合金冷却到3点以后，由于奥氏体(A)的溶碳能力不断地降低，开始沿着奥氏体的晶界析出二次渗碳体(Fe_3C_{II})，并在奥氏体晶界呈网状分布；温度继续降低到4点时，未转变的奥氏体发生共析反应，转变为珠光体组织(P)；此后温度继续降低到室温，组织不再变化。

因此，过共析钢室温下的相为F＋Fe_3C，室温组织为P＋Fe_3C_{II}，组织形态为片状P和分布在晶界的二次渗碳体。需要注意的是，在过共析钢中，当碳含量小于0.9％时，二次渗碳体呈片状分布在A晶界中；当碳含量大于0.9％时，二次渗碳体呈网状沿晶界分布，如图1-3-7所示。

除了钢，铸铁也是重要的铁-碳合金，然而，按照Fe-Fe_3C相图结晶出来的铸铁，由于含有相当比例的莱氏体(L_d)，性能硬而脆，难以进行切削加工。这种铸铁因断口呈银白色，所以又被称为白口铸铁。白口铸铁在机械制造中极少用来制造零件，因此，这里对其结晶过程不做进一步分析。在机械制造工业中，广泛使用的是灰铸铁，其中碳主要以石墨状态存在。

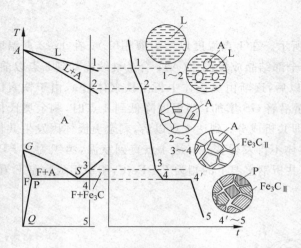

图 1-3-6　过共析钢的结晶过程示意图　　　　　　　　图 1-3-7　过共析钢室温组织

3.2.4　含碳量对铁-碳合金组织和力学性能的影响

钢和白口铸铁中的相组成物和组织组成物的相对含量,可根据 $Fe-Fe_3C$ 相图运用杠杆定律进行计算,计算的结果可绘制在以成分为横坐标,以相对含量为纵坐标的图上,如图 1-3-8 所示。

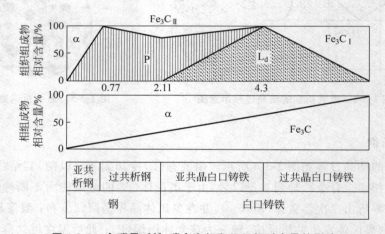

图 1-3-8　含碳量对铁-碳合金相和组织相对含量的影响

当含碳量增多,不仅渗碳体的数量增加,而且渗碳体存在的形式也发生变化,由分散在铁素体基体内(如珠光体)变成分布在珠光体的晶界上,最后当形成莱氏体时,渗碳体又作为基体出现。

渗碳体是个强化相。如果渗碳体分布在固溶体晶粒内,渗碳体的量越多,越细小,分布越均匀,材料的强度就越高;当渗碳体分布在晶界上,特别是作为基体时,材料的塑性和韧性将大大下降。含碳量对钢的平衡组织力学性能的影响如图 1-3-9 所示。

对亚共析钢来说,随着含碳量的增加,组织中珠光体的数量相应地增加,钢的硬度、强度呈直线上升,而塑性则相应降低。

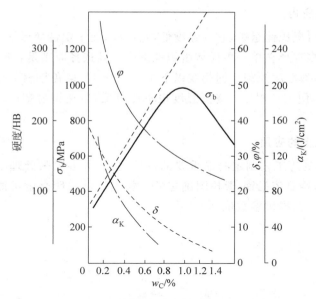

图 1-3-9 含碳量对力学性能的影响

对过共析钢来说,缓冷后由珠光体和二次渗碳体组成,随着含碳量的增加,二次渗碳体发展成连续网状。当含碳量超过 1.2% 时,钢变得硬、脆,强度下降。

对白口铸铁来说,由于出现了以渗碳体为基体的莱氏体,性能硬脆,难以切削加工,故很少应用。

3.2.5 Fe-Fe₃C 相图的应用

Fe-Fe₃C 相图在生产实践中具有重大的意义,主要应用在钢材料的选用和热加工工艺的制定两方面。

1. 选择材料方面的应用

通过铁-碳合金相图可知,合金含碳量不同,其组织和性能不同,因此,可根据用途和性能要求,选用适当含碳量的合金。若需要塑性好、韧性高的钢材,可选用碳质量分数较低的碳钢,以便制造冲压件、焊接件、抗冲击结构件等。各种机械零件需要强度、韧度较高及塑性较好的材料,应选用碳的质量分数适中的中碳钢。各种工具要用强度高和耐磨性好的材料,则选用碳的质量分数较高的钢材。纯铁的强度低,但磁导率高,矫顽力低,可作软磁材料,如各种电机铁芯、变压器硅钢片等。白口铸铁硬而脆,不易切削加工,也不能塑性加工,但其铸造性能优良,耐磨性好,可用于制造要求耐磨、不受冲击、形状复杂的铸件,如冷轧辊、犁铧等。

2. 铸造方面的应用

根据铁-碳合金相图可确定合金的浇注温度。浇注温度通常选择在液相线以上 50~100℃,根据相图还可以选择铸造性能好的或较好的合金成分。例如,共晶点成分合金的铸造性能最好,所以在生产上铸铁的成分总是选择在接近共晶的成分,而铸钢的成分一般为含碳量 0.15%~0.6%,这是因为在这个成分范围内钢的结晶温度区间较小,铸造性能较好。

3. 锻造方面的应用

钢经加热后获得奥氏体组织,它的强度低,塑性好,便于塑性变形加工。因此,钢材轧制或锻造的温度范围多选择在单一奥氏体组织范围内。其选择原则是:开始轧制或锻造的温度不能过高,一般始锻温度控制在固相线以下 100～200℃,以免钢材氧化严重,甚至发生奥氏体晶界部分熔化,使工件报废;终锻温度也不能过低,以免钢材塑性差,锻造过程中产生裂纹。

4. 热处理工艺上的应用

铁-碳相图是热处理工艺制定的最重要的依据之一,大多数热处理工艺的加热温度,如退火、正火、淬火等,均是依据铁-碳相图确定的。相图能够表明合金可能进行何种热处理,并能为制定热处理工艺提供参数依据。

复习思考题

1-3-1 铁-碳合金体系中有哪些基本的相和组织?说明它们的结构和性能特点。

1-3-2 试画出简化的铁-碳合金相图,说明图中点、线的意义及各相区的相组成和组织组成。

1-3-3 试分析在缓慢冷却条件下,亚共析钢、共析钢、过共析钢的结晶过程。

1-3-4 根据 $Fe\text{-}Fe_3C$ 相图,说明产生下列现象的原因:

(1) 含碳量为 1.0% 的钢比含碳量为 0.5% 的钢硬度高。

(2) 在室温下,含碳量为 0.8% 的钢,其强度比含碳量为 1.2% 的钢高。

(3) 在 1100℃,含碳量为 0.4% 的钢能进行锻造,而含碳量为 4.0% 的生铁不能锻造。

(4) 绑扎物件一般用铁丝(镀锌低碳钢丝),而起重机吊重物却用钢丝绳(用 60、65、70、75 等钢制成)。

(5) 钳工锯 T8、T10、T12 等钢料时比锯 10、20 钢费力,且锯条容易磨钝。

(6) 钢适宜于通过压力加工成形,而铸铁适宜于通过铸造成形。

第4章

钢的热处理

4.1 概述

　　热处理是将固态金属或合金在一定的介质中加热、保温和冷却,以改变材料整体或表面组织,从而获得所需性能的工艺方法。热处理工艺可用以温度-时间为坐标的曲线图表示,如图 1-4-1 所示,该曲线称为热处理工艺曲线。

　　工业生产中对材料的性能不断提出更高、更新的要求,而材料的原始性能难以达到和满足这些要求,如果只是利用材料自身的性能去满足这些要求,通常是不经济的,甚至是不可能的。热处理就是挖掘材料潜能、改善材料性能、保证材料质量、延长使用寿命的一种高效、廉价、快捷的工艺方法。热处理使普通材料达到所需性能成为可能,可大幅度改善金属材料的工艺性能和使用性能,是一种非常重要的、非常有意义的工艺方法。工业生产中大多数机械零件都要经过热处理。

　　热处理根据加热温度的高低、保温时间的长短、冷却速度的不同形成各种不同的热处理工艺。常用的热处理工艺有以下几种,如图 1-4-2 所示。

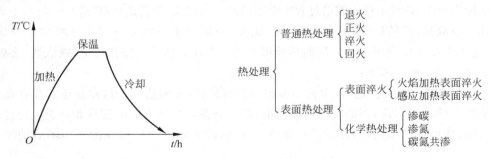

图 1-4-1　热处理工艺曲线示意图　　　图 1-4-2　常用的热处理工艺

　　在制定钢的热处理工艺时,加热温度的选择是根据铁-碳合金状态图确定的。大多数热处理工艺需要将钢加热到临界温度以上,获得全部或部分奥氏体组织,即进行奥氏体化,然后以不同的冷却速度进行冷却获得不同的组织,最终获得所需要的性能。

　　在热处理的加热和冷却过程中,都会有一定的速度,不可能无限缓慢,并且相对于铁-碳合金的平衡状态图上的临界温度线都会有一个稍滞后的偏离,即加热时比临界温度 A_1、A_3、

A_{cm} 稍高,记作 A_{c1}、A_{c3}、A_{ccm};冷却时比 A_1、A_3、A_{cm} 稍低,记作 A_{r1}、A_{r3}、A_{rcm},如图 1-4-3 所示。

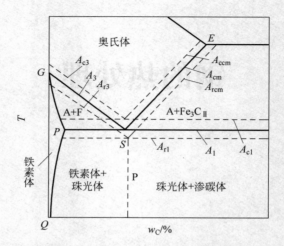

图 1-4-3　实际加热和冷却时 Fe-Fe₃C 相图上各相变点的位置

显然,欲将共析钢完全变成奥氏体,必须将钢加热至 A_{c1} 线温度以上,欲将亚共析钢完全变成奥氏体,必须将钢加热至 A_{c3} 线温度以上。否则,难以达到应有的热处理效果。

4.2　退火和正火

4.2.1　退火

将钢加热至适当温度,保温一定时间,然后缓慢冷却(一般为随炉冷却),以获得接近平衡状态组织的热处理工艺叫做退火。

实际生产中,各种工件在制造过程中有不同的工艺路线,如铸造(或锻造)→退火(正火)→切削加工→成品,或铸造(或锻造)→退火(正火)→粗加工→淬火→回火→精加工→成品。可见,退火与正火是应用非常广泛的热处理工艺。为什么将其安排在铸造(或锻造)之后,切削加工之前呢? 原因如下:

(1) 在铸造(或锻造)之后,钢件中不但残留有铸造(或锻造)应力,而且还往往存在着成分和组织上的不均匀性,因而机械性能较低,还会导致以后淬火时的变形和开裂。经过退火和正火后,便可得到细而均匀的组织,并消除应力,改善钢件的机械性能并为随后的淬火作准备。

(2) 铸造(或锻造)后,钢件硬度经常偏高或偏低,严重影响切削加工。经过退火与正火后,钢的组织接近于平衡组织,其硬度适中,有利于下一步的切削加工。

(3) 当工件的性能要求不高时(如铸件、锻件或焊接件等),退火或正火常作为最终热处理。

根据处理的目的和要求不同,钢的退火可分为完全退火、等温退火、球化退火、扩散退火和去应力退火等。碳钢的各种退火的加热温度范围和工艺曲线如图 1-4-4 所示。

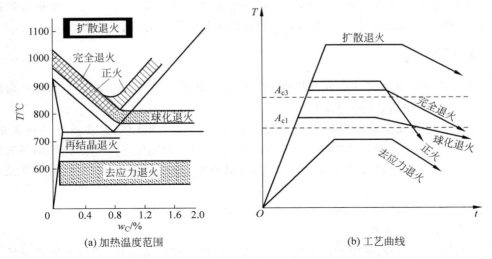

(a) 加热温度范围　　　　　　　　(b) 工艺曲线

图 1-4-4　碳钢各种退火和正火工艺规范示意图

1. 完全退火

完全退火又称重结晶退火,是将钢加热至 A_{c3} 以上 20～30℃,保温一段时间后缓慢冷却(随炉冷却或埋入石灰或砂中冷却),以获得接近平衡组织的热处理工艺。

完全退火通过完全重结晶,使热加工中造成的粗大晶粒、不均匀组织细化和均匀化,提高材料的塑性和韧性;使中碳以上的碳钢和合金钢接近平衡状态组织,以降低硬度,改善切削加工性能。并且由于冷却速度慢,可消除铸件和锻件的内应力。

完全退火主要用于亚共析钢,过共析钢不宜采用,因为加热至 A_{ccm} 以上缓慢冷却时,二次渗碳体会以网状形式沿奥氏体晶界析出,使钢的韧性大大下降,并可能在以后的热处理中引起开裂。

2. 球化退火

球化退火是使钢中碳化物球化的热处理工艺。

球化退火时,将钢加热至 A_{c1} 以上 20～30℃,使片状渗碳体发生不完全溶解断开成细小的链状或点状,最后形成均匀的颗粒状渗碳体。球化退火需要较长的保温时间(2～4h)来保证二次渗碳体的自发球化。碳钢保温后随炉缓慢冷却,致使奥氏体进行共析转变时,以未溶渗碳体粒子为核心形成粒状渗碳体。

球化退火主要用于过共析钢,目的是使二次渗碳体及珠光体中的渗碳体球化,以降低硬度,改善切削加工性能,并为以后的淬火做好组织准备。

3. 扩散退火

为减少钢锭、铸件和锻件化学成分和组织的不均匀性,将其加热至略低于固相线的温度,长时间保温并进行缓慢冷却的热处理工艺,称为扩散退火或均匀化退火。

扩散退火后钢的晶粒很粗大,一般还需再进行完全退火或正火处理。

4. 去应力退火

为消除铸造、锻造、焊接、机加工、冷变形等冷热加工在工件中造成的残余内应力而进行的低温退火,称为去应力退火。去应力退火加热温度一般为 500～600℃。碳钢长时间保温,随炉缓慢冷却,不发生组织变化。其主要作用是消除内应力,减小变形。

4.2.2　正火

正火是将钢件加热到 A_{c3}(亚共析钢)或 A_{ccm}(过共析钢)以上 30～50℃,保温一段时间后,在空气中冷却的热处理工艺,如图 1-4-4 所示。

正火的作用与完全退火相似,正火后的组织为片层的细珠光体,其实质是一种珠光体,称为索氏体(S)。亚共析钢结构为 F＋S,共析钢为 S,过共析钢为 S＋二次渗碳体(不连续)。由于冷却速度快些,得到的 S 为细片状珠光体,其强度、硬度比珠光体高,但韧性并没有下降,综合机械性能较好。

正火一般是使钢的组织正常化,也称为常化处理,其作用如下:

(1) 作为最终热处理

正火可以细化晶粒,使组织均匀化,减少亚共析钢中铁素体含量,使珠光体含量增多并细化,从而提高钢的强度、硬度和韧性。对于普通结构钢零件,机械性能要求不高时,正火可作为最终热处理。

(2) 作为预先热处理

截面较大的合金结构钢件,在淬火或调质处理前常进行正火,以获得细小而均匀的组织。对于过共析钢则可减少二次渗碳体的量,且由于冷却速度较快,抑制了二次渗碳体呈网状析出,为球化退火做组织准备。

(3) 取代部分完全退火

正火是炉外冷却,占用设备时间短,生产效率高,而且得到的组织性能比退火要好,故应尽量用正火取代退火。低碳钢或低合金结构钢退火后硬度太低,不便于切削加工,正火可提高其硬度,改善其切削加工性能。

4.3　淬火和回火

4.3.1　淬火

淬火是将钢加热到临界温度 A_{c3}(亚共析钢)、A_{ccm}(过共析钢)以上 30～50℃(如图 1-4-5 所示),保温一段时间,然后快速冷却以获得高硬度的马氏体(M)的热处理工艺。淬火是钢最重要的一种强化方法。但淬火必须和回火相配合,否则淬火后得到了高硬度、高强度,但韧性、塑性低,不能得到优良的综合机械性能。

马氏体是一种高硬度的组织,其硬度取决于钢中的含碳量,含碳量越高,马氏体的硬度越高。马氏体是一种含碳量过饱和的 α 固溶体,过饱和的碳造成了马氏体晶格的严重畸变,致使其变形抗力增大。因此,马氏体具有高的硬度和耐磨性。绝大多数要求高硬度、高耐磨性的中、高碳钢和合金钢都要进行淬火工艺处理。

淬火是一种复杂的热处理工艺,又是决定产品质量的关键工序之一。淬火后要得到细小的马氏体组织又不致产生严重的变形和开裂,必须根据钢的成分、零件的大小、形状等,结

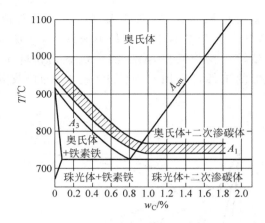

图 1-4-5　淬火加热温度范围示意图

合 Fe-Fe$_3$C 相图曲线合理地确定淬火加热和冷却的方法。

1. 淬火温度的选择

亚共析钢加热温度为 A_{c3} 以上（30～50℃），淬火后的组织为均匀而细小的马氏体。若加热到 A_{c3} 以下时，淬火组织中会保留自由铁素体，使钢的硬度降低。过共析钢加热温度为 A_{c1} 以上（30～50℃），加热到 A_{c1} 以上两相区时，组织中会保留少量的二次渗碳体，有利于增强钢的硬度和耐磨性。并且，由于它降低了奥氏体中的含碳量，可以改变马氏体的形态，从而降低马氏体的脆性。此外，它还可减少淬火后残余奥氏体的量，保证淬火组织的硬度。若淬火温度太高，会形成粗大的马氏体，使机械性能恶化，同时会增大淬火应力，使变形和开裂倾向增大。

2. 加热时间的确定

加热时间包括升温和保温两个阶段。通常以装炉后炉温达到淬火温度所需的时间为升温阶段，并以此为保温时间的开始。保温阶段是指钢件温度均匀并完成奥氏体化所需的时间。

3. 淬火冷却介质的选择

常用的淬火冷却介质是水和油。水的冷却能力强，使钢易于获得马氏体，同时也易造成零件的变形和开裂。油的冷却能力低，工件不易产生变形和开裂，但不利于钢的淬硬，一般只能作为合金钢的淬火介质。

淬火冷却是决定淬火质量的关键，为了使工件获得马氏体组织，淬火冷却速度必须大于临界冷却速度 v_c，而快冷会产生很大的内应力，容易引起工件的变形和开裂。所以既不能使冷速过大又不能冷速过小。理想的冷却速度应是如图 1-4-6 所示的速度，但到目前为止还没有找到十分理想的冷却介质能符合这一理想的冷却速度的要求。

生产中淬火方法的选择非常重要，为了使工件淬火成马氏体并防止变形和开裂，单纯依靠选择淬火介质是不够的，还必须采取正确的淬火方法。

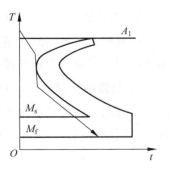

图 1-4-6　理想的冷却速度曲线

常用的淬火方法通常有单液淬火、双液淬火、分级淬火、等温淬火等,如图 1-4-7 所示,应根据不同的要求选择。生产中最常用的是单液淬火,它是指在一种介质(水或油)中连续冷却至室温。单液淬火操作简单,易于实现机械化和自动化操作,在生产中应用最广。对于易于产生变形的工件可采用双液淬火(先水后油)或分级淬火或其他的淬火方法。

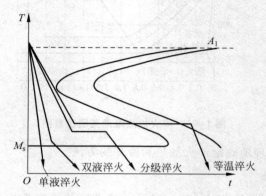

图 1-4-7   不同淬火方法示意图

4.3.2   回火

钢件淬火后,为了消除内应力并获得所要求的组织和性能,将其重新加热至 A_{c1} 以下某一温度,保温一段时间,然后冷却至室温的热处理工艺叫做回火。

淬火钢一般不能直接使用,必须进行回火。这是因为:①淬火后得到的马氏体和残余奥氏体组织都是不稳定的组织,在工件中有自发向稳定组织转变的倾向,会导致零件尺寸的变化;②马氏体的硬度高、脆性大,并存在很大的内应力,易造成工件的变形和开裂;③回火能获得所要求的强度、硬度、塑性和韧性,以满足零件的使用要求。

根据回火温度的高低不同,可将回火分为三种:

1. 低温回火(150~250℃)

低温回火将得到回火马氏体。其目的是降低淬火应力和脆性,提高工件韧性,保证淬火后的高硬度和耐磨性。它主要用于处理各种高碳钢工具、模具、滚动轴承以及渗碳及表面淬火的耐磨件。

2. 中温回火(350~500℃)

中温回火将得到回火屈氏体。其目的是提高弹性极限和屈服强度,保持较高硬度和一定韧性。它主要用于各种弹簧、发条、锻模等。

3. 高温回火(500~650℃)

高温回火将得到回火索氏体。回火索氏体综合机械性能最好。通常把淬火加高温回火称为调质处理,它广泛用于各种重要的结构件,特别是受交变载荷的中碳钢重要构件,如连杆、轴、齿轮等。

4.4　表面淬火和化学热处理

一些在弯曲、扭转、冲击载荷、摩擦条件区工作的齿轮等机器零件,它们要求具有表面硬、耐磨,而心部韧、能抗冲击的特性,仅从选材方面去考虑是很难达到此要求的。如用高碳钢,虽然表面硬度高,但心部韧性不足;若用低碳钢,虽然心部韧性好,但表面硬度低,不耐磨。所以工业上广泛采用表面热处理来满足上述要求。

4.4.1　表面淬火

表面淬火是仅对钢的表面加热、冷却,不改变其表面化学成分,只改变其表面组织,而心部仍保持未淬火状态的一种局部热处理方法。表面淬火通过快速加热使钢件表面层很快达到淬火温度,表层被淬硬为马氏体,并在热量来不及传到工件心部就立即冷却,实现局部淬火,而中心仍保持原来的退火、正火或调质状态的组织。

表面淬火的目的在于获得高硬度、高耐磨性的表层,而心部仍保持原来良好的韧性,常用于要求性能表硬里韧的工件,如齿轮、曲轴等。

表面淬火按其加热方式有感应加热、火焰加热、电接触加热和激光加热等,最常用的是前两种,如图 1-4-8 和图 1-4-9 所示。

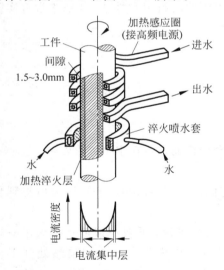

图 1-4-8　感应加热表面淬火示意图

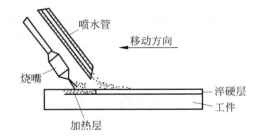

图 1-4-9　火焰加热表面淬火示意图

感应加热的基本原理是在感应圈中通以交流电时,会在其内部和周围产生与电流频率相等的交变磁场,置于磁场中的工件就会产生同频率的感应电流,并由于电阻的作用而被加热。由于交流电的集肤效应,感应电流在工件截面上的分布是不均匀的,靠近表面的电流密度大,而中心几乎为零,从而达到表面淬火的目的。电流渗透工件表层的深度与电流频率有关,感应电流频率越高,集肤效应越强烈,故高频感应加热用途最广。

4.4.2　化学热处理

化学热处理是将钢置于一定温度的活性介质中加热和保温,使一种或几种活性元素渗入工件表层,以改变其化学成分和组织,达到改善表面性能、满足技术要求的热处理工艺过程。与表面淬火相比,化学热处理的主要特点是表面层不仅有组织的变化,而且有成分的变化。

按照表面渗入元素的不同,化学热处理可以分为渗碳、渗氮、碳氮共渗等,其中渗碳应用最广。化学热处理能有效地提高钢件表层的耐磨性、耐蚀性、抗氧化性能及疲劳强度等。

化学热处理的基本程序如下:

(1) 将工件加热到一定的温度,使其有利于吸收渗入元素的活性原子。

(2) 由化合物分解或离子转化而得到渗入元素的活性原子。

(3) 活性原子被吸附,并溶入工件表面,形成固溶体,在活性原子浓度很高时,还可形成化合物。

(4) 渗入原子在一定温度下由表层向内扩散,形成一定的扩散层。

目前,在汽车、拖拉机和机床制造中,最常用的化学热处理工艺有渗碳、氮化和气体碳氮共渗。

通常当材料的成分一定时,其组织和性能也是一定的。但是,当进行某种热处理时,就可以充分挖掘材料的潜能,使普通材料达到其自身难以达到的更优越的性能。因此,生产中可以对材料进行各种不同组合的热处理,以得到所预期的组织和性能,这是非常有实际意义的。

复习思考题

1-4-1　何为热处理?热处理的意义何在?

1-4-2　碳钢在油中淬火的后果如何?为什么合金钢通常不在水中淬火?

1-4-3　钢经过淬火处理后,为什么一定要回火?

1-4-4　共析钢经正常淬火得到什么组织?它们经过 200,400,600℃ 回火后得到什么组织?

1-4-5　某汽车齿轮选用 20CrMnTi 制造,其工艺路线为:下料→锻造→正火①→切削加工→渗碳②→淬火③→低温回火④→喷丸→磨削。请说明①～④四项热处理工艺的目的。

1-4-6　试比较表面淬火和化学热处理之间的异同。

第5章

常用金属材料及其选用

金属材料是目前应用最广泛的工程材料,尤其是钢铁材料和一些有色金属及其合金。

5.1 工业用钢

在工业上使用的钢铁材料中,碳钢占有重要的地位。铁-碳合金中含碳量小于 2.11% 的合金称为钢。由于其资源广泛、冶炼方便、容易加工、价格低廉、性能良好,在工业生产中得到了广泛的应用。

5.1.1 钢中常存杂质元素对钢的性能的影响

钢中常存的杂质元素有 Mn、Si、S、P、O、N、H 等几种。

1. Mn

钢中的锰来自炼钢生铁及脱氧剂锰铁。一般认为,Mn 在钢中是一种有益的元素。在碳钢中含锰量通常小于 0.8%;在含锰合金钢中,含锰量一般控制在 1.0%~1.2%。Mn 大部分溶于铁素体中,形成置换固溶体,并使铁素体强化;另一部分 Mn 溶于 Fe_3C 中,形成合金渗碳体,这都使钢的强度提高,Mn 与 S 化合成 MnS,能减轻 S 的有害作用。当 Mn 含量不多,在碳钢中仅作为少量杂质存在时,它对钢的性能影响并不明显。

2. Si

硅也是来自炼钢生铁和脱氧剂硅铁,在碳钢中含硅量通常小于 0.35%。Si 与 Mn 一样能溶于铁素体中,使铁素体强化,从而使钢的强度、硬度、弹性提高,而塑性、韧性降低。有一部分 Si 则存在于硅酸盐杂质中。当 Si 含量不多,在碳钢中仅作为少量杂质存在时,它对钢的性能影响并不显著。

3. S

硫是生铁中带来的而在炼钢时又未能除尽的有害元素。硫不溶于铁,而以 FeS 形式存在。FeS 会与 Fe 形成共晶,并分布于奥氏体的晶界上,当钢材在 1000~1200℃ 加工时,由于 FeS-Fe 共晶(熔点只有 989℃)已经熔化,并使晶粒脱开,钢材将变得极脆,这种脆性现象称为热脆。为了避免热脆,钢中含硫量必须严格控制,普通钢含硫量应小于或等于 0.055%,

优质钢含硫量应小于或等于 0.040%,高级优质钢含硫量应小于或等于 0.030%。

在钢中增加含锰量,可消除 S 的有害作用。Mn 能与 S 形成熔点为 1620℃ 的 MnS,而且 MnS 在高温时具有塑性,这样能避免热脆现象。

4. P

磷也是生铁中带来的而在炼钢时又未能除尽的有害元素。磷在钢中全部溶于铁素体中,虽可使铁素体的强度、硬度有所提高,但使室温下的钢的塑性、韧性急剧降低,并使钢的脆性转化温度有所升高,使钢变脆,这种现象称为冷脆。磷的存在还会使钢的焊接性能变坏,因此钢中含磷量应严格控制,普通钢含磷量应小于或等于 0.045%,优质钢含磷量应小于或等于 0.040%,高级优质钢含磷量应小于或等于 0.035%。

但是,在适当的情况下,S、P 也有一些有益的作用。对于 S,当钢中含硫量较高(0.08%~0.3%)时,适当提高钢中含锰量(0.6%~1.55%),使 S 与 Mn 结合成 MnS,切削时易于断屑,能改善钢的切削性能,故易切钢中含有较多的硫。对于 P,如与 Cu 配合能增加钢的抗大气腐蚀能力,改善钢材的切削加工性能。

5.1.2　钢的分类

1. 按含碳量分类

(1) 低碳钢:含碳量小于 0.25% 的钢。

(2) 中碳钢:含碳量为 0.25%~0.60% 的钢。

(3) 高碳钢:含碳量大于 0.6% 的钢。

2. 按质量分类(即按含有杂质元素 S、P 的多少分类)

(1) 普通碳素钢:S 含量小于或等于 0.055%,P 含量小于或等于 0.045%。

(2) 优质碳素钢:S、P 含量小于或等于 0.040%。

(3) 高级优质碳素钢:S 含量小于或等于 0.03%,P 含量小于或等于 0.035%。

3. 按用途分类

(1) 碳素结构钢:用于制造各种工程构件,如桥梁、船舶、建筑构件等,以及机器零件,如齿轮、轴、连杆、螺钉、螺母等。

(2) 碳素工具钢:用于制造各种刀具、量具、模具等,一般为高碳钢,在质量上都是优质钢或高级优质钢。

5.1.3　钢的牌号和用途

1. 普通碳素结构钢

普通碳素结构钢主要保证力学性能,牌号体现力学性能,用"Q"+"数字"表示,"Q"表示屈服强度,数字表示屈服强度数值。如:Q275 表示屈服强度为 275MPa。若牌号后面标注字母 A、B、C、D,则表示钢材质量等级不同,即 S、P 含量不同,A、B、C、D 质量依次提高。字母后可以标注字母 F、B,"F"表示沸腾钢,"B"为半镇静钢,不标"F"和"B"的为镇静钢。如:Q235AF 表示屈服强度为 235MPa 的 A 级沸腾钢,Q235C 表示屈服点为 235MPa 的 C 级镇静钢。

普通碳素结构钢一般情况下都不经热处理,而是在供应状态下直接使用。通常 Q195

（A1）、Q215（A2）、Q235（A3）含碳量低，有一定强度，常轧制成薄板、钢筋、焊接钢管等，用于桥梁、建筑等钢结构，也可制造普通的铆钉、螺钉、螺母、垫圈、地脚螺栓、轴套、销轴等。Q255（A4）和 Q275（A5）钢强度较高，塑性、韧性较好，可进行焊接，通常轧制成型钢、条钢和钢板作结构件以及制造连杆、键、销、简单机械上的齿轮、轴节等。

2. 优质碳素结构钢

优质碳素结构钢能同时保证钢的化学成分和力学性能。其牌号是采用两位数字表示的，表示钢中平均含碳量为万分之几。如 45 钢表示钢中含碳量为 0.45％，08 钢表示钢中含碳量为 0.08％。若钢中含锰量较高，须将锰元素标出，如 0.45％C,Mn 0.70％～1.00％的钢即 45Mn。

优质碳素结构钢主要用于制造机械零件，一般都要经过热处理以提高力学性能。根据含碳量不同，有不同的用途。08、08F、10、10F 钢，塑性、韧性好，具有优良的冷成形性能和焊接性能，常冷轧成薄板，用于制作仪表外壳、汽车和拖拉机上的冷冲压件，如汽车车身、拖拉机驾驶室等；15、20、25 钢用于制作尺寸较小、负荷较轻、表面要求耐磨、心部强度要求不高的渗碳零件，如活塞钢、样板等；30、35、40、45、50 钢经热处理（淬火＋高温回火）后具有良好的综合力学性能，即具有较高的强度和较高的塑性、韧性，用于制作轴类零件；55、60、65 钢热处理（淬火＋中温回火）后具有高的弹性极限，常用于制造弹簧。

3. 碳素工具钢

这类钢的牌号是用"碳"或"T"字后附数字表示。数字表示钢中平均含碳量为千分之几。T8、T10 分别表示钢中平均含碳量为 0.80％和 1.0％的碳素工具钢。若为高级优质碳素工具钢，则在钢号最后附以"A"字，如 T12A。

碳素工具钢用于制造各种量具、刃具、模具等。碳素工具钢经热处理（淬火＋低温回火）后具有高硬度，用于制造尺寸较小、要求耐磨性的量具、刃具、模具等。

T7、T7A、T8、T8A、T8MnA 用于制造要求较高韧性、承受冲击负荷的工具，如小型冲头、凿子、锤子等。

T9、T9A、T10、T10A、T11、T11A 用于制造要求中韧性的工具，如钻头、丝锥、车刀、冲模、拉丝模、锯条等。

T12、T12A、T13、T13A 钢具有高硬度、高耐磨性，但韧性低，用于制造不受冲击的工具，如量规、塞规、样板、锉刀、刮刀、精车刀等。

4. 合金钢

合金钢是在碳钢的基础上加入了一种或几种合金元素冶炼而成。它比碳钢的性能优越，弥补了碳钢在淬透性低、强度和屈强比低、回火稳定性差、不能满足特殊性能要求等方面的缺点，因此，在工业生产中得到了更为广泛的应用。

（1）合金结构钢

合金结构钢比碳素钢有更好的力学性能，特别是热处理性能优良，因此便于制造尺寸较大、形状复杂，或要求淬火变形小的零件。

合金结构钢的编号原则是"数字＋合金元素符号＋数字＋合金元素符号＋数字等"。牌号开头的两位数字表示平均含碳量为万分之几，符号表示合金元素的种类，后面的数字表示合金元素含量为百分之几。高级优质钢则在牌号后面加上"A"。

（2）合金工具钢

合金工具钢主要用来制造各种刀具、量具和模具。其合金元素的主要作用是增加钢的淬透性、耐磨性和红硬性。与碳素工具钢相比，它适合制造形状复杂、尺寸较大、切削速度较高或工作温度较高的工具和模具。

合金工具钢的编号原则与合金结构钢基本相同，当含碳量小于 1.0% 时，前面用一位数字表示钢中平均含碳量为千分之几，当含碳量大于 1.0% 时，则不标出。例如，9SiCr 的平均含碳量为 0.9%，CrWMn 的平均含碳量为 1.0%。

9SiCr、9Mn2V 等广泛用于制造各种低速切削刃具，如板牙、丝锥等，也常用来做冷冲模。W18Cr4V 是典型的高速钢，因其热硬性较好，热处理时的脱碳和过热倾向小，在生产中被广泛用来做形状复杂、切削速度较高的刃具。

（3）特殊性能钢

特殊性能钢包括不锈钢、耐热钢、耐磨钢等，其中不锈钢在食品、化工、石油、医药工业等方面得到了广泛的应用。

5.2　有色金属及其合金

有色金属是指除钢、铁（黑色金属）以外的其他金属。有色金属及其合金种类很多，但其产量不及钢铁材料。有色金属及其合金具有密度小、比强度高、耐腐蚀、耐高温和一些特殊的物理和化学性能，成为现代科技和工业生产中不可缺少的材料，尤其是在航空航天、原子能、计算机等新型工业部门中应用广泛。

这里仅介绍机电工业中广泛使用的铝及其合金、铜及其合金。

5.2.1　铝及其合金

铝是目前工业中用量最大的有色金属。

1. 纯铝

纯铝的密度较小，仅为 $2.7g/cm^3$，只有铜或铁的 1/3；熔点为 660℃；具有面心立方晶格，无同素异构转变。铝有良好的导电、导热性，其电导率约为铜的 64%，仅次于银、铜、金。在大气中铝有良好的抗大气腐蚀能力，但铝不能耐酸、碱、盐的腐蚀。纯铝的强度很低（$\sigma_b = 80 \sim 100MPa$），但塑性很高，易进行冷、热变形加工，也便于切削加工。

工业纯铝的牌号有 L1，L2，…，L7。"L" 是 "铝" 字汉语拼音的首字母，后面的数字表示纯度，数字越大，则纯度越低。高纯铝的牌号以 LG1，LG2，… 表示，其数字越大，纯度越高。

2. 铝合金

铝合金一般情况下形成如图 1-5-1 所示的二元相图。一般将铝合金分为铸造铝合金（成分在 D 点以

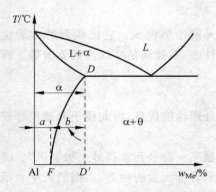

图 1-5-1　铝合金状态图的一般类型

右)和形变铝合金(成分在 D 点以左)两大类。而形变铝合金又可分为可热处理强化铝合金(成分在 F、D 点之间)和不可热处理强化铝合金(成分在 F 点以左)两类。

1) 形变铝合金

铝合金热处理的原理与钢不同,因为铝合金没有同素异构转变,不能通过相变强化。但铝合金相图表明,铝合金在固态下有固溶度的变化,这样可采用淬火＋时效的热处理方法来强化铝合金。淬火后的铝合金硬度并不提高,仍处于软韧状态。但淬火得到的过饱和固溶体是不稳定的,有析出第二相的倾向,如果将其在室温下放置很长时间,或在一定温度下保持足够时间,就会从过饱和的 α 固溶体中析出细小均匀的第二相,从而使铝合金出现强度、硬度显著升高的强化现象,这一过程称为时效,或称为时效硬化。

按 GB/T 16474—1996 规定,形变铝合金牌号采用四位字符表示,即用 $2\times\times\times\sim8\times\times\times$ 系列表示。牌号的第一位数字是依主要合金元素 Cu、Mn、Si、Mg、Mg＋Si、Zn、其他元素的顺序来表示形变铝合金的组别;第二位字母表示原始纯铝的改型;最后两位数字用来区分同一组中不同的铝合金。如 2A11 表示以铜为主要元素的形变铝合金。

根据主要的性能特点和用途,形变铝合金主要分为以下四类。

(1) 防锈铝合金

防锈铝合金属于铝-锰系或铝-镁系合金。合金元素锰、镁的主要作用是提高耐蚀性和产生固溶强化。这类合金不能进行时效强化,一般采用冷变形方法来提高其强度。

防锈铝的塑性和焊接性能很好,但切削加工性较差。主要用于制造各种高耐蚀性的薄板容器、防锈蒙皮、管道、窗框等受力小、质轻的制品与结构件。常用的牌号有 3A21、5A02、5A05 等。

(2) 硬铝合金

硬铝合金属于铝-铜-镁系三元合金。其中铜和镁的主要作用是形成两个强化相,在时效过程中以弥散的形式析出,使合金的强度、硬度显著提高。但硬铝的耐蚀性较差,尤其是在海水中更差。为此,可加入适量的锰来改善耐蚀性;也可采用在硬铝表面包一层纯铝或包覆铝,以提高其耐蚀性。

目前,硬铝合金主要用来制造飞机上常用的铆钉、骨架、螺旋桨叶片、螺栓、飞机翼肋、翼梁等受力构件。常用的牌号有 2A01、2A10、2A11、2A12 等。

(3) 超硬铝合金

超硬铝合金属于铝-铜-镁-锌系四元合金。合金元素形成的强化相多达三个,因而时效强化后具有比硬铝更高的强度和硬度。超硬铝的抗拉强度可达 600MPa,其强度已相当于超高强度钢,故名超硬铝。但超硬铝的耐蚀性较差,常用包铝法来提高耐蚀性。另外,其耐热性比硬铝差,工作温度超过 120℃就会软化。

目前最常用的超硬铝牌号是 7A04。主要用于制作受力大的结构零件,如飞机起落架、大梁、加强框、桁条等。在光学仪器中,用于要求质量轻而受力大的结构零件。

(4) 锻造铝合金

锻造铝合金多数为铝-铜-镁-硅系四元合金,元素种类虽较多,但含量少,因而有良好的热塑性,适于锻造。其主要强化相是 Mg_2Si,力学性能与硬铝相近。

锻造铝主要用来制作受力较大的锻件或模锻件,如各种叶轮、框架、支杆等。

2）铸造铝合金

铸造铝合金由于其成分接近共晶点，因而具有良好的铸造性能，可进行各种成形铸造，生产形状复杂的零件。但其力学性能不如形变铝合金。

铸造铝合金的代号为"ZL"，是"铸铝"的汉语拼音字首，后面带有三位数字。第一位数字表示合金类别（1 为铝-硅系，2 为铝-铜系，3 为铝-镁系，4 为铝-锌系）；第二位、第三位数字为合金顺序号，序号不同者，成分也不同。例如，ZL102 表示 2 号铝-硅系铸造合金。常用的铸造铝合金可分为以下四大类。

（1）铝硅铸造合金

铝硅铸造合金又称为硅铝明。单由铝、硅两种元素组成的合金称为简单硅铝明，除硅以外尚有其他元素的铝合金称为特殊硅铝明。

ZL102 是简单硅铝明，这种合金流动性好、熔点低、热裂倾向小。在实际生产中经常采用变质处理，即在浇铸前往熔融合金中加入 2%～3% 的变质剂（常用变质剂为 2/3NaF 和 1/3NaCl 的混合物），使共晶硅由粗大针状变成细小点状，以细化组织，提高力学性能。

在简单硅铝明的基础上，常常再加入铜、镁、锌等元素，使其与铝形成强化相 Mg_2Si、$CuAl_2$（θ 相）及 $CuMgAl_2$（S 相）等，制成特殊硅铝明，如 ZL101、ZL104、ZL105 等。这类合金除了变质处理以外，还可进行淬火时效处理，利用形成的强化相来进一步提高合金的强度。

铝硅铸造合金一般用来制造轻质、耐蚀、形状复杂但强度要求不高的铸件。如简单硅铝明可用于制造仪器仪表外壳、电动工具外壳等；特殊硅铝明可制作气缸体、内燃机活塞等。

（2）铝铜铸造合金

铝铜铸造合金中其强化相为 $CuAl_2$ 相，因而时效强化效果较好，具有较高强度，耐热性好，特别是随着含铜量的增加，其高温强度提高，但也使其脆性增加。其铸造性能较差，耐蚀性也较差。常用的这类合金有 ZL201、ZL202、ZL203 等，主要用于制作要求高强度或高温条件下工作的零件，如内燃机气缸盖、活塞等。

（3）铝镁铸造合金

铝镁铸造合金的特点是强度高，耐蚀性好，且密度最小（$2.55g/cm^3$，比纯铝低）。但流动性低，铸造性能较差，耐热性低。也可进行时效处理，但效果不大，一般常在淬火状态使用。这类合金常用的有 ZL301、ZL302 等，主要用于制作承受冲击、外形较简单的零件，如舰船配件、氨用泵体等。

（4）铝锌铸造合金

铝锌铸造合金中含锌量较高（5%～13%），密度较大，有较高的强度，铸造性能好，并能自行固溶处理，因而在铸态下可直接使用。但其耐热性差。这类合金常用的有 ZL401、ZL402 等，主要用于制造医疗器械和仪器零件，也可用于制造日用品。

5.2.2　铜及其合金

1. 纯铜

纯铜又称紫铜，密度为 $8.96g/cm^3$，熔点为 1083℃，无磁性，其晶格结构为面心立方晶格，无同素异构转变。纯铜具有良好的导电性、导热性及抗大气腐蚀性，是重要的导电材料，广泛用于制作电工导体、防磁器械及传热体（如锅炉、制氧机中的冷凝器、散热器、热交换器等)。纯铜的强度低,塑性很好,具有良好的压力加工性能和焊接性能,易于冷、热加工成形。

工业纯铜按杂质的含量分为 T1、T2、T3 和 T4 四个牌号。"T"为铜的汉语拼音字首,其后的数字越大,纯度越低。如 T1 的含铜量为 99.95%,而 T4 的含铜量为 99.50%,余为杂质含量。

2. 黄铜

黄铜是以锌为主要合金元素的铜合金。通常把铜锌二元合金称为普通黄铜;若加入了某些其他元素,则称复杂黄铜或特殊黄铜,特殊黄铜可分为锡黄铜、铅黄铜、铝黄铜等。

普通黄铜的牌号用"H+数字"来表示,"H"为黄铜一词汉语拼音的首字母,后面数字为平均含铜量。如 H70 表示平均含铜量为 70% 的普通黄铜。特殊黄铜的牌号用"H+主加元素符号(锌除)+数字-数字"来表示,前面数字表示平均含铜量,后面数字表示其他元素(锌除外)的平均含量。例如 HPb59-1,表示平均含铜量为 59%、平均含铅量为 1%(余量为锌)的铅黄铜。

如果是铸造专用黄铜,其牌号用"Z+Cu+主加元素符号+数字"的方法来表示,其中数字为主加元素的平均含量,余量为铜。例如 ZCuZn38,表示平均含锌量为 38%、余量为铜的铸造普通黄铜;ZCuZn33Pb2 表示平均含锌量为 33%、平均含铅量为 2%、余量为铜的铸造铅黄铜。

1) 普通黄铜

工业中应用的普通黄铜,其含锌量不超过 47%。这时因为普通黄铜的组织和力学性能受其含锌量的影响,如图 1-5-2 所示,当含锌量小于 32% 时,锌能完全溶解于铜内,形成面心立方的单相 α 固溶体(单相黄铜),塑性好,并随着含锌量的增加,其强度、塑性都提高。当含锌量在 32%~45% 时,合金组织中开始出现 β′ 相,合金室温下的组织为 α+β′(双相黄铜)。β′ 相是电子化合物 CuZn 为基的固溶体,属于体心立方结构。β′ 相在 470℃ 以下塑性极差,但此时 β′ 相的量很少,对强度的影响不大,强度仍随着含锌量的增加而升高,但塑性已开始下降。当含锌量大于 45% 时,合金组织已全部为脆性的 β′ 相,其强度与塑性急剧下降,已无实用价值。

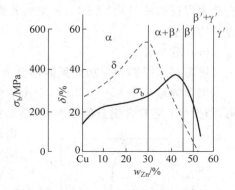

图 1-5-2　黄铜含锌量与力学性能的关系

根据普通黄铜的退火组织可分为单相黄铜(α 黄铜)和双相黄铜(α+β′ 黄铜)。常用的单相黄铜有 H80、H70 等,塑性好,可进行冷、热变形加工;常用的双相黄铜有 H62、H59 等,由于 β′ 相很脆,故不适于冷变形加工,但当加热到 470℃ 以上后,β′ 相便具有良好的塑性,因此可进行热变形加工。

普通黄铜的耐蚀性良好,超过铁、碳钢和许多合金钢,并且单相黄铜优于双相黄铜。但当含锌量为 7%(尤其是 20%)时,这种黄铜经冷变形加工后,由于有残余应力存在,在潮湿的大气或海水中,尤其在含有氨的环境中,易发生应力腐蚀开裂现象,称为季裂。因此,冷加工后的黄铜应进行低温退火(250~300℃),以消除内应力,防止季裂。

2) 特殊黄铜

在铜锌合金中加入锡、铝、铅、锰、硅等元素,即形成特殊黄铜。各种特殊黄铜的性能特点和用途如下。

（1）锡黄铜

锡的加入能显著提高黄铜对海水及海洋大气的耐蚀性，故锡黄铜又有"海军黄铜"之称。例 HSn62-1，广泛用于制造船舶零件。

（2）铝黄铜

铝能提高黄铜的强度和硬度，但使塑性降低。含铝的黄铜由于表面能形成保护性的氧化膜，使零件与腐蚀介质隔离，因而提高了在大气中的耐蚀性。例 HAl77-2，主要用于制造海船冷凝器、管道和其他耐蚀零件。

（3）锰黄铜

锰能大量溶于 α 相，因此加入适量锰时，能提高黄铜的强度而不降低塑性，同时还可以提高黄铜在海水和过热蒸气中的耐蚀性。如 HMn58-2 可用于制造海船零件及电信器材。

（4）铅黄铜

铅对黄铜的强度影响不大，但能改善切削加工性，也能提高耐磨性。常用牌号有 HPb63-3 等，主要用于制造要求表面粗糙度低及耐磨的零件（如钟表零件）。

3. 青铜

人类最早应用的青铜是一种铜-锡合金。但现在工业上把以铝、硅、铍、锰、铅等元素为主的铜合金均称为青铜。青铜的牌号用"Q＋主加元素符号＋数字-数字"来表示，其中"Q"为青铜一词汉语拼音的首字母，前面数字表示主加元素的平均含量，后面数字表示其他元素的平均含量。例如 QSn4-3，表示含锡量为 4％、含锌量为 3％、余量为铜的锡青铜。此外，铸造专用青铜的牌号用"Z＋Cu＋主加元素符号＋数字"的方法来表示，其数字表示主加元素的平均含量。

（1）锡青铜

锡青铜是以锡为主加元素的铜合金，其组织、性能与含锡量的关系如图 1-5-3 所示。

当含锡量小于 5％～6％时，合金的铸态或退火组织为单相 α 固溶体，属于面心立方结构，塑性好；随着含锡量的增加，合金的强度和塑性提高。当含锡量大于 6％时，合金组织中出现 δ 相。δ 相是一个以电子化合物 $Cu_{31}Sn_8$ 为基的固溶体，为复杂立方结构，硬而脆，使合金的塑性急剧下降。工业用锡青铜的含锡量一般为 3％～14％。

含锡量小于 8％的锡青铜具有良好的冷、热变形性能，适于压力加工，也称为压力加工青铜。而含锡量大于 10％的锡青铜，由于塑性差，只适合铸造，称为铸造锡青铜。

锡青铜的耐蚀性优于黄铜，尤其是在大气、海水、蒸汽等环境中，但在酸类及氨水中其耐蚀性较差。此外，锡青铜还具有良好的减摩性、抗磁性和低温韧性。

（2）铝青铜

铝青铜是以铝为主加元素的铜合金。一般含铝量为 5％～11％。当含铝量小于 7％时，合金的塑性好而强度低，具有良好的冷、热变形性能，适于压力加工，主

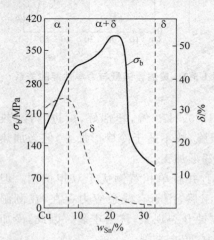

图 1-5-3 铸造锡青铜的含锡量与力学性能的关系

要用于制造仪器中要求耐蚀的零件和弹性元件。当含铝量大于7%后,塑性急剧下降,难以变形加工,只适于铸造,常用来制造强度及耐磨性要求较高的摩擦零件,如齿轮、蜗轮、轴套等。

铝青铜的力学性能比锡青铜高,其耐蚀性也高于锡青铜与黄铜。此外,其铸造性能也较好,这是由于铝青铜的结晶温度范围很窄,故有良好的流动性,晶内偏析倾向小,缩孔集中,易获得致密的铸件。

（3）铍青铜

铍青铜是以铍为主加元素的铜合金,含铍量为1.7%～2.5%。铍青铜不仅强度高、疲劳抗力高、弹性好,而且耐蚀、耐热、耐磨等性能均优于其他铜合金。铍青铜的导电性和导热性优良,无磁性,还具有受冲击时无火花等特殊性能。此外,其加工工艺性良好,可进行冷、热变形加工及铸造成形。

铍青铜主要用来制作精密仪器、仪表中各种重要用途的弹性元件、耐蚀、耐磨零件(如仪表中齿轮)、航海罗盘仪中零件及防爆工具。但铍青铜价格昂贵,因而应用受到一定限制。

复习思考题

1-5-1 碳钢中常存杂质有哪些？对钢的力学性能有何影响？

1-5-2 碳钢如何根据成分、用途、质量分类？其牌号是如何表示的？

1-5-3 指出下列各钢种的类别、大致含碳量、质量及用途举例：

$$Q235A,Q215B,45,T8,T12A$$

1-5-4 什么叫固溶处理、自然时效及人工时效？铝合金热处理与钢有什么不同？

1-5-5 说明下列铝合金牌号(代号)意义：

$$3A21,2B50,ZL104,ZL401$$

1-5-6 简述铜合金的分类、牌号及应用。

1-5-7 为什么H62黄铜的强度高而塑性较低,而H68黄铜的塑性却比H62好？

第2篇

铸 造 成 形

铸造是指将熔化的金属浇注到与零件的形状、尺寸相适应的铸型内,待其冷却凝固,以获得铸件的方法。

铸造生产在工业发达国家的国民经济中占有极其重要的地位。从铸件在机械产品中所占比例可看出其重要性:在机床、内燃机、重型机器中,铸件占 70%~90%;在拖拉机中占 50%~70%;在工业机械中占 40%~70%;在汽车中占 20%~30%。

1. 铸造生产的优点

(1) 使用范围广。铸造方法几乎不受零件大小、厚薄和复杂程度的限制,适用范围广。可以铸造壁厚为 0.3~1000mm、长度从几毫米到几十米、质量从几克到几百吨的各种铸件。

(2) 可制造各种合金铸件。铸造的金属材料来源广,如铸铁件、铸钢件,各种铝合金、铜合金、镁合金、钛合金及锌合金等铸件。对于脆性金属(如灰铸铁)、难以锻造和切削加工的合金材料,铸造是唯一可行的加工方法。在生产中以铸铁件应用最广,约占铸件总产量的 70%以上。

(3) 既可用于单件生产,也可用于批量生产。

(4) 成本低廉、工艺灵活性强。

2. 铸造工艺的缺点

铸造生产工艺过程复杂,工序多,一些工艺过程难以控制,易出现铸造缺陷,铸件质量不够稳定,废品率较高;铸件内部组织粗大、不均匀,使其力学性能不如同类材料的锻件高。此外,目前铸造生产还存在劳动强度大、劳动条件差等问题。

3. 铸造方法

铸造方法可分为砂型铸造和特种铸造两大类,其中应用最为广泛的是砂型铸造,约占世界铸造总产量的 60%,中国的情况也大致如此。所以,本章节只重点介绍砂型铸造的工艺,对特种铸造只作简单介绍。

第1章

铸造成形工艺基础

1.1 液态合金的充型能力

液态合金的充型能力指液态合金充满铸型型腔,获得形状完整、轮廓清晰的铸件的能力。如果金属的充型能力不好,则熔融金属在没有充满型腔前就已停止流动,铸件将产生浇注不足和冷隔等缺陷;充型能力好,浇注时液态合金容易充满型腔,则易于铸出轮廓清晰、壁薄、形状复杂的铸件。影响熔融金属充型能力的因素主要有合金的流动性、浇注条件、铸型的填充条件等。

1.1.1 合金的流动性

合金的流动性是指熔融合金本身的流动能力,是影响合金铸造性能的主要因素之一。合金的流动性通常用标准螺旋线试样长度来测定,如图 2-1-1 所示。在相同的浇注条件下,浇注出的螺旋线越长,就表示流动性越好。试验得知,在常用铸造合金中,灰铸铁、硅黄铜的流动性最好,铸钢的流动性最差。

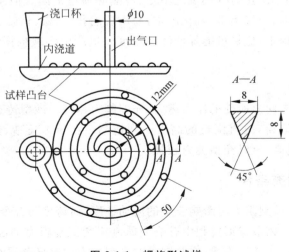

图 2-1-1　螺旋形试样

影响合金流动性的因素很多,但以其化学成分的影响最为显著,如图 2-1-2 所示。共晶成分合金的结晶是在恒温下进行的,此时,液态合金从表层逐层向中心凝固,由于已结晶的固体层内表面比较光滑,对金属液的流动阻力小,故流动性最好。除纯金属外,其他成分合金是在一定温度范围内逐步凝固的,此时,结晶是在一定宽度的凝固区内同时进行的,由于初生的树枝状晶体使固体层内表面粗糙,所以合金的流动性变差。显然,合金成分越远离共晶点,结晶温度范围越宽,流动性越差。

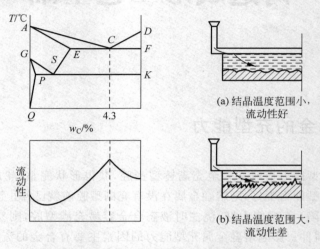

(a) 结晶温度范围小,流动性好

(b) 结晶温度范围大,流动性差

图 2-1-2 铁-碳合金成分与流动性的关系

1.1.2 浇注条件

1. 浇注温度

浇注温度对合金的充型能力有着决定性影响。提高浇注温度,熔融金属的黏度下降,流动性提高,同时熔融金属的热容量增加,凝固时间延长。因此,提高浇注温度,有利于合金的充型能力的提高,有利于防止铸件出现浇不足、冷隔等铸造缺陷。但是浇注温度过高,金属冷却后的总收缩量增加,吸气增多,氧化严重,易出现缩孔、缩松、粘砂、粗晶等缺陷。因此在保证足够流动性的前提下,应尽可能降低浇注温度。生产中必须根据铸件的具体情况及要求确定浇注温度。

2. 充型压力

液态合金在流动方向上所受的压力越大,充型能力越好。砂型铸造时,充型压力是由直浇道所产生的静压力取得,故直浇道的高度必须适当。在压力铸造、低压铸造和离心铸造时,因充型压力得到提高,所以充型能力较强。

1.1.3 铸型填充条件

液态合金充型时,铸型阻力将影响合金的流动速度,而铸型与合金间的热交换又将影响合金保持流动的时间。铸造成形过程中影响金属流速和流动阻力的因素主要有铸型材料、铸型温度、铸型中气体、铸件结构等,这些因素对充型能力均有显著影响。

1. 铸型材料

铸型材料的导热系数和比热容越大,对液态合金的激冷能力越强,合金的充型能力就越差。如金属型铸造较砂型铸造容易产生浇不足和冷隔缺陷。

2. 铸型温度

铸型进行预热,减缓了冷却速度,充型能力得以提高。

3. 铸型中气体

在金属液的热作用下,铸型(尤其是砂型)将产生大量气体。如果铸型排气能力差,型腔中的气压将增大,以致阻碍液态合金的充型。为了减小气体的压力,除应设法减少气体的来源外,应使铸型具有良好的透气性,并在远离浇口的最高部位开设出气口。

4. 铸件结构

铸件的壁厚如过薄或有过大的水平面时,都会使金属液体流动困难。在设计铸件时,铸件的壁厚应大于规定的最小壁厚值,以防产生缺陷。

1.2　铸件的凝固与收缩

铸件的质量与铸造合金的凝固过程有关。浇入铸型中的金属液在冷凝过程中,其液态收缩和凝固收缩若得不到补充,铸件将产生缩孔、缩松、裂纹、变形等缺陷。为防止上述缺陷,必须合理地控制铸件的凝固过程。

1.2.1　铸件的凝固方式

铸件的凝固过程中,其断面上一般存在三个区域,即固相区、凝固区和液相区,其中对铸件质量影响较大的主要是液相和固相并存的凝固区的宽窄。铸件的"凝固方式"就是依据凝固区的宽窄来划分的,如图 2-1-3 中 S 代表的区域。

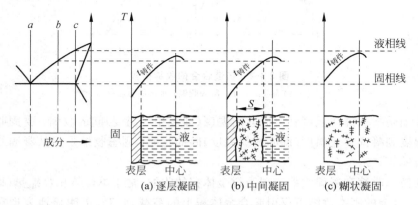

图 2-1-3　铸件的凝固方式

1. 逐层凝固

纯金属或共晶成分合金在凝固过程中因不存在液、固并存的凝固区(见图 2-1-3(a)),故断面上外层的固体和内层的液体由一条界线（凝固前沿）清楚地分开。随着温度的下降，固体层不断加厚，液体层不断减少，直达铸件的中心，这种凝固方式称为逐层凝固。

2. 糊状凝固

如果合金的结晶温度范围很宽，且铸件的温度分布较为平坦，则在凝固的某段时间内，铸件表面并不存在固体层，而液、固并存的凝固区贯穿整个断面（见图 2-1-3(c)）。由于这种凝固方式与水泥类似，即先呈糊状而后固化，故称糊状凝固。

3. 中间凝固

大多数合金的凝固介于逐层凝固和糊状凝固之间（见图 2-1-3(b)），称为中间凝固方式。

铸件质量与其凝固方式密切相关。一般来说，逐层凝固时，合金的充型能力强，便于防止缩孔和缩松；糊状凝固时，难以获得结晶紧实的铸件。在常用合金中，灰铸铁、铝-硅合金等倾向于逐层凝固，易于获得紧实铸件；球墨铸铁、锡青铜、铝-铜合金等倾向于糊状凝固，为获得紧实常需采用适当的工艺方法，以便补缩或减小其凝固区域。

1.2.2　铸造合金的收缩

合金在液体凝固和冷却至室温过程中，产生体积和尺寸减小的现象称为收缩。收缩是铸造合金本身的物理性质，给铸造工艺带来许多困难，是多种铸造缺陷（如缩孔、缩松、裂纹、变形、残余应力等）产生的根源。为使铸件的形状、尺寸符合技术要求，组织致密，必须研究收缩的规律。

合金从浇注温度冷却到室温要经过液态收缩、凝固收缩、固态收缩三个阶段，如图 2-1-4 所示。

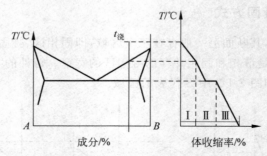

图 2-1-4　铸造合金的收缩阶段
Ⅰ—液态收缩；Ⅱ—凝固收缩；Ⅲ—固态收缩

液态收缩是指从浇注温度到凝固开始温度（即液相线温度）间的收缩；凝固收缩是指从凝固开始温度到凝固终止温度（即固相线温度）间的收缩；固态收缩是指从凝固终止温度到室温间的收缩。

合金的液态收缩和凝固收缩表现为合金体积的收缩，常用单位体积收缩量（即体积收缩率）来表示。合金的固态收缩不仅引起合金体积上的缩减，同时，更明显地表现在铸件尺寸上的缩减，因此固态收缩常用单位长度上的收缩量（即线收缩率）来表示。

铸件的实际收缩率与其化学成分、浇注温度、铸件结构和铸型条件有关。不同合金的收缩率不同，在常用铸造合金中，铸钢的收缩率最大，灰口铸铁最小。表 2-1-1 为几种铁-碳合金的体积收缩率。浇注温度越高,液态收缩越多;铸件结构越复杂,由于各部分互相牵制,阻碍收缩,所以相应收缩量越少,但铸件的残余应力增大。

表 2-1-1 几种铁-碳合金的体积收缩率

合金种类	含碳量/%	浇注温度/℃	液态收缩/%	凝固收缩/%	固态收缩/%	总体积收缩/%
碳素铸钢	0.35	1610	1.6	3	7.86	12.46
白口铸铁	3.0	1400	2.4	4.2	5.4~6.3	12~12.9
灰铸铁	3.5	1400	3.5	0.1	3.3~4.2	6.9~7.8

1.2.3 铸件中的缩孔与缩松

液态合金在冷凝过程中,若其液态收缩和凝固收缩所缩减的容积得不到补足,则在铸件最后凝固的部位形成一些孔洞。按照孔洞的大小和分布,可将其分为缩孔和缩松两类。

1. 缩孔

缩孔是集中在铸件上部或最后凝固部位容积较大的孔洞。缩孔多呈倒圆锥形,内表面粗糙,通常隐藏在铸件的内层,但在某些情况下,可暴露在铸件的上表面,呈明显的凹坑。

为便于分析缩孔的形成,现假设铸件逐层凝固,其形成过程如图 2-1-5 所示。液态合金填满铸型型腔(见图 2-1-5(a))后,由于铸型的吸热,靠近型腔表面的金属很快凝结成一层外壳,而内部仍然是高于凝固温度的液体(见图 2-1-5(b))。温度继续下降,外壳加厚,但内部液体因液态收缩和补充凝固层的凝固收缩,体积缩减,液面下降,使铸件内部出现了空隙(见图 2-1-5(c))。直到内部完全凝固,在铸件上部形成了缩孔(见图 2-1-5(d))。已经产生缩孔的铸件继续冷却到室温时,固态收缩使铸件的外廓尺寸略有缩小(见图 2-1-5(e))。

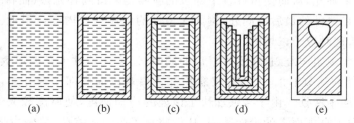

图 2-1-5 缩孔形成过程示意图

合金的液态收缩和凝固收缩越大、浇注温度越高、铸件越厚,缩孔的容积越大。

由上可知,缩孔形成的条件是:铸件呈逐层式凝固方式凝固,成分为纯金属或共晶成分的合金。缩孔产生的基本原因是合金的液态收缩和凝固收缩值大于固态收缩值并得不到补偿。缩孔产生的部位在铸件最后凝固区域,如壁较厚大的上部或铸件两壁相交处(热节)。

2. 缩松

分散在铸件某区域内的细小缩孔,称为缩松,缩松的形成过程如图 2-1-6 所示。

合金液体充满型腔后,向四处散热(见图 2-1-6(a))。铸件表面结壳后,内部有一个较宽的液相和固相共存的凝固区域(见图 2-1-6(b))。合金继续凝固,固体不断长大,直至相互接触(见图 2-1-6(c)、(d))。此时,合金液被分割成许多小的封闭区。封闭区内液体凝固收缩时,得不到补充,而形成许多小而分散的孔洞,即缩松(见图 2-1-6(e))。铸件继续冷却至室温,产生固态收缩(见图 2-1-6(f))。

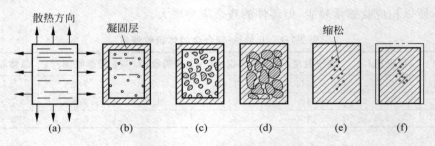

图 2-1-6 缩松形成过程示意图

由上可知,缩松形成的条件是:铸件主要呈糊状凝固方式凝固,成分为非共晶成分或有较宽结晶温度范围的合金。形成缩松的基本原因也是合金的液态收缩和凝固收缩值大于固态收缩值。缩松一般出现在铸件壁的轴线区域、冒口根部、热节处,也常分布在集中缩孔的下方。

3. 缩孔和缩松的防止

缩孔和缩松都会使铸件的力学性能下降,缩松还可使铸件因渗漏而报废,因此生产中要尽量减少缩孔和缩松。

定向凝固可防止铸件产生缩孔和缩松。所谓定向凝固就是在铸件上可能出现缩孔的厚大部位通过安放冒口等工艺措施,使铸件远离冒口的部位(如图 2-1-7 中 I 部位)先凝固;而后是靠近冒口部位(如图 2-1-7 中 II 和 III 部位)凝固;最后才是冒口本身的部位凝固。按照这样的凝固顺序,先凝固部位的收缩由后凝固部位的金属液来补充;后凝固部位的收缩由冒口中的金属液来补充,从而使铸件各个部位的收缩均能得到补充,从而将缩孔转移到冒口中。冒口应分布在铸件的最后凝固处,例如在铸件的最厚处或内浇口附近。冒口是铸件多余部分,在铸件清理时应予以切除。

为了使铸件实现定向凝固,在安放冒口的同时,还需在铸件上某些厚大部位增设冷铁。图 2-1-8 所示铸件的热节不止一个,若仅靠顶部冒口难以向底部凸台补缩,为此,在该凸台的型壁上安放了两个冷铁。由于冷铁加快了该处的冷却速度,使厚度较大的凸台反而最先凝固,这样就实现了自下而上的定向凝固,从而防止了凸台处缩孔、缩松的产生。可以看出,冷铁仅是通过加快某些部位的冷却速度来控制铸件的凝固顺序,但本身并不起补缩作用。冷铁通常用钢或铸铁制成。

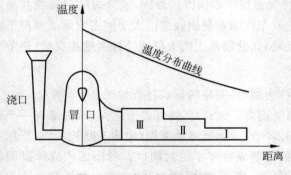

图 2-1-7 定向凝固示意图

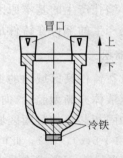

图 2-1-8 冒口和冷铁的应用

　　安放冒口和冷铁,实现定向凝固,虽可有效地防止缩孔和宏观缩松,但却耗费许多金属和工时,加大了铸件成本。同时,定向凝固扩大了铸件各部分的温度差,促进了铸件的变形和裂纹倾向。因此,它们主要用于必须补缩的场合,如铝青铜、铝-硅合金和铸钢件等。

1.3　铸造内应力、变形和裂纹

　　铸件在凝固之后继续冷却至室温的过程中,当其固态收缩受到阻碍时,铸件内部将产生内应力,这些内应力有的是在冷却过程中暂存的,有的则一直保留到室温,后者称为残余内应力。

　　铸造应力是铸件在生产、存放、加工及使用过程中产生变形和裂纹的主要原因。当铸件内产生的总应力值超过合金的屈服极限时,铸件将产生塑性变形,使铸件尺寸发生改变;当总应力值超过合金的强度极限时,铸件将产生裂纹。因此,在生产中应尽量减少铸件在冷却过程中产生残余内应力,并设法消除残余内应力,这对提高铸件的使用性能,防止铸件变形至关重要。

1.3.1　铸造内应力

　　铸件在凝固和冷却的过程中,发生线收缩,收缩往往受到外界的约束或铸件各部分相互制约而不能自由地进行,就会在铸件内产生应力,称为铸造内应力。铸造内应力按照其产生原因,可分为热应力和机械应力。

1. 热应力

　　热应力是铸件在凝固和之后的冷却过程中,由于铸件的壁厚不均匀、各部分的冷却速度不同,造成在同一时刻铸件各部分收缩量不一致而引起的。因铸件内互相制约产生的内应力,称为热应力。

　　为了分析热应力的形成,首先必须了解金属自高温冷却到室温时应力状态的改变。固态金属在再结晶温度以上(钢和铸铁为 $620 \sim 650 ℃$)处于塑性状态,此时,在较小的应力下就可发生塑性变形,变形之后应力可自行消除。在再结晶温度以下的金属呈弹性状态,此时,在应力的作用下将发生弹性变形,而变形之后应力继续存在。

　　下面以应力框铸件为例(如图 2-1-9 所示)来分析热应力的形成。应力框由杆 I 和杆 II 组成(见图 2-1-9(a))。开始冷却时,杆 I 和杆 II 具有相同温度。由于杆 I 较厚,冷却前期杆 II 的冷却速度大于杆 I 的冷却速度,而后期必然是杆 I 的冷却速度比杆 II 快。热应力的形成过程可分为三个阶段加以说明:

　　(1) 第一阶段($t_0 \sim t_1$):整个铸件处于再结晶温度以上,粗杆 I 和细杆 II 均处于塑性状态,尽管两杆的冷却速度不同,收缩不一致,但瞬时产生的内应力均可通过塑性变形而自动消失。

　　(2) 第二阶段($t_1 \sim t_2$):冷速较快的细杆 II 已进入弹性状态,而粗杆 I 仍处于塑性状态。由于细杆 II 冷速快,收缩大于粗杆 I,所以细杆 II 受拉伸,粗杆 I 受压缩(见图 2-1-9(b)),形成暂时内应力,但这个内应力随之便因粗杆 I 的微量塑性变形而消失(见图 2-1-9(c))。

（3）第三阶段（$t_2 \sim t_3$）：粗杆Ⅰ和细杆Ⅱ都进入低温弹性状态，细杆Ⅱ已冷却至更低温度，甚至已到达室温，不再收缩，而粗杆Ⅰ还要继续收缩，因此粗杆Ⅰ的收缩受到细杆Ⅱ的阻碍。故粗杆Ⅰ被拉伸，细杆Ⅱ被压缩。粗杆Ⅰ内产生拉应力，细杆Ⅱ产生压应力，直到室温，形成残余内应力（见图 2-1-9（d））。

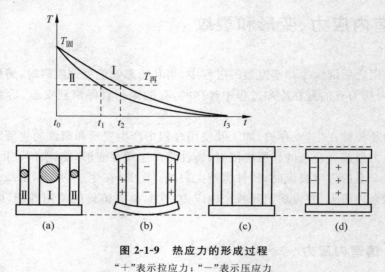

图 2-1-9　热应力的形成过程

"＋"表示拉应力；"－"表示压应力

由上述讨论，可得以下结论：

（1）铸件各部分厚薄不同就会产生热应力，厚部（粗）或心部为拉应力，薄部（细）或表层为压应力。

（2）铸件各部分厚薄相差越大，热应力就越大。从铸件结构来看，壁厚均匀的铸件，热应力较小。

（3）厚大断面的铸件冷却后，外层冷却快存在压应力，内部冷却慢存在拉应力。

（4）铸件材质的弹性系数和固体线收缩系数越大，则铸件的热应力也越大。

钢的弹性系数比灰铸铁大，因此，铸钢件热应力比灰铸铁件大。但是，由于钢的强度极限大，塑性好，即使有较大的热应力也不一定就产生冷裂。而灰铸铁由于强度极限小，塑性差，产生冷裂的倾向反而较大。

灰铸铁的弹性系数与其牌号有关，高牌号灰铸铁比低牌号的大。故高牌号灰铸铁的热应力比低牌号铸铁高，产生冷裂的可能性也就大。

2. 机械应力

机械应力是合金的固态收缩受到铸型或型芯的机械阻碍而形成的内应力，如图 2-1-10 所示。机械应力的主要来源有以下几个方面：

（1）铸型和型芯有较高的强度和较低的退让性。

（2）砂箱的箱带和型芯内的芯骨阻碍。

（3）浇、冒口系统以及铸件上的突出部分阻碍。

（4）设置在铸件内的拉肋、防裂肋，分型面上的飞边阻碍。

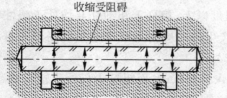

收缩受阻碍

图 2-1-10　机械应力图

机械应力使铸件产生暂时性的正应力或剪切应力,这种内应力与铸件部位无关,在铸件落砂之后便可自行消除。但它在铸件冷却过程中可与热应力共同起作用,增大了某些部位的应力,促进了铸件的裂纹倾向。

3. 减小和消除铸造应力的方法

（1）基本方法是采用合理的铸造工艺,使铸件的凝固过程符合同时凝固原则。如图 2-1-11 所示,浇口开在铸件薄壁处,厚壁处安放冷铁以加速冷却,使铸件各部分温度尽量相等,从而实现同时凝固。由于各部分温差很小,因而铸件残留内应力也很小。采用同时凝固原则既可减少铸造内应力,防止铸件的变形,又可免设冒口而省工省料。其缺点是铸件心部容易出现缩孔或缩松。同时凝固原则主要用于灰铸铁、锡青铜等。这是由于灰铸铁的缩孔、缩松倾向小;而锡青铜倾向于糊状凝固,采用定向凝固也难以有效地消除其缩松缺陷。

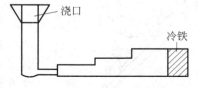

图 2-1-11　铸件的同时凝固原则

（2）造型工艺上,可采用相应措施以减小铸造内用力,如改善铸型,改善型芯的退让性（在型砂、芯砂内加入木屑、焦炭末等附加物,控制舂砂松紧度）,合理设置浇、冒口等。

（3）铸件结构上,应尽量避免牵制收缩的结构,使铸件各部分能自由地收缩。如壁厚均匀,壁和壁之间连接均匀,热节小而分散的结构,可减小铸造内应力。

（4）时效处理。时效分为自然时效与人工时效（去应力退火）。自然时效是将铸件置于露天场地半年以上,使其发生缓慢地变形,从而使内应力消除。人工时效是将铸件加热到塑性状态,例如灰口铸铁件加热至 $550\sim650$℃,保温 $3\sim6$h 后缓慢冷却,可消除铸造内应力。去应力退火常常在粗加工之后进行,这样可将原有的铸造应力和粗加工产生的应力一并消除。

1.3.2　铸件的变形与防止

铸件在冷却过程中,由于各部分冷却速度不同引起收缩量不一致,但各部分彼此相连,互相制约,使其几何形状与图样不符,称为铸件变形,如图 2-1-12 所示为车床床身,其导轨部分因较厚而受拉伸,于是朝着导轨方向产生内凹。

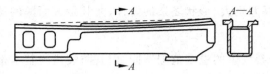

图 2-1-12　车床床身翘曲变形示意图

防止铸件变形,在工艺上可采取以下措施:

（1）尽量减少铸件内应力。铸造内应力是导致铸件变形的主要原因,所以减少铸造内应力的措施（同时凝固原则、改善铸型的退让性、合理设计铸件结构和时效处理）都能减少铸造内应力,从而减少变形。

（2）采用反变形的工艺补偿量。预先将模样做成与铸件变形方向相反的形状,以补偿铸件变形。

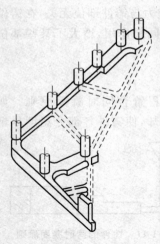

图 2-1-13　拉筋的使用

（3）修改铸件结构，设置拉筋。在铸件上设置拉筋，使之承受一部分应力以防止变形，待铸件经时效处理消除应力后再将拉筋去掉，如图 2-1-13 所示（虚线部分）。

1.3.3　铸件的裂纹与防止

当铸件的内应力超过金属的强度极限时，铸件便产生裂纹。裂纹根据其产生温度的不同，可分为热裂和冷裂两种。

1. 热裂

热裂是在高温下形成的裂纹，如图 2-1-14 所示。其形状特征是：裂纹短，裂缝宽，形状曲折，缝内呈氧化色。热裂主要发生在铸件厚薄不均匀的连接处及拐角处，有些薄壁铸件因型芯退让性较差也会产生热裂。

因此，合金的收缩率高，铸件结构不合理，型砂、芯砂退让性差，合金的高温强度低等，都易使铸件产生热裂。热裂在铸钢和铸铝中较为常见。

2. 冷裂

冷裂是在较低温度下，由于热应力和机械应力的综合作用，使铸件的内应力大于合金的强度极限而产生的，如图 2-1-15 所示。

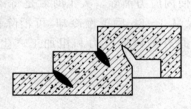

图 2-1-14　热裂

图 2-1-15　冷裂

冷裂的形状特征是：裂纹细小，呈连续直线状，有时缝内呈轻微氧化色。

冷裂常出现在复杂件的受拉伸部位，尤其存在于应力集中处（如尖角、缩孔、气孔、夹渣等缺陷附近）。对于壁厚差别大、形状复杂的铸件，尤其是大而薄的铸件，易发生冷裂。

3. 防裂措施

尽管铸件热裂和冷裂发生的温度范围不同，但其防裂措施基本是相同的，即设法减小铸造应力，增强铸件抗裂性能，其主要方法如下：

（1）铸件壁厚要尽量均匀，避免突然变化；拐角处做成适当圆角；局部厚实部位，放置冷铁；易产生拉应力集中处设防裂肋。

（2）提高熔炼质量，降低磷、硫等有害元素和非金属夹杂物的含量，消除脆性组织。尤其是对于铸钢和铸铁，必须控制硫的含量，以防止硫的热脆性使合金的高温强度降低。

（3）提高砂型和砂芯的退让性，减小收缩阻力。

（4）浇冒口的形状和位置不要阻碍铸件收缩，与铸件相接处应形成适当圆角。

（5）铸件落砂不要过早，落砂后注意保温，避免风冷及严防与水接触。

（6）铸件在落砂、清理和搬运中应避免碰撞。

（7）铸件要及时进行时效处理，减小或消除残余应力。

复习思考题

2-1-1 什么是铸造？铸造具有哪些特点？

2-1-2 什么是液态合金的充型能力？影响液体合金充型能力的因素有哪些？

2-1-3 铸件有哪些凝固方式？影响凝固方式的因素有哪些？

2-1-4 什么是合金的收缩？合金的收缩分为哪几个阶段？影响的因素有哪些？

2-1-5 什么是缩孔和缩松？缩孔和缩松对铸件质量有何影响？为什么缩孔比缩松较容易防止？

2-1-6 什么是定向凝固原则？什么是同时凝固原则？它们各需什么措施来实现？这两种凝固原则各适用于哪种场合？

2-1-7 铸造内应力、变形和裂纹是如何形成的？

2-1-8 试从铸件结构、型砂、铸造工艺等方面考虑如何防止铸件产生内应力和裂纹。

第2章

常用合金铸件的生产

2.1 铸铁件生产

铸铁是含碳量大于 2.11% 的铁-碳合金。工业上常用的铸铁一般含碳量在 2.4%～4.0%范围内,此外还含有 Si(0.6%～3.0%)、Mn(0.4%～1.2%)、P(≤0.3%)、S(≤0.15%)等元素。

2.1.1 铸铁件生产概述

1. 铸铁的分类

碳在铸铁中既可形成化合状态的渗碳体(Fe_3C),也可形成游离状态的石墨(常用 G 表示石墨)。根据碳在铸铁中存在形式的不同,铸铁可分为以下三大类:

(1) 白口铸铁

碳除微量溶于铁素体外,其余全部以渗碳体的形式存在,其断口呈银白色,故称白口铸铁。这种铸铁组织中因存有大量莱氏体,性能硬而脆,难以切削加工,所以很少用来制造机器零件。

(2) 灰口铸铁

碳全部或大部分以游离状态的石墨存在于铸铁中,其断口呈灰色,故称灰口铸铁。它是工业中应用最广的铸铁。

根据铸铁中石墨形态的不同,灰口铸铁又可分为灰铸铁(石墨呈片状)、可锻铸铁(石墨呈团絮状)、球墨铸铁(石墨呈球状)、蠕墨铸铁(石墨呈蠕虫状)四种。铸铁中不同形态的石墨组织如图 2-2-1 所示。

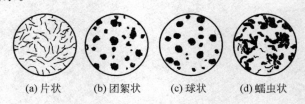

(a)片状　　(b)团絮状　　(c)球状　　(d)蠕虫状

图 2-2-1　灰口铸铁中石墨的不同形态

（3）麻口铸铁

这种铸铁组织中既有石墨，又有莱氏体，属于白口和灰口间的过渡组织，断口呈黑白相间的麻点，故称麻口铸铁。这类铸铁也具有较大的硬脆性，故工业上很少使用。

2. 铸铁中石墨对其性能的影响

（1）力学性能较差

灰口铸铁的显微组织由金属基体和石墨组成，相当于在纯铁或钢的基体上嵌入了大量石墨。石墨的强度、硬度、塑性极低，因此可将灰口铸铁视为布满细小裂纹的纯铁或钢。由于石墨的存在，减小了有效承载面积，石墨的尖角处还会引起应力集中，因此灰口铸铁的强度、硬度低，塑性、韧性差，但抗压强度受石墨的影响较小，仍与钢接近。

（2）工艺性能

灰口铸铁属于脆性材料，不能锻造和冲压。同时，焊接时产生裂纹的倾向大，焊接区常出现白口组织，使焊后难以切削加工，故可焊性较差。但灰口铸铁的铸造性能优良，铸件产生缺陷的倾向小。此外，由于石墨的存在，切削加工时呈崩碎切屑，通常不需要切削液，故切削加工性好。

（3）减振性好

由于石墨对机械振动起缓冲作用，阻止了振动能量的传播，故铸铁的减振能力为钢的5～10倍，是制造机床床身、机座的好材料。

（4）耐磨性好

石墨本身是一种良好的润滑剂，同时当它从铸铁表面掉落后，摩擦面上形成了大量显微凹坑，能起储存润滑油作用，使摩擦副内容易保持油膜的连续性，因此耐磨性好，适于制造导轨、衬套、活塞销等。

（5）缺口敏感性低

由于石墨已使基体上形成了大量缺口，因此外来缺口（如键槽、刀痕等）对灰口铸铁的疲劳强度影响甚微，故缺口敏感性低。

从以上分析可以看出，灰口铸铁的性能来源于基体，但很大程度上取决于石墨的数量、大小、形状及分布。石墨化不充分，易产生白口组织；石墨化太充分，则形成的石墨粗大，致使力学性能变差。因而在生产中就要控制石墨的形成过程。

3. 影响石墨化的因素

影响铸铁石墨化的主要因素是化学成分和冷却速度。

1）化学成分

灰口铸铁除含碳外，还含有硅、硫、锰、磷等，它们对铸铁石墨化影响如下。

（1）碳和硅

碳和硅是铸铁中最主要元素，对铸铁的组织和性能有着决定性影响。

碳是形成石墨的元素，也是促进石墨化的元素。碳的含量越高，析出的石墨就越多、越粗大，而基体中的铁素体含量增多，珠光体减少；反之，石墨减少且细化。

硅是强烈促进石墨化的元素。随着硅的含量增加，石墨显著增多。实践证明，若硅的含量过低，即使含碳量高，石墨也难以形成。此外硅还可改善铸造性能。

碳和硅对铸铁组织的共同影响如图 2-2-2 所示。由图可见，碳、硅含量改变，铸铁的组织和性能也随之而变。碳、硅含量过高，将形成强度甚低的铁素体灰口铸铁，且石墨粗大；反之，容易出现硬脆的白口组织，并给熔化和铸造增加困难。在工业生产中，灰口铸铁的碳、硅含量控制为：碳 $2.7\%\sim3.9\%$，硅 $1.1\%\sim2.6\%$。

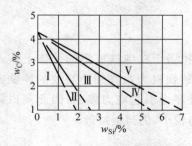

I—白口铸铁区，其组织为：$L'_d+Fe_3C_{II}+P$
II—麻口铸铁区，其组织为：$L'_d+Fe_3C_{II}+P+G$
III—珠光体灰口铸铁区，其组织为：$P+G$
IV—珠光体-铁素体灰口铸铁区，其组织为：$P+F+G$
V—铁素体灰口铸铁区，其组织为：$F+G$

图 2-2-2　铸铁组织图（铸件壁厚 50mm，砂型铸造）

（2）硫和锰

这两个元素在铸铁中是密切相关的。

硫是强烈阻碍石墨化的元素，同时，硫在铸铁中形成低熔点（985℃）的 FeS-Fe 共晶体，分布于晶界上，使铸铁具有热脆性。此外，硫还会使铸铁的流动性降低，凝固收缩率增加。因此，硫是铸铁中非常有害的元素，必须严格控制其含量，一般控制在 $0.1\%\sim0.15\%$ 以下。

锰本身也是阻碍石墨化的元素，但它和硫有很大的亲和力，从而可消除硫的有害作用。此外，锰还有利于基体中珠光体量增多，所以锰属于有益元素。通常，在铸铁中锰的含量控制为 $0.6\%\sim1.2\%$。

（3）磷

磷是微弱促进石墨化的元素，同时还能提高铸铁的流动性，但形成的 Fe_3P 常以共晶体的形式分布在晶界上，增加铸铁的脆性，使铸铁在冷却过程中易于开裂，所以一般铸铁中含磷量也应严格控制。

从以上讨论可以看出，C、Si、Mn 是调节组织的元素，P 是控制使用元素，S 是限制使用元素。

2）冷却速度

相同化学成分的铸铁，若冷却速度不同，其组织和性能也不同。从图 2-2-3 所示的三角形试样断口处可以看出，冷却速度很快的左部尖端处呈银白色，属白口组织；冷却速度较慢的右部呈暗灰色，其心部晶粒较为粗大，属灰口组织；在灰口和白口的交界处属麻口组织。这是由于缓慢冷却时，石墨得以顺利析出；反之，石墨的析出受到抑制。为了确保铸件的组织和性能，必须考虑冷却速度对铸铁组织和性能的影响。铸件的冷却速度主要取决于浇注温度、铸件壁厚和铸型导热能力等因素。

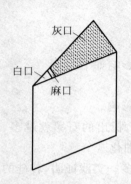

图 2-2-3　冷却速度对铸铁组织的影响

（1）浇注温度

在其他条件相同时，浇注温度越高，铸件的冷却速度越小。这是因为浇注温度越高，在铁液凝固前铸型所吸收的热量越多，延缓了铸型中金属的冷却速度。

（2）铸件壁厚

铸件壁厚是影响冷却速度的一个重要因素。铸件越薄,其冷却速度越快;铸件越厚,其冷却速度越慢。但在生产中,不能通过改变铸件壁厚来调整铸铁的组织,而应选择适当的化学成分,采取必要的工艺措施,来改善铸铁的组织,从而获得所需要的性能。

（3）铸型材料

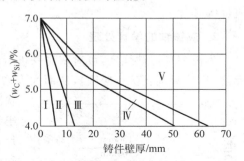

图 2-2-4　铸件壁厚和碳、硅含量对铸铁组织的影响

各种铸型材料的导热能力不同。如金属型的导热性大于砂型,所以铸件在金属型中的冷却速度要比在砂型中快。同是砂型,湿型的冷却速度大于干型和预热的铸型。因此借助于调节铸型的冷却速度也可控制铸件的组织。

通过以上分析可见,要获得某种所要求的组织,必须根据铸件的尺寸（壁厚）来选择合适的铸铁成分（主要是碳和硅）。图 2-2-4 所示为砂型铸造时,铸件壁厚和碳、硅含量对铸铁组织的影响（各区域组织同图 2-2-2 的铸铁组织图）。

2.1.2　灰铸铁件生产

灰铸铁是应用最广的一种铸铁。在各种铸铁件的总产量中,灰铸铁件占 80% 以上。机床床身、箱体,内燃机的缸体、缸盖、缸套、活塞环,汽车、拖拉机的变速箱、油缸及阀体等都是用灰铸铁制造的。

1. 灰铸铁的化学成分、组织和性能

灰铸铁的化学成分一般为: $w_C 2.5\% \sim 3.6\%$, $w_{Si} 1.1\% \sim 2.5\%$, $w_{Mn} 0.6\% \sim 1.2\%$, $w_P \leqslant 0.50\%$, $w_S \leqslant 0.15\%$。

灰铸铁的组织是由钢的基体与片状石墨组成。按基体结构不同,其组织可分为三种:

（1）珠光体灰铸铁,其组织是在珠光体基体上分布着细小而均匀的石墨片,如图 2-2-5（a）所示。此种铸铁有较高的强度和硬度,可用来制造重要的机件。

(a)珠光体灰铸铁　　(b)珠光体-铁素体灰铸铁　　(c)铁素体灰铸体

图 2-2-5　灰铸铁的显微组织金相照片

（2）珠光体-铁素体灰铸铁,其组织是在珠光体和铁素体基体上分布着较为粗大的石墨片,如图 2-2-5（b）所示。此种铸铁虽然强度较低,但仍可满足一般机件的要求,其铸造性能、切削加工性和减振性等均优于前者,故用途最广。

（3）铁素体灰铸铁,其组织是在铁素体基体上分布着粗大的石墨片,如图 2-2-5（c）所

示。此种铸铁的强度、硬度最低,很少用来制造机械零件。

灰口铸铁的力学性能主要取决于基体的强度和石墨的数量、大小、形状及分布。同碳钢相比,灰口铸铁的强度、硬度低,塑性、韧性几乎等于零,但抗压强度仍接近钢。此外,灰口铸铁的减振性、耐磨性好,缺口敏感性低,故灰口铸铁被广泛用于铸造机床床身和各类机器的机件等零件。

2. 灰铸铁的孕育处理

为提高灰铸铁强度,可对灰铸铁进行孕育处理,即浇注前向液水内加入少量促进石墨化元素(称孕育剂:75%硅铁),从而大大增加了结晶核心,使共晶团细小,石墨片尺寸及分布

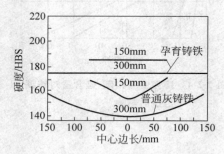

图 2-2-6　孕育铸铁和灰铸铁
截面上硬度的分布

状况得到改善,这就是孕育处理的实质。孕育铸铁的组织特点是细小珠光体基体上均匀分布着细小石墨片,由于石墨的割裂作用比普通灰铸铁弱,故强度和硬度明显提高。孕育铸铁的另一优点是冷却速度对其组织和性能的影响较小,这就使得厚大截面铸件上的性能较均匀,如图 2-2-6 所示。这种铸铁适用于静载荷下,要求具有较高强度、高耐磨性、高气密性,特别是厚大铸件,如重型机床床身、气缸体、缸套、液压件、齿轮等。必须指出,孕育铸铁因石墨仍为片状,其塑性、韧性仍然很低,故仍然属于灰铸铁。

3. 灰铸铁的牌号及其生产特点

依照国家《铸铁牌号表示方法》,灰铸铁的牌号以"HT"加三位数字表示。其中"HT"代表灰铸铁,其后以三位数字来表示其最低抗拉强度值。例如,如 HT200 表示灰铸铁,其最低抗拉强度值为 200MPa。常用灰铸铁的牌号、力学性能及用途如表 2-2-1 所示。

表 2-2-1　灰铸铁的牌号和性能

铸 铁 类 型	牌号	抗拉强度(≥)/MPa	抗弯强度(≥)/MPa	抗压强度(≥)/MPa
铁素体灰铸铁	HT100	100	260	500
铁素体-珠光体灰铸铁	HT150	150	330	650
珠光体灰铸铁	HT200	200	400	750
孕育铸铁	HT300	300	540	1100

注:试样直径为 80mm。

灰铸铁通常是在冲天炉内熔炼,且大多不需进行炉前处理,即用出炉的铁液直接浇注即可。灰铸铁的铸造性能优良,如流动性好、收缩率低,因此便于铸出薄而复杂的铸件;铸型一般不需补缩冒口和冷铁,使铸造工艺简化,因而对型砂的要求比铸钢低。中小铸件多利用灰铸铁浇注温度较低的特点,采用经济、简便的湿型来铸造。此外,灰铸铁件一般不需热处理,或仅需进行时效处理。

2.1.3　可锻铸铁的生产

可锻铸铁又称马铁,它是将白口铸铁经石墨化退火而成的一种铸铁。由于其石墨呈团

絮状,大大减轻了对金属基体的割裂作用,故抗拉强度得到显著提高,一般达 $300 \sim$ $400MPa$,最高可达 $700MPa$。尤为可贵的是,这种铸铁有着相当高的塑性与韧性,$\delta \leqslant 12\%$,$\alpha_K \leqslant 30J/cm^2$,可锻铸铁就是因此而得名,其实它并不能真的用于锻造。可锻铸铁已有 200 多年历史,在球墨铸铁问世之前,曾是力学性能最高的铸铁。

按照退火方法的不同,可锻铸铁可分为黑心可锻铸铁、珠光体可锻铸铁和白心可锻铸铁三种,其中,黑心可锻铸铁在中国最为常用。黑心可锻铸铁的显微组织为铁素体基体和团絮状石墨(见图 2-2-7),其牌号用"KTH＋两组数字"表示,后面两组数字分别表示其最低抗拉强度和伸长率,例如:KTH300-06。黑心可锻铸铁的性能特征是塑性、韧性好,耐蚀性较高,但强度、硬度较珠光体可锻铸铁低。

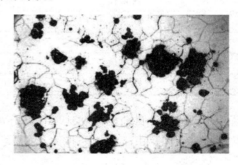

图 2-2-7　黑心可锻铸铁显微组织

可锻铸铁通常用于制造形状复杂、承受冲击载荷的薄壁小件。这些小件若用一般铸钢制造困难较大;若用球墨铸铁,质量又难以保证。

制造可锻铸铁件的首要步骤是先铸出白口铸铁坯件,若坯件在退火前已存有片状石墨,则无法经退火制造出团絮状石墨。为此,要求铸铁的碳、硅含量较低,以保证获得完全的白口组织。通常 $w_C = 2.4\% \sim 2.8\%$,$w_{Si} = 0.4\% \sim 1.4\%$。石墨化退火是制造可锻铸铁最主要的工艺过程。将清理后的白口坯件叠放于退火箱中,将箱盖用泥封好后送入退火炉中,缓慢加热到 $920 \sim 980℃$ 的高温,保温 $10 \sim 20h$,并按照规范冷却到室温(对于黑心可锻铸铁还要在 $700℃$ 以上进行第二段保温)。石墨化退火的总周期一般为 $40 \sim 70h$。可以看出,可锻铸铁的生产过程复杂,退火周期长,能源耗费大,铸件的成本较高。

2.1.4　球墨铸铁的生产

球墨铸铁是 20 世纪 40 年代末发展起来的一种铸造合金,它是向出炉的铁液中加入球化剂和孕育剂而得到的球状石墨铸铁。

1. 球墨铸铁的组织和性能

球墨铸铁由于石墨呈球状(见图 2-2-8),使石墨对金属基体的割裂作用进一步减轻,其基体强度利用率可达 $70\% \sim 90\%$,而灰铸铁仅为 $30\% \sim 50\%$,故球墨铸铁的强度和韧性远远超过灰铸铁,并可与钢媲美。如抗拉强度一般为 $400 \sim 600MPa$,最高可达 $900MPa$;伸长率一般为 $2\% \sim 10\%$,最高可达 18%。球墨铸铁可通过退火、正火、调质、高频淬火、等温淬火等使基体形成不同组织(如铁素体、珠光体)及其他淬火、回火组织,从而进一步改善其性能。此外,球墨铸铁还兼有接近灰铸铁的优良铸造性能。

球墨铸铁的牌号中 QT 表示"球铁",后面两组数字的含义与可锻铸铁相同。表 2-2-2 为常用球墨铸铁的牌号、力学性能。

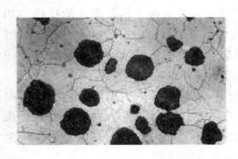

图 2-2-8　球墨铸铁显微组织

表 2-2-2　球墨铸铁的牌号和力学性能

牌　号	基体组织	抗拉强度(≥)/MPa	弹性极限值(≥)/MPa	伸长率(≥)/%
QT400-17	铁素体	400	250	17
QT420-10	铁素体	420	270	10
QT500-05	铁素体+珠光体	500	350	5
QT600-02	珠光体	600	420	2
QT700-02	珠光体	700	480	2
QT800-02	珠光体	800	560	2

　　球墨铸铁件目前已成功地取代部分可锻铸铁件、铸钢件,也取代部分负荷较重但受冲击不大的锻钢件。由于使用的扩大,球墨铸铁的产量也在迅速增长,因此是很有发展前途的铸造合金。

　　2. 球墨铸铁的生产特点

　　(1)制造球墨铸铁所用的铁液含碳(3.6%～4.0%)、硅(2.4%～2.8%)要高,但硫、磷含量要低。为防止浇注温度过低,出炉的铁液温度必须高达1450℃以上,以弥补球化和孕育处理时温度的损失。

　　(2)球化处理和孕育处理是制造球墨铸铁的关键,必须严格操作。

　　球化剂的作用是使石墨呈球状析出,中国广泛采用的球化剂是稀土-镁合金。稀土-镁合金中的镁和稀土都是球化元素,其含量均小于10%,其余为硅和铁。以稀土-镁合金作球化剂不仅结合了我国的资源特点,其作用平稳,减少了镁的用量,还能改善球墨铸铁的质量。球化剂的加入量一般为铁液质量的1.3%～1.8%(视铸铁的化学成分和铸件大小而定)。

　　孕育剂的主要作用是促进石墨化,防止球化元素所造成的白口倾向。常用的孕育剂为含硅量75%的硅铁,加入量为0.4%～1.0%。

铁水

堤坝

铁屑、稻草灰

球化剂

图 2-2-9　冲入法球化处理

　　炉前处理的工艺方法有多种,其中以冲入法最为常用,如图2-2-9所示。它是将球化剂放在铁水包的堤坝内,上面铺以铁屑(或硅铁粉)和稻草灰,以防球化剂上浮,并使其作用缓和。开始时,先将铁水包容量的0.5倍左右的铁液冲入包内,使球化剂与铁液充分反应,而后将孕育剂放在冲天炉的出铁槽内,用剩余的铁液将其冲入包内,进行孕育。

　　(3)铸型工艺。球墨铸铁较灰铸铁容易产生缩孔、缩松、皮下气孔和夹渣等缺陷,因此在工艺上要采取措施。如在热节上安置冒口、冷铁,以便对铸件进行补缩。同时,应增加铸型刚度,防止因铸件外形扩大所造成的缩孔和缩松。还应降低铁液的含硫量和残余镁量,以防止皮下气孔。此外,还应加强挡渣措施,以防产生夹渣缺陷。

　　(4)热处理。多数球墨铸铁件铸造后要进行热处理,以保证应有的力学性能。这是由于铸态的球墨铸铁多为珠光体和铁素体的混合基体,有时还存有自由渗碳体,形状复杂件还存有残余内应力。常用的热处理是退火和正火。退火可获得铁素体基体,正火可获得珠光体基体。制取牌号QT900-2球墨铸铁则需经过等温淬火才能得到。

2.1.5　蠕墨铸铁的生产

蠕墨铸铁是近 20 年发展起来的一种新型铸铁,其石墨呈短片状,片端钝而圆,类似蠕虫,故得名。图 2-2-10 所示的图片为以珠光体(黑色)和少量铁素体(白色)构成的基体,而短片为蠕虫状石墨。

1. 蠕墨铸铁的性能

蠕墨铸铁的力学性能介于基体相同的灰铸铁和球墨铸铁之间。由于石墨是相互连接的,故强度和韧性低于球墨铸铁,但抗拉强度优于灰铸铁,并且具有一定的塑性和韧性,其强度和韧性都不如球铁。

蠕墨铸铁的突出优点是导热性优于球铁,而抗生长和抗氧化性较其他铸铁均高。同时,其断面敏感性较灰铸铁小,故厚大截面上的性能较为均匀。此外,蠕墨铸铁的耐磨性优于孕育铸铁及高磷耐磨铸铁。

图 2-2-10　蠕墨铸铁显微组织

2. 蠕墨铸铁的制取

生产蠕墨铸铁的原铁液与球墨铸铁相似,即先熔炼出含碳、硅较高,含磷、硫较低的高温铁液,先向铁液中冲入蠕化剂。中国多以稀土-硅-铁合金、稀土-硅-钙合金或镁-钛合金作为蠕化剂,加入量为铁液的 $1.0\% \sim 2.0\%$,蠕化处理后再加入孕育剂孕育。

3. 蠕墨铸铁的应用

由于蠕墨铸铁力学性能高,导热性和耐热性优良,因而适于制造工作温度较高或具有较高温度梯度的零件,如大型柴油机气缸盖、制动盘、钢锭模、金属型等。由于其断面敏感性小,铸造性能好,故可用于制造形状复杂的大铸件,如重型机床和大型柴油机机体等。用蠕墨铸铁代替孕育铸铁既可提高强度,又可节省许多废钢。

蠕墨铸铁的断面厚度敏感性比普通灰铸铁小得多,在厚大截面上的性能较为均匀,其耐磨性优于灰铸铁和孕育铸铁,因此用蠕墨铸铁代替高强度灰铸铁制造形状复杂的大铸件。蠕墨铸铁的导热性、耐热疲劳性高于球墨铸铁,适于在较大温度梯度条件下工作的零件。此外,其气密性优于灰铸铁。总之,蠕墨铸铁综合性能优良,是有广阔发展前景的新材料。

2.2　铸钢件生产

铸钢也是一种重要的铸造合金。铸钢件的年产量仅次于灰铸铁件,约为可锻铸铁件和球墨铸铁件的总和。

2.2.1　铸钢的类别和性能

按照化学成分,铸钢可分为铸造碳钢和铸造合金钢两大类,其中铸造碳钢应用较广,约占铸钢件总产量的 80% 以上。表 2-2-3 所示为常用铸造碳钢的牌号、成分和力学性能。

表 2-2-3 常用铸造碳钢的牌号、成分和力学性能

铸钢牌号		主要化学成分(≤)/%				力学性能(≥)		
新牌号	原牌号	C	Si	Mn	P、S	δ/%	ψ/%	σ_b/MPa
ZG200-400	ZG15	0.2	0.5	0.8	0.04	25	40	400
ZG230-450	ZG25	0.3	0.5	0.9	0.04	22	32	450
ZG270-500	ZG35	0.4	0.5	0.9	0.04	18	25	500
ZG310-570	ZG45	0.5	0.5	0.9	0.04	15	21	570
ZG340-640	ZG55	0.6	0.5	0.9	0.04	10	18	640

注：(1) 牌号表示意义，"ZG"为铸钢二字汉语拼音的首字母，后面的数字，第一组代表屈服强度值，第二组代表抗拉强度值；

(2) 表列性能适合于厚度为100mm以下的铸件；

(3) 断面收缩率和冲击韧性根据合同选择；如需方无要求，由制造厂选择其一。

由表 2-2-3 可见，铸钢不仅强度高，并有优良的塑性和韧性，因此适于制造形状复杂、强度和韧性要求都高的零件。铸钢较球墨铸铁质量易控制，这在大断面铸件和薄壁铸件生产中尤为明显。此外，铸钢的焊接性能好，便于采用铸-焊联合结构制造巨大铸件。因此，铸钢在重型机械制造中尤为重要。

为改善性能而在碳钢中增加合金元素的铸钢，称为铸造合金钢，其牌号是按化学成分编制的。按照合金元素加入量，可分为低合金钢和高合金钢两大类。

低合金钢是指合金元素总量小于等于 5% 的铸钢。当加入少量单一合金元素，如 Mn、Cr、Si 等，能提高钢的强度、韧性，从而减轻设备自重，节省钢材，如 ZG40、ZG40Cr 等。

欲使钢具有耐磨、耐热、耐腐等特殊性能，则需要加入超过 10% 的合金元素，制成高合金钢。如 ZG1Cr18Ni9 为铸造不锈钢，常用来制造耐酸泵等石油化工用机械设备。

2.2.2 铸钢的生产特点

1. 钢的熔炼

铸钢的熔炼必须采用炼钢炉，如电弧炉、感应电炉等。

2. 铸造工艺

钢的浇注温度高、流动性差，钢水易氧化和吸气，同时，其体积收缩率约为灰铸铁的2~3倍，因此，铸造性能差，容易产生浇不足、气孔、缩孔、缩松、热裂、粘砂等缺陷。为防止上述缺陷的产生，必须在工艺上采取相应的措施。

铸钢用型砂应有高的耐火度和抗粘砂性，以及高的强度、透气性和退让性，通常采用颗粒大而均匀的硅砂，型腔表面涂以硅粉或锆石粉涂料，大件多采用干砂型或水玻璃砂快干型。此外，型砂中还常加入糖浆、木屑等，以提高强度和退让性。

铸型工艺上大都采用定向凝固原则，冒口、冷铁用得很多。图 2-2-11 所示的大型铸钢齿轮，由于壁厚不均匀，在最厚的中心轮毂处及轮缘与辐板连接的热节处(一整圈)极易形成缩孔，铸造时必须保证对这两部分的充分补缩。该工艺在整体上实行由外(辐板)向内(轮毂)的顺序凝固，轮毂部分由一个顶冒口补缩。而轮缘热节部位由于齿轮直径太大，需实行分段顺序凝固：每段末端放一冷铁，始端放一空气压力冒口(补缩作用更大)，可以有效防止缩孔。对薄壁或易产生裂纹的铸钢件，一般采用同时凝固原则。

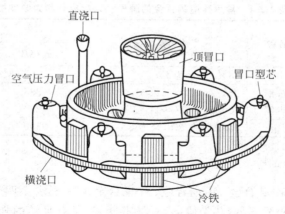

图 2-2-11　铸钢齿轮铸型工艺

3. 铸钢件的热处理

铸钢件的晶粒粗大,组织不均,且常存有残余内应力,致使铸件的强度,特别是塑性和韧性不够高。为此,铸后必须进行正火或退火。

2.3　铜、铝合金铸件生产

铜、铝合金具有优良的物理性能和化学性能,因此也常用来制造铸件。

2.3.1　铸造铜合金

纯铜俗称紫铜,其导电性、导热性、耐蚀性及塑性均优,但强度、硬度低,且价贵,因此极少用它来制造机件。机械上广泛应用的是铜合金。

黄铜是以锌为主加元素的铜合金。随着含锌量增加,合金的强度和塑性显著提高,但超过 47% 后其力学性能将显著下降,故黄铜的含锌量小于 47%。铸造黄铜除含锌外,还常含有硅、锰、铝、铅等合金元素。铸造黄铜的力学性能多比青铜高,而价格却较青铜低。铸造黄铜常用于一般用途的轴瓦、衬套、齿轮等耐磨件和阀门等耐蚀件。

铜与锌以外的元素所组成的合金统称青铜。其中,铜和锡的合金是最普通的青铜,称锡青铜。锡青铜的线收缩率低,不易产生缩孔,但容易产生显微缩松。锡青铜中加入锌、铅等元素,可以提高铸件的致密性和耐磨性,并节省锡用量,加入磷以便脱氧。其耐磨性和耐蚀性优于黄铜,但易产生显微缩松,故适用于致密性要求不高的耐磨、耐蚀件。除锡青铜外,铝青铜有着优良的力学性能和耐磨、耐蚀性,但铸造性较差,故仅用于重要的耐磨、耐蚀件。

几种常用的铸造铜合金的牌号、名称、成分和性能如表 2-2-4 所示。

2.3.2　铸造铝合金

铝合金的密度小,熔点低,导电性、导热性和耐蚀性优良,因此常用来制造铸件。

表 2-2-4　常用铸造铜合金的牌号、名称、成分和力学性能

牌　号	合金名称	化 学 成 分	力 学 性 能		
			σ_b/MPa	δ/%	HB
ZCuZn38	38 黄铜	38％Zn，余为 Cu	295	30	59
ZCuSnAl2	31-2 铝黄铜	31％Zn，2％～3％Al，余为 Cu	295	12	78.5
ZGuSnPb1	10-1 锡青铜	10％Sn，0.5％～1％Pb，余为 Cu	220	3	78.5
ZCuAl9Mn2	9-2 铝青铜	9％Al，2％Mn，余为 Cu	390	20	83.5

注：(1) 本表摘自 GB 1176—1987；
(2) 力学性能指砂型铸造件。

　　铸造铝合金分为铝-硅合金、铝-铜合金、铝-镁合金及铝-锌合金四类。铝-硅合金又称硅-铝明，其流动性好，线收缩率低，热裂倾向小、气密性好，又有足够的强度，应用最广，约占铸造铝合金总产量的 50％以上。铝-硅合金适用于形状复杂的薄壁件或气密性要求较高的铸件，如内燃机气缸体、化油器、仪表外壳等。铝-铜合金的铸造性能较差，如热裂倾向大，气密性和耐腐蚀性较差，但耐热性较好，主要用于制造活塞、气缸头等。

　　几种常用铸造铝合金的牌号、成分、性能和用途如表 2-2-5 所示。

表 2-2-5　常用铸造铝合金的牌号、名称、成分、性能和用途

牌号	代号	化 学 成 分	力学性能			用　　途
			σ_b/MPa	δ/%	HB	
ZAlSi12	ZL102	10％～13％Si，余为 Al	143	4	50	化油器、泵壳、仪表壳等中载荷薄壁复杂件
ZAlSi7Mg	ZL101	6.5％～7.5％Si，0.25％～0.45％Mg，余为 Al	153	2	50	低载荷薄壁复杂件及要求腐蚀和气密性的零件，如活塞
ZAlCu10	ZL202	9％～11％Cu，余为 Al	104	—	50	较高工作温度的零件（活塞和气缸头）

注：(1) 本表摘自 GB 1173—1986；
(2) 力学性能指铸态下的砂型铸件；
(3) 代号中"ZL"表示"铸铝"；首位数字表示合金的类型，1 为铝-硅合金，2 为铝-铜合金，3 为铝-镁合金，4 为铝-锌合金；后两位数字为合金顺序号。

2.3.3　铜、铝合金铸件的生产特点

　　铜、铝合金的熔化特点是金属料与燃料不直接接触，以减少金属的损耗和保证金属的纯度。在一般铸造车间，铜、铝合金多采用以焦炭为燃料的坩埚炉来熔化。

　　1. 铜合金的熔化

　　铜合金在液态下极易氧化，形成的氧化物（氧化亚铜）溶解在铜内而使合金的性能下降。为防止铜的氧化，熔化青铜时应加熔剂以覆盖铜液。为去除已形成的氧化亚铜，最好在出炉前向铜液中加入 0.3％～0.6％磷铜来脱氧。由于黄铜中的锌本身就是良好的脱氧剂，所以熔化黄铜时不需另加熔剂和脱氧剂。

　　2. 铝合金的熔化

　　铝合金在液态下极易氧化，其产物 Al_2O_3 的熔点高达 2050℃，密度稍大于铝，所以熔化

搅拌时容易进入铝液,呈非金属夹渣。铝液还极易吸收氢气,使铸件产生针孔缺陷。为了减缓铝液的氧化和吸气,可向坩埚内加入氯化钾和氯化钠等作为熔剂。以便将铝液与炉气隔离。为了去除铝液中吸入的氢气,防止针孔的产生,在铝液出炉之前应进行"除气处理"。简便的方法是用钟罩向铝液中压入氯化锌、六氯乙烷等氯盐或氯化物,反应后生成氯化铝气泡,这些气泡在上浮过程中可将氢气及部分氧化铝夹杂一并带出铝液。

3. 铸造工艺

铜、铝合金熔点比铸钢、铸铁低,为使铜、铝合金铸件表面光洁,砂型铸造时应选用细砂来造型。铜、铝合金的凝固收缩率较灰铸铁高,一般多需安置冒口使其顺序凝固,以便补缩。但锡青铜结晶区间宽,倾向于糊状凝固,容易产生缩松,因此适于用金属型铸造。

复习思考题

2-2-1　什么是铸铁? 与碳钢比较,铸铁在化学成分和显微组织上有何不同?

2-2-2　试从石墨的存在分析灰铸铁的力学性能和其他性能特征。

2-2-3　影响铸铁石墨化的主要因素是什么? 为什么铸铁的牌号不能用化学成分来表示?

2-2-4　孕育处理的实质是什么? 孕育铸铁和普通灰口铸铁在组织、性能和制造工艺上有何差别?

2-2-5　某产品上的灰铸铁件壁厚设计有 5mm、25mm 两种,力学性能全部要求抗拉强度为 220MPa,若全部选用 HT200,是否正确?

2-2-6　制造铸铁件、铸钢件和铸铝件所用的熔炉有何不同? 所用的砂型又有何不同? 为什么?

第3章

砂 型 铸 造

3.1　砂型铸造工艺的基本知识

　　铸造方法分为砂型铸造和特种铸造两大类,砂型铸造生产的铸件占铸件总产量的 90%以上,是应用最广泛的铸造方法。钢、铁和大多数有色合金铸件都可用砂型铸造方法获得。由于砂型铸造所用的造型材料价廉易得,铸型制造简便,对铸件的单件生产、成批生产和大量生产均能适应,长期以来,一直是铸造生产中的基本工艺。

3.1.1　砂型铸造工艺过程

　　砂型铸造基本工艺过程如图 2-3-1 所示:

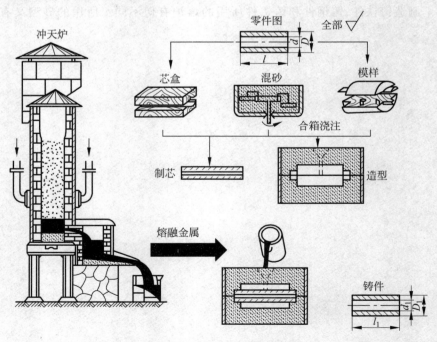

图 2-3-1　砂型铸造工艺过程

（1）根据零件的形状和尺寸设计并制造出模样和芯盒,配制好型砂和芯砂。

（2）用型砂和模样在砂箱中制造砂型,用芯砂在芯盒中制造型芯,并把砂芯装入砂型中,合箱即得完整的铸型。

（3）将金属液浇入铸型型腔,冷却凝固后落砂清理即得所需要的铸件。

3.1.2　型砂和芯砂

1. 对型砂的性能要求

铸型在浇注、凝固过程中要承受高温金属液体的冲刷、静压力和高温的作用,并要排出大量气体,型芯还要承受铸件凝固时的收缩压力等,因而为获得优质铸件,型砂应满足以下的性能要求。

（1）强度,是指型砂在造型后能承受外力而不致破坏的能力。足够的强度可以克服塌箱、冲砂和砂眼等缺陷,保证砂型不受损坏。

（2）透气性,是指型砂孔隙透过气体的能力。透气性不好,易使铸件产生气孔等缺陷。

（3）耐火度,是指型砂在高温金属液的作用下不熔化、软化和烧结的性能。耐火性不足易使铸件产生黏砂等缺陷。

（4）退让性,是指型砂具有随着铸件的冷却收缩而体积缩小的性能。退让性不好,容易使铸件产生变形和开裂。

（5）韧性,是指型砂吸收塑性变形能量的能力。韧性差的型砂在造型起模时,砂型易损坏。

除了上述要求以外,还必须考虑到型砂的耐用性、发气性、落砂性和溃散性。

2. 型砂和芯砂的组成

型砂是由原砂、黏结剂、水和附加物按一定比例配合,制成符合造型、造芯要求的混合料,如图 2-3-2 所示。

（1）原砂,主要成分是硅砂,根据来源可分为山砂、河砂和人工砂。硅砂的主要成分是 SiO_2。

（2）黏结剂,用来黏结砂粒的材料。常用的黏结剂有黏土和特殊黏结剂。

（3）附加物,为了改善型砂的某些性能而加入的材料。如加入煤粉以降低铸件的表面粗糙度,加入木屑可以提高型砂的退让性和透气性。

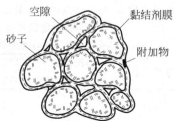

图 2-3-2　型砂的组成

3.1.3　砂型的组成

如图 2-3-3 所示,型砂被春紧在上砂箱和下砂箱中,连同砂箱一起,分别称为上砂型和下砂型。从砂型中取出模样后形成的空腔称为型腔,在浇注后形成铸件的外部轮廓。上砂型和下砂型的分界面称为分型面。图中有×线的部分表示型芯,型芯用于形成铸件的孔。型芯的延伸部分称为芯头,用于安放和固定型芯。型芯中设有通气孔,用于排出型芯在受热过程中产生的气体。型腔的上方开设出气口,用于排出型腔中的气体。另外,利用通气针在砂型中还扎有多个通气孔。金属液从浇口杯中浇入,经直浇道、横浇道、内浇道流入型腔中。

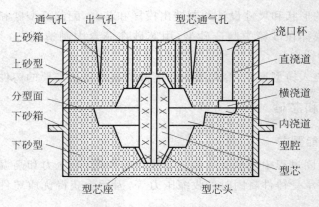

图 2-3-3　砂型组成示意图

3.2　造型方法的选择

在砂型铸造中,造型和造芯是最基本的工序,它们对铸件的质量、生产率和成本影响很大。根据造型生产方法的特点,通常将造型方法分为手工造型和机器造型两大类。表 2-3-1 列出了手工造型和机器造型的特点及应用范围。

表 2-3-1　手工造型和机器造型的特点及应用范围

造型方法	特　点	应用范围
手工造型	用手工或手动工具完成紧砂,起模、修型工序,其特点为:①操作灵活,可按铸件尺寸、形状、批量与现场生产条件灵活地选用具体的造型方法;②工艺适应性强;③生产准备周期短;④生产效率低;⑤质量稳定性差,铸件尺寸精度、表面质量较差;⑥对工人技术要求高,劳动强度大	单件、小批量铸件或难以用造型机械生产的、形状复杂的大型铸件
机器造型	采用机器完成全部操作,或至少完成紧砂操作的造型方法。效率高、铸型和铸件质量好,但投资较大	大量或成批生产的中小铸件

3.2.1　手工造型

手工造型时,填砂、紧砂和起模等都是用手工来进行的。其操作灵活,适应性强,模样成本低,生产准备周期短,但铸件质量差,生产率低,且劳动强度大,因此,主要用于单件小批生产。常用手工造型方法见表 2-3-2。

此外,在单件小批大中型铸件时也可采用地坑造型,即在车间地面上挖一个地坑代替砂箱,将模型放入地坑中填砂造型。这种造型方法节省下砂箱,缩短了生产准备周期,降低了铸件成本,但操作麻烦,较难烘干。

3.2.2　机器造型

机器造型是将紧砂和起模等主要工序用机器来操作,生产效率高,砂型质量好(紧实度高而均匀,型腔轮廓清晰),铸件质量也好。但设备和工艺装备费用高,生产准备时间较长,只适用于中、小铸件的成批或大量生产。

表 2-3-2　常用手工造型方法的特点及应用

	整 模 造 型	分 模 造 型	挖 砂 造 型
造型方法			
特点	型腔在一个砂箱中,造型方便,不会产生错箱缺陷	型腔位于上、下砂箱内。模型制造较复杂,造型方便	用整模,将阻碍起模的型砂挖掉,分型面是曲面。造型费时
应用	最大截面在端部,且为平直的铸件	最大截面在中部的铸件	单件小批生产,分型面不是平面的铸件
	活 块 造 型	刮 板 造 型	三 箱 造 型
造型方法		木桩	
特点	将阻碍起模部分做成活块,与模样主体分开取出。操作要求高、费时	模型制造简化,但造型费时,要求操作技术高	中砂箱的高度有一定要求。操作复杂,难以进行机器造型
应用	单件小批生产,带有凸起部分又难以起模的铸件	单件小批生产,大、中型回转体铸件	单件小批生产,中间截面小的铸件

按照紧砂原理分,有下列几类常见的机器造型方法。

1. 震压造型

震压造型机的示意如图 2-3-4 所示。其紧砂原理是震击加压实:充满型砂的砂箱及工作台随震击活塞上升一定高度自由下落,撞击压实气缸,多次震击后,砂箱下部型砂由于惯性力的作用而紧实,上部较松散的型砂再用压头压实。

震压造型机结构简单,价格低廉,应用较普遍。但其噪声大,压实比压(砂型表面单位面积上所受的压实力)较低,为 0.15～0.4MPa,砂型紧实度不高。由于震压造型铸件质量和生产率不能满足日益增长的要求,因而出现了微震压实造型机。

2. 微震压实造型

微震压实造型的紧砂原理是对型砂压实的同时进行微震。微震紧砂与震击紧砂不同之处在于震击缸是向上运动撞击震击活塞的,振动频率较高(480～900 次/min),振幅较小(数毫米至数十毫米)。

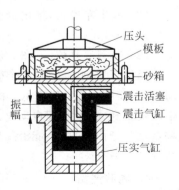

压头
模板
砂箱
震击活塞
震击气缸
压实气缸
振幅

图 2-3-4　震压造型机示意图

微震压实造型机的工作过程如图 2-3-5 所示。图 2-3-5(a)所示为压实工序,压缩空气由进气口 f 进入压实缸内,推动压实活塞、工作台、模板和砂箱上升,型砂被压头压实。图 2-3-5(b)所示为压实微震工序,压缩空气经孔 a-b-c 到达工作台下部,使震击缸(涂黑部分)连同弹簧一起下降一段距离 s 后,经排气孔 d 排走;此时震击缸内气压很快下降,震击缸在弹簧恢复力作用下向上运动,撞击工作台;然后进气口 b 又打开,重复微震。

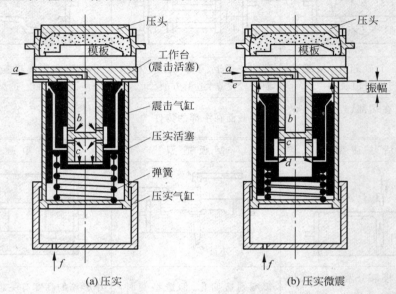

(a) 压实　　　　　　　　　　　(b) 压实微震

图 2-3-5　微震压实造型机工作过程示意图

砂型紧实后固定不动,工作台下降时取出模型。

微震压实造型机的造型紧实度比震压造型机高且均匀,生产率较高。但其噪声仍较大,压实比压仍较低,砂型紧实度仍不能满足高质量铸件的要求,因而出现了高压造型。

3. 射压造型

射压造型采用射砂和压实复合方法紧实型砂。垂直分型无箱射压造型机的工作过程为:

(1) 型砂被压缩空气高速射入造型室内(见图 2-3-6(a)),再由液压系统进行高压压实(见图 2-3-6(b)),形成一个高强度带有左、右型腔的砂型块。

(2) 起出左模板,推出合型,再起出右模板,最后形成一串无砂箱的垂直分型的铸型(见图 2-3-6(c))。

(3) 造型室复位(见图 2-3-6(d))。浇注可与射压造型同时连续进行。

用射压造型方法制得的铸件尺寸精度很高,因为造型、起模和合型由同一组导杆精确导向,不易产生错箱;噪声低;机器结构简单;不用砂箱,可节省大量运输设备和占地面积;生产效率高,易于实现自动化。因此,在中、小铸件的大量生产中已获得广泛应用。其主要缺点是分型面垂直,不能沿用原有水平分型工艺,给铸造车间的技术改造带来困难;下芯较困难。

4. 抛砂造型

前述造型机由于设备能力的限制,只能造中、小砂型,而制造大砂型可选用抛砂机。抛

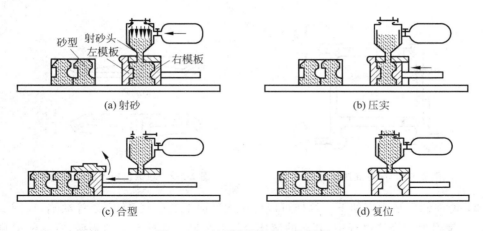

图 2-3-6 射压造型机的工作原理

砂机的工作过程如图 2-3-7 所示。型砂送入抛砂头后,被高速旋转的叶片接住,由于离心力的作用而压实成团,随后被高速(30～60m/s)抛到砂箱中紧实。抛砂机结构较简单,抛砂头由小臂和大臂带动可在水平方向和铅垂方向移动一定距离,因此砂箱尺寸可在很大范围内变化。抛砂机造型对工艺装备要求不高,可用于中、小铸件批量生产,特别是对于大件造型,可大大减轻劳动强度和节省劳动力。

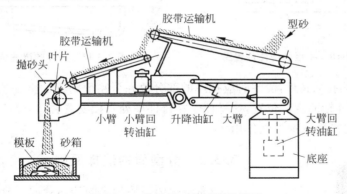

图 2-3-7 抛砂机工作过程示意图

3.3 浇注位置和分型面的选择

3.3.1 浇注位置的选择原则

铸件浇注位置是指浇注时铸件在铸型内所处的位置。铸件的浇注位置正确与否,对铸件的质量影响很大。浇注位置的确定原则可归纳为"三下一上"。

(1) 铸件重要的加工面应朝下或主要工作面应朝下。这是因为气体、渣子、砂粒等易上浮,且铸件上部凝固速度慢,晶粒较粗大,使铸件上部质量较差。例如,生产车床床身铸件时,应将重要的导轨面朝下,如图 2-3-8 所示。图 2-3-9 所示为圆锥齿轮,因为齿牙部分的力学性能要求高,所以应将其放到下面。

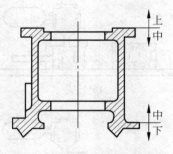

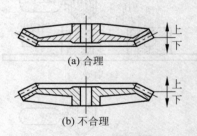

图 2-3-8　床身浇注位置选择　　　　图 2-3-9　圆锥齿轮浇注位置选择

（2）铸件的大平面应朝下。这样可以防止大平面上产生气孔、夹砂等缺陷，如图 2-3-10 所示。这是因为在浇注过程中，高温的液体金属对型腔上表面有强烈辐射，容易使型腔上表面型砂因急剧热膨胀而拱起或开裂，从而使铸件表面产生夹砂缺陷。

（3）具有大面积的薄壁铸件，应将薄壁部分放在铸型下部，如图 2-3-11 所示。这是因为如果将薄壁部分置于铸型上部，易产生浇不足、冷隔等缺陷，改置于铸型下部后，可避免出现缺陷。

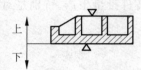

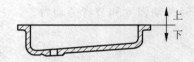

图 2-3-10　平板的浇注位置图　　　　图 2-3-11　薄件的浇注位置图

（4）易形成缩孔的铸件，浇注时应把厚的部分放在分型面附近的上部或侧面。图 2-3-12 所示为铸钢双排链轮的浇注位置，这样便于在铸件厚处直接安置冒口，保证铸件自下而上地顺序凝固，使冒口充分发挥补缩作用。

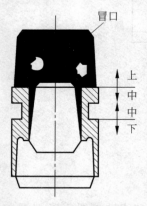

图 2-3-12　铸钢双排链轮的浇注位置图

3.3.2　分型面的选择原则

分型面是指两半铸型之间的结合面。分型面一般是在确定浇注位置后再选择的，但分析各种分型面方案的优劣之后，可能需重新调整浇注位置，浇注位置和分型面有时是同时确定的。分型面的优劣在很大程度上影响铸件的尺寸精度、成本和生产率。分型面选择应考虑以下原则。

（1）分型面一般应取在铸件的最大截面上，否则难以从铸型中取出模样。分型面应尽量选取在模样最大截面上，如图 2-3-13 所示。对于较高的铸件，应尽量避免使铸件在一箱内过高。过高的拔模高度，对手工砂型造型难度较高，对机器造型也会要求更高性能的型砂。

（2）铸件的加工面及加工基准面应尽量放在同一砂型中，以保证铸件的加工精度。如图 2-3-14 所示的铸件，当浇注位置与轴线垂直时，有 Ⅰ、Ⅱ 两个分型面可供选择。考虑到 $\phi602$ 外圆面是机械加工时的定位基准，为减小加工时的定位误差，采用分型面 Ⅱ 较合理。

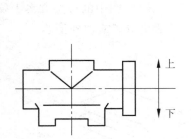

图 2-3-13　分型面在最大界面上

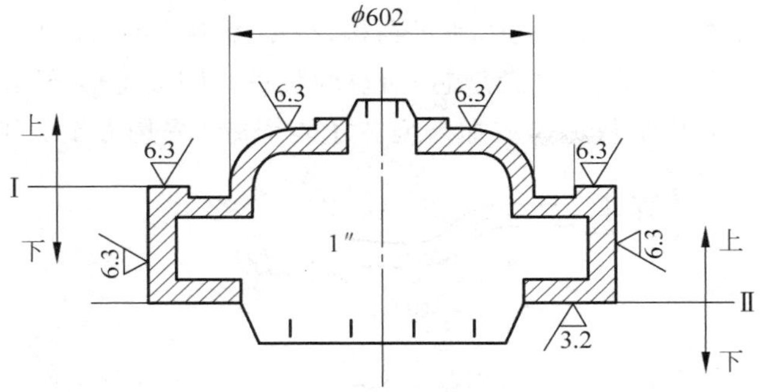

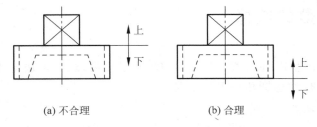

图 2-3-14　箱体铸件分型面选择

图 2-3-15 所示为管子堵头的分型面。方头的 4 个侧面是加工基准面，外圆是加工面。若是放在两半铸型内，稍有错型，就给机械加工带来困难，甚至造成废品；如果置于同一半铸型内，就能保证铸件精度。

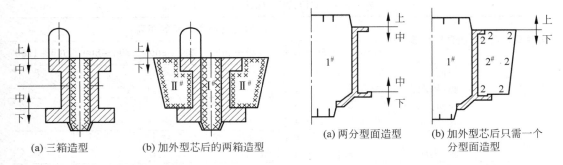

(a) 不合理　　　　　　(b) 合理

图 2-3-15　管子堵头分型面选择

（3）应使铸件有最少的分型面，并尽量做到只有一个分型面。其原因在于：多一个分型面多一份误差，使精度下降；分型面多，造型工时多，生产率下降；机器造型只能两箱造型，故分型面多时不能进行大批量生产。

图 2-3-16 所示为一双联齿轮毛坯，若大批生产只能采用两箱造型，但其中间为侧凹的部分，两箱造型要影响其起模，当采用了环状外型芯后解决了起模问题，就很容易进行机器造型。图 2-3-17 所示壳体沿轴线方向有两个大截面，需采用两个分型面。通过增加外型芯，则只需一个分型面。

(a) 三箱造型　　　　(b) 加外型芯后的两箱造型

图 2-3-16　双联齿轮毛坯的造型方案

(a) 两分型面造型　　(b) 加外型芯后只需一个分型面造型

图 2-3-17　壳体分型面选择

（4）分型面最好是一个简单而又平直的平面。图 2-3-18 所示为起重臂铸件，如果选用图 2-3-18(a)所示的弯曲分型面，使分型面为曲面，则需采用挖砂或假箱造型，不利于生产；

若能改成图 2-3-18(b)所示结构,分型面为一平面,则简化了造型。

(5)应尽量减少型芯、活块的数量。图 2-3-19 所示为一侧凹铸件,图中的分型方案 1 要考虑采用活块造型或加外型芯才能铸造;采用方案 2 则省去了活块造型或加外型芯。

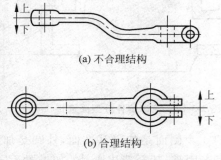

(a) 不合理结构

(b) 合理结构

图 2-3-18　起重臂分型面的选择

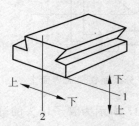

图 2-3-19　减少活块和型芯的分型方案

3.4　工艺参数的选择

为了绘制铸造工艺图,在铸造工艺方案初步确定之后,还必须选定铸件的加工余量、收缩率、芯头、起模斜度、铸造圆角等工艺参数。

1. 加工余量和铸孔

铸件的加工余量是指为了保证铸件加工面尺寸和零件精度,在进行铸件工艺设计时预先增加的,并且在机械加工时切去的金属层厚度。加工余量过大,机械加工费工且浪费金属;加工余量过小,铸件将达不到加工面的表面特征与尺寸精度要求。

机械加工余量的具体数值取决于铸件的生产批量、合金的种类、铸件的大小、加工面与基准面的距离及加工面在浇注时的位置等。砂型铸钢件因表面粗糙,余量应加大;非铁合金价格昂贵,且表面光洁,故余量应比铸铁件小。机器造型时,铸件精度高,余量应比手工造型小。铸件尺寸越大,误差也越大,故余量应随之加大。此外,浇注时朝上的表面因产生缺陷的概率较大,其加工余量应比底面和侧面大。表 2-3-3 所示为灰口铸铁的加工余量。

表 2-3-3　灰口铸铁的机械加工余量　　　　　　　　　　　　　　mm

铸件最大尺寸	浇注时位置	加工面与基准面之间的距离					
		<50	50~120	120~260	260~500	500~800	800~1250
<120	顶面	3.5~4.5	4.0~4.5				
	底、侧面	2.5~3.5	3.0~3.5				
120~260	顶面	4.0~5.0	4.5~5.0	5.0~5.5			
	底、侧面	3.0~4.0	3.5~4.0	4.0~4.5			
260~500	顶面	4.5~6.0	5.0~6.0	6.0~7.0	6.5~7.0		
	底、侧面	3.5~4.5	4.0~4.5	4.5~5.0	5.0~6.0		
500~800	顶面	5.0~7.0	6.0~7.0	6.5~7.5	7.0~8.0	7.5~9.0	
	底、侧面	4.0~5.0	4.5~5.5	4.5~5.5	5.0~6.0	6.5~7.0	
800~1250	顶面	6.0~7.0	6.5~7.5	7.0~8.0	7.5~8.0	8.0~9.0	8.5~10.0
	底、侧面	4.0~5.5	5.0~5.5	5.0~6.0	5.5~6.0	5.5~7.0	6.5~7.5

铸件上的孔、槽是否需要铸出,不仅要考虑工艺上的可能性,尤其应结合铸件的批量分析其必要性。一般来说,较大的孔、槽应当铸出,以减小机械加工余量和减少铸件上的热节。较小的孔、槽,特别是中心线位置有精度要求的孔,由于铸孔位置准确性差,其误差虽经扩孔也难纠正,因此,留待直接机械加工较为经济合理。

灰口铸铁的最小铸孔(毛坯孔径)推荐如下:单件、小批量生产为 $\phi30\sim50$mm,成批生产为 $\phi15\sim30$mm,大量生产为 $\phi12\sim15$mm。零件图上不要求加工的孔、槽,无论大小均需铸出。

2. 收缩率

由于合金的线收缩,铸件冷却后的尺寸将比型腔尺寸略为缩小。为保证铸件应有的尺寸,模样尺寸必须比铸件放大一个该合金的收缩量,一般用铸造收缩率表示:

$$K = \frac{L_{模样} - L_{铸件}}{L_{模样}} \times 100\%$$

式中,$L_{模样}$ 为模样尺寸;$L_{铸件}$ 为铸件尺寸。

在铸件冷却过程中,其线收缩不仅受到铸型和型芯的机械阻碍,同时还受到铸件各部分之间的相互制约。因此,铸件的实际线收缩率除随合金的种类而异外,还与铸件的形状、尺寸有关。通常,灰铸铁为 $0.8\%\sim1.0\%$,铝-硅合金为 $0.8\%\sim1.2\%$,铸造碳钢及低合金钢为 $1.3\%\sim2.0\%$,锡青铜为 $1.2\%\sim1.4\%$。

3. 型芯头

型芯头是指模样上的突出部分,在铸型内形成芯座并放置型芯头。型芯头不形成铸件的轮廓,只是落入芯座内,对型芯进行定位和支承。型芯头与型芯座之间应有 $1\sim4$mm 的间隙,这样才能顺利安放型芯。型芯头分为垂直型芯头(见图 2-3-20(a))和水平型芯头(见图 2-3-20(b))两类。

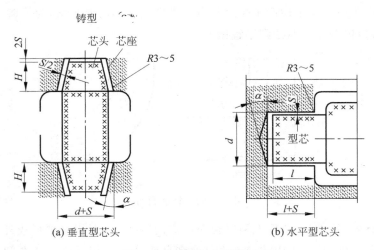

图 2-3-20 型芯头结构图

芯头设计的原则是使芯子定位准确,安放牢固,排气通畅,清砂和装配方便。

4. 起模斜度

为了在造型和制芯时便于起模而不致损坏砂型和砂芯,凡垂直于分型面的立壁,在制造模型时必须留出一定的倾斜度,此斜度称为起模斜度,如图 2-3-21 所示。

起模斜度的大小取决于垂直壁的高度、造型方法、模型材料等。垂直壁越高,斜度越小;机器造型的斜度应比手工造型小;铸件孔内壁的起模斜度应比外壁大。起模斜度的形式如表 2-3-4 所示。

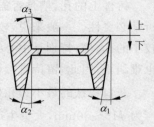

图 2-3-21　起模斜度

表 2-3-4　起模斜度的形式　　　　　　　　　　　　　　mm

增加铸件厚度 $\delta < 10$	加减铸件厚度 $\delta = 10 \sim 15$	减少铸件厚度 $\delta > 25$
（图）	*（图）*	*（图）*

5. 铸造圆角

制造模型和设计铸件时,壁的连接和转角处都要做成圆弧过渡,称为铸造圆角。如图 2-3-22 所示,铸造圆角在造型和浇注时,可避免铸型尖角损坏而形成砂眼,也可防止铸件交角处粘砂或由于应力集中而产生裂纹。有时零件上并不需要圆角,为了铸造工艺的需要,也要做成圆角,但铸型分型面处则不宜做成圆角。

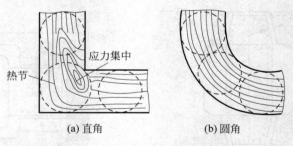

(a) 直角　　　　　　(b) 圆角

图 2-3-22　铸造圆角

铸造圆角有内、外之分,铸件上两壁相交构成内圆角,两面相交则形成外圆角。铸造圆角的大小必须与铸件壁厚、表面的最小边尺寸和夹角的大小相适应。铸造圆角的半径一般为 $3 \sim 10$ mm,详细数据可查阅有关铸造方面的手册。

3.5　铸造工艺图

　　铸造工艺图是在零件图上以规定的红、蓝等色符号表示铸造工艺内容的图形,其主要内容包括:浇注位置、分型面、铸造工艺参数等。

　　铸造工艺图是指导模型和铸型的制造、生产准备和检验等基本工艺的技术文件,是绘制铸件图、模型(模板)、铸型装配图的主要依据。图 2-3-23 所示为衬套的零件图、铸造工艺图及铸件图的关系。

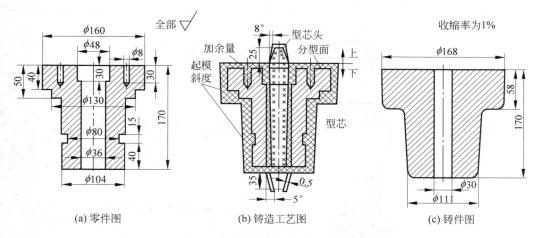

图 2-3-23　衬套的零件图、铸造工艺图及铸件图

1. 铸造工艺图中工艺符号及其表示方法

　　铸造工艺图上分型面、机械加工余量、型芯、活块、浇注系统等工艺符号的表示方法如表 2-3-5 所示。

表 2-3-5　铸造工艺符号及表示方法

名　　称	符　　号	说　　明
分型面		用箭头和红线或蓝线表示
机械加工余量		用红线画出轮廓,剖面处全涂以红色(或细网纹格);加工余量值用数字表示;有起模斜度时,一并画出
不铸出的孔和槽		用红色"×"表示,剖面处涂以红色(或以细网格表示)

名　　称	符　　号	说　　明
型芯	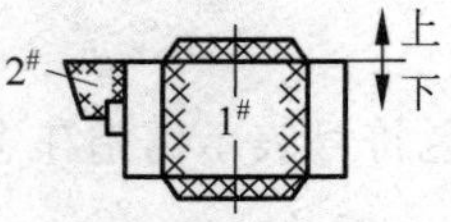	用蓝线画出芯头,注明尺寸;不同型芯用不同剖面线;型芯应按下芯顺序编号
活块	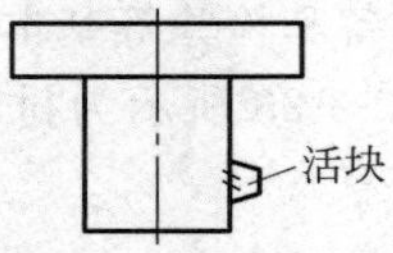	用红线表示,并注明"活块"
型芯撑	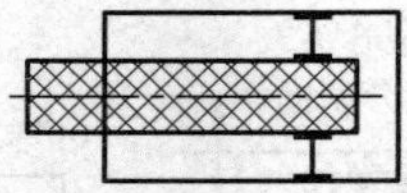	用红色或蓝色表示
浇注系统	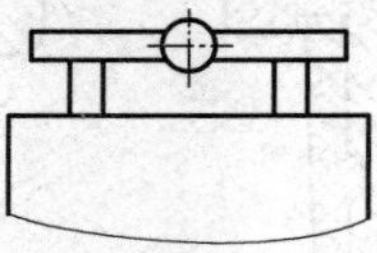	用红线画出,并注明主要尺寸
冷铁	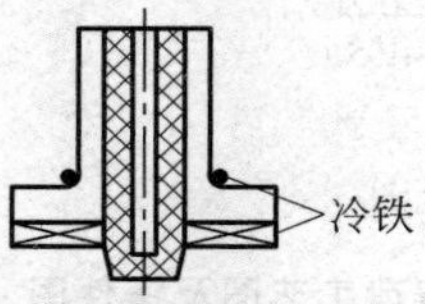	用绿色或蓝色画出,注明"冷铁"

2. 铸造成型工艺设计实例

下面以拖拉机前轮轮毂为例,进行工艺过程分析。设计要求为:

(1) 材料:HT200;

(2) 铸件质量:13.6kg;

(3) 生产数量:大批量;

(4) 技术要求:不允许气孔、渣孔、砂眼、裂纹、缩孔和缩松等缺陷。

铸造工艺设计步骤如下。

1) 分析铸件质量要求和结构特点

前轮毂装于拖拉机前轮中央,和前轮一起作旋转运动并支承拖拉机,两内孔($\phi 90$ 和 $\phi 100$)装有轴承,是加工要求最高的表面,不允许有任何铸造缺陷。

前轮毂结构为带法兰盘的圆套类零件。铸件主要壁厚为 14mm,法兰盘厚度为 19mm,法兰盘和轮毂本体相交处形成厚实的热节区,法兰盘上 5 个 $\phi 35$、厚度为 34mm 的凸台,也是最厚实的部分。

2) 选择造型方法

铸件质量为 13.6kg,材料为孕育铸铁 HT200,大批量生产,故选择机器造型(芯)。若生产量很少可用手工造型(芯)。

3）选择浇注位置和分型面

浇注位置有两种方案：

（1）方案一是轮毂（轴线）呈垂直位置，两轴承孔表面处于直立位置，易于保证质量。

（2）方案二是轮毂呈水平位置，两轴承孔表面易产生气孔、渣孔、砂眼等缺陷。

故方案二不合理而选方案一，并使法兰盘朝上以便补缩。分型面选在法兰盘的上平面处，使铸件大部分位于下箱，便于保证铸件精度，且合型前便于检查壁厚是否均匀、型芯是否稳固，同时使浇注位置与造型位置一致。

4）确定工艺参数

（1）加工余量。根据生产条件参照有关标准确定，底面为 3mm，顶面和侧面为 4mm。

（2）起模斜度。铸件外壁设计时已带有结构斜度，不必另给起模斜度。

（3）不铸孔。法兰盘上 5 个 $\phi18$ 小孔与其余小螺纹孔不铸。

（4）铸造收缩率。按灰铸铁自由收缩取 1%。

5）设计型芯

整个铸件只需中间一个直立型芯，为保证 4 根肋条位置准确，下芯头要求定位。

6）设计浇、冒口系统

对于灰铸铁件，可以采用压边冒口，以避免出现缩孔及缩松缺陷。压边冒口安在轮毂上部厚实处，压边宽度为 4mm。铁液由浇口经过冒口进入型腔。

7）绘制铸造工艺图

铸造工艺图如图 2-3-24 所示，图中粗实线为零件图；细实线表示分型面、加工余量、拔模斜度、不铸孔及型芯；浇、冒口系统以双点画线表示；收缩率用文字标注。在正规的铸造工艺图中，除了型芯和冷铁的轮廓线用蓝色线表示外，其余的铸造工艺符号均用红色线表示。如果铸造工艺图需长期保存或大量复制，也可用墨线绘制在描图纸上，晒制成单一颜色线条的铸造工艺图。

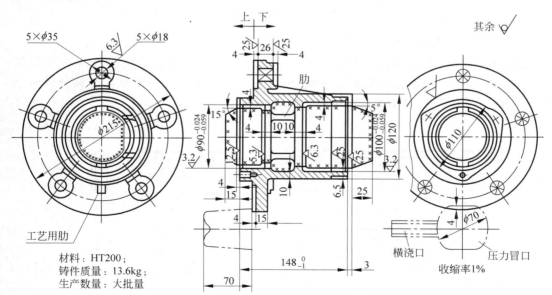

材料：HT200；
铸件质量：13.6kg；
生产数量：大批量

图 2-3-24　车轮轮毂铸造工艺图

3.6　铸件的结构设计

铸件结构设计时,除了要保证铸件的工作性能和力学性能要求外,还必须考虑铸造生产的工艺性,使合理的铸件结构与生产工艺相适应,以提高生产率和经济效益。为此,设计者必须了解铸造工艺的各个环节和合金的铸造性能要求,以便经济合理地生产铸件。

3.6.1　铸造工艺对铸件结构的要求

在满足零件工作要求的前提下,铸件的结构设计应尽量地使制模、造型、制芯、装配、合箱和清理等过程简化,以便保证铸件质量、节约工时、降低成本,并为铸件的机械化生产创造条件。因此在设计铸件的外形和内腔时,必须考虑以下几方面的问题。

1. 铸件的外形必须力求简单,造型方便

（1）避免外部侧凹

铸件在起模方向上若有侧凹,必须增加分型面的数量,这样不仅使砂箱数量和造型工时增加,也使铸件容易产生错型,影响铸件的外形和尺寸精度。如图 2-3-25(a)所示的端盖,由于上、下法兰的存在,使铸件产生侧凹,铸件具有两个分型面,所以必须采用三箱造型,或增加环状外型芯,使造型工艺复杂。改为图 2-3-25(b)所示结构,取消了上部法兰,使铸件只有一个分型面,可采用两箱造型,这样可以显著提高造型效率。

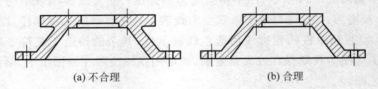

(a) 不合理　　　　　　　　(b) 合理

图 2-3-25　端盖的设计

（2）凸台、肋板的设计

设计铸件侧壁上的凸台、肋板时,要考虑到起模方便,尽量避免使用活块和型芯。图 2-3-26(a)、(b)所示的凸台均妨碍起模,应将相近的凸台连成一体并延长到分型面,如图 2-3-26(c)、(d)所示,就不需要活块和型芯,便于起模。

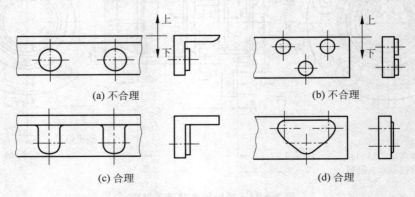

(a) 不合理　　　　　　　　　　　(b) 不合理

(c) 合理　　　　　　　　　　　(d) 合理

图 2-3-26　凸台的设计

2. 合理设计铸件内腔

铸件的内腔通常由型芯形成,型芯处于高温金属液的包围之中,工作条件恶劣,极易产生各种铸造缺陷。故在铸件内腔的设计中,应尽可能地避免或减少型芯。

(1) 尽量避免或减少型芯

图 2-3-27(a)所示悬臂支架采用方形中空截面,为形成其内腔,必须采用悬臂型芯,型芯的固定、排气和出砂都很困难;若改为图 2-3-27(b)所示工字形开式截面,可省去型芯。图 2-3-28(a)带有向内的凸缘,必须采用型芯形成内腔;若改为图 2-3-28(b)所示结构,则可通过自带型芯形成内腔,使工艺过程大大简化。

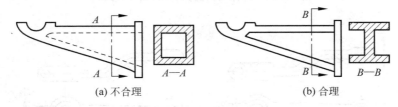

(a) 不合理　　　　　　　(b) 合理

图 2-3-27　悬臂支架的设计

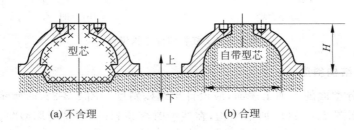

(a) 不合理　　　　　　　(b) 合理

图 2-3-28　内腔的两种设计

(2) 型芯要便于固定、排气和清理

型芯在铸型中的支撑必须牢固,否则型芯容易经不住浇注时金属液的冲击而产生偏芯缺陷,造成废品。如图 2-3-29(a)所示轴承架铸件,其内腔采用两个型芯,其中较大的呈悬臂状,需用型芯撑来加固。如将铸件的两个空腔打通,改为图 2-3-29(b)所示结构,则可采用一个整体型芯形成铸件的空腔,型芯既能很好地固定,而且下芯、排气、清理都很方便。

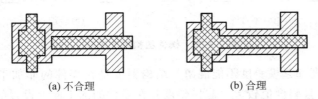

(a) 不合理　　　　　　　(b) 合理

图 2-3-29　轴承架铸件的设计

(3) 应避免封闭内腔

图 2-3-30(a)所示铸件为封闭空腔结构,其型芯安放困难、排气不畅、无法清砂、结构工艺性极差。若改为图 2-3-30(b)所示结构,上述问题迎刃而解,结构设计是合理的。

3. 分型面要尽量平直

分型面如果不平直,造型时必须采用挖砂或假箱造型,而这两种造型方法生产率低。

图 2-3-31(a)所示杠杆铸件的分型面是不直的,若改为图 2-3-31(b)所示结构,分型面变成平面,方便了制模和造型,分型面设计是合理的。

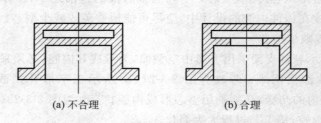

(a) 不合理　　　　　　　(b) 合理

图 2-3-30　铸件结构避免封闭内腔示意图

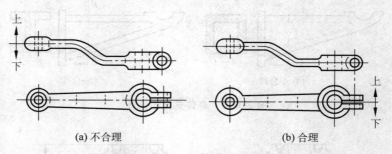

(a) 不合理　　　　　　　　　　(b) 合理

图 2-3-31　杠杆铸件结构设计

4. 铸件要有结构斜度

铸件垂直于分型面的不加工表面,应设计出结构斜度。图 2-3-32(a)所示为无结构斜度的不合理结构;而图 2-3-32(b)所示结构,在造型时容易起模,不易损坏型腔,结构合理。

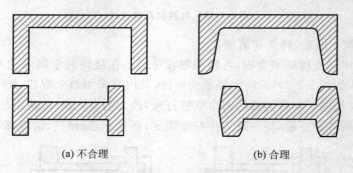

(a) 不合理　　　　　　　(b) 合理

图 2-3-32　铸件结构斜度设计

铸件的结构斜度和起模斜度不能混淆。结构斜度是在零件的非加工表面上设置的,直接标注在零件图上,且斜度值较大。起模斜度是在零件的加工面上设置的,在绘制铸造工艺图或模样图时使用,切削加工时将被切除。

3.6.2　合金铸造性能对铸件结构的要求

在设计铸件结构时,若不充分考虑铸件所用合金的铸造性能,铸件上会出现浇不足、冷隔、缩孔、缩松、铸造应力、变形和裂纹等缺陷。因此,在设计铸件的结构时,除考虑使用要求外,还应考虑以下几个方面。

1. 合理设计铸件的壁厚

由于各种铸造合金的流动性不同,在相同铸型条件下,获得铸件的最小壁厚也不同。当然在不同铸型条件下,同一种铸造合金铸件的最小厚度也不相同,冷却能力越强的铸型,获得铸件的最小壁厚应越大。表 2-3-6 为砂型条件下几种铸造合金的最小壁厚值,其值的大小主要取决于铸造合金的种类和铸件的尺寸大小。

表 2-3-6　砂型铸造条件下铸件的最小壁厚值　　　　　mm

铸造方法	铸件尺寸	合金种类					
		铸钢	灰铸铁	球墨铸铁	可锻铸铁	铝合金	铜合金
砂型铸造	小于 200×200	8	5~6	6	5	3	3~5
	200×200~500×500	10~12	6~10	12	8	4	6~8
	大于 500×500	15~20	15~20	15~20	10~12	6	10~12

注:对于结构复杂、高牌号铸铁的大件宜取上限。

在确定铸件的壁厚时,不仅要保证铸件的强度和刚度等机械性能,而且应使铸件的壁厚大于所用合金的"最小壁厚值",以免产生浇不足和冷隔缺陷。但铸件壁太厚,又易产生缩孔和缩松缺陷。因此,一般铸件的最大壁厚应不超过最小壁厚的 3 倍。当铸件壁厚不能满足力学性能要求时,常采用带加强肋的结构,而不是单纯增加壁厚,如图 2-3-33 所示。

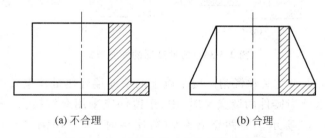

(a) 不合理　　　　　　(b) 合理

图 2-3-33　采用加强肋减小铸件的壁厚

2. 铸件壁厚应尽可能均匀

铸件各部分壁厚若相差过大,将在局部厚壁处形成金属积聚的热节,导致铸件产生缩孔、缩松等缺陷。同时,不均匀的壁厚还将造成铸件各部分的冷却速度不同,冷却收缩时各部分相互阻碍,产生热应力,易使铸件薄弱部位产生变形和裂纹,如图 2-3-34(a) 所示。因此在设计铸件时,应力求做到壁厚均匀。所谓壁厚均匀,是指铸件的各部分具有冷却速度相近的壁厚,故内壁的厚度要比外壁厚度小一些,如图 2-3-34(b) 所示。

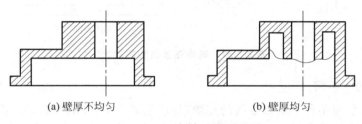

(a) 壁厚不均匀　　　　　　(b) 壁厚均匀

图 2-3-34　铸件的壁厚设计

3. 铸件壁的连接方式要合理

（1）铸件壁之间的连接应有结构圆角。直角转弯处易形成冲砂、砂眼等缺陷,同时也容易在尖锐的棱角部分形成结晶薄弱区。此外,直角处还因热量积聚较多(热节)容易形成缩孔、缩松,如图 2-3-35 所示。因此要合理地设计内圆角和外圆角。铸造圆角的大小应与铸件的壁厚相适应。

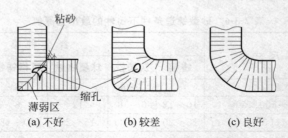

图 2-3-35　直角与圆角对铸件质量的影响

（2）铸件壁厚不同的部分进行连接时,应力求平缓过渡,避免截面突变,以减小应力集中,防止产生裂纹,如图 2-3-36 所示。

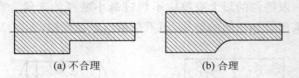

图 2-3-36　铸件壁厚的过渡形式

（3）连接处避免集中交叉和锐角。两个以上的壁连接处热量积聚较多,易形成热节,铸件容易形成缩孔。因此当铸件两壁交叉时,中、小铸件应采用交错接头,大型铸件应采用环形接头,如图 2-3-37(c)所示。当两壁必须锐角连接时,应采用图 2-3-37(d)所示的过渡形式。

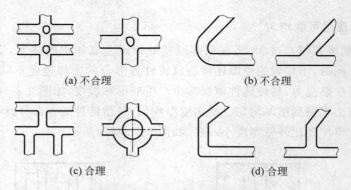

图 2-3-37　壁间连接结构的对比

4. 避免大的水平面

铸件上的大平面不利于液态金属的充填,易产生浇不足、冷隔等缺陷。而且大平面上方的砂型受高温金属液的烘烤,容易掉砂而使铸件产生夹砂等缺陷;金属液中的气孔、夹渣上浮并滞留在上表面,产生气孔、渣孔。将图 2-3-38(a)所示的水平面改为图 2-3-38(b)所示的斜面,则可减少或消除上述缺陷。

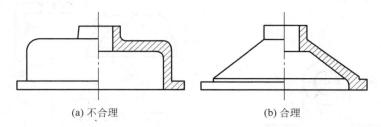

(a) 不合理　　　　　　　　　(b) 合理

图 2-3-38　避免大水平面的结构

5. 避免铸件收缩受阻

铸件在浇注后的冷却凝固过程中,若其收缩受阻,铸件内部将产生应力,导致变形、裂纹的产生。因此铸件结构设计时,应尽量使其自由收缩。如图 2-3-39 所示的轮形铸件,轮缘和轮毂较厚,轮辐较薄,铸件冷却收缩时极易产生热应力。图 2-3-39(a)所示轮辐对称分布,虽然制作模样和造型方便,但因收缩受阻易产生裂纹,改为图 2-3-39(b)所示奇数轮辐或图 2-3-39(c)所示 S 形轮辐,则可利用铸件微量变形来减小内应力。

(a) 偶数轮辐　　　　　　(b) 奇数轮辐　　　　　　(c) S形轮辐

图 2-3-39　轮辐的设计方案

复习思考题

2-3-1　型砂应具备哪些性能?这些性能对铸件质量有哪些影响?

2-3-2　相比手工造型,机器造型有哪些优越性?适用条件是什么?

2-3-3　何为浇注位置?浇注位置选择的原则有哪些?

2-3-4　何为分型面?铸件分型面的选择需要注意哪些方面?

2-3-5　分析单件生产如图 2-3-40 所示的轴承座铸件应采用何种手工造型方法。并确定其分型面和浇注位置。

2-3-6　什么是机械的加工余量?铸件加工余量的确定需要注意的方面有哪些?

2-3-7　什么是铸件的结构斜度?它与起模斜度有何不同?

2-3-8　为什么要规定铸件的最小壁厚?灰铸铁件的壁厚过大或局部过薄会出现什么问题?

2-3-9　图 2-3-41 所示铸件结构有何缺点?应如何改进?

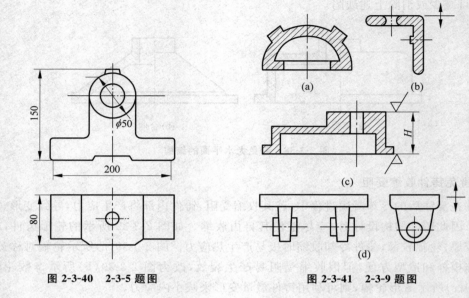

图 2-3-40　2-3-5 题图　　　　图 2-3-41　2-3-9 题图

第4章

特 种 铸 造

砂型铸造虽然具有成本低、适应性广、生产设备简单等优点,但砂型铸造生产的铸件,其尺寸精度和表面质量及内部质量在许多情况下不能满足要求。因此,人们通过改变铸型材料、浇注方法、液态合金充填铸型的形式或铸件凝固条件等因素,形成了许多不同于砂型铸造的铸造方法。例如,金属型铸造、熔模铸造、压力铸造、低压铸造、离心铸造、实型铸造、连续铸造等。每种特种铸造方法,在提高铸件精度和表面质量、改善合金性能、提高劳动生产率、改善劳动条件和降低铸造成本等方面,各有其优越之处。

4.1 金属型铸造

液态金属在重力作用下注入金属铸型中成形的方法称为金属型铸造,习惯上也称"硬模铸造"。常用的金属型有多种形式,如垂直分型式、水平分型式和复合分型式等。其中,垂直分型式便于开设内浇口和取出铸件,也便于实现机械化,所以应用最广。图 2-4-1 所示为铸造铝合金活塞的金属铸型。

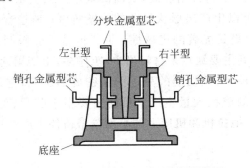

图 2-4-1 铸造铝合金活塞的金属铸型

金属型铸造具有许多优点,如:可承受多次浇铸,实现"一型多铸";生产率高,便于实现机械化和自动化;铸件精度和表面质量比砂型铸造显著提高,减少了铸件的机械加工余量;由于铸件冷却速度快,晶粒细,故力学性能好。此外,铸型不用砂,节省许多工序,改善劳动条件,提高了生产率。金属型铸造的主要缺点是制造成本高,周期长,铸造工艺要求严格,铸件形状和尺寸有一定限制。

目前,金属型铸造主要用于铜、铝、镁等有色合金铸件的大批量生产。如内燃机的活塞、气缸体、缸盖、油泵的壳体、轴瓦、衬套、盖盘等中小型铸件。

4.2　熔模铸造

在易熔材料(如蜡料)制成的模样上包覆若干层耐火涂料,待其干燥硬化后熔出模样而制成型壳,型壳经高温焙烧后,将液态金属浇入型壳,待凝固结晶后获得铸件的方法称为熔模铸造或失蜡铸造,如图 2-4-2 所示。

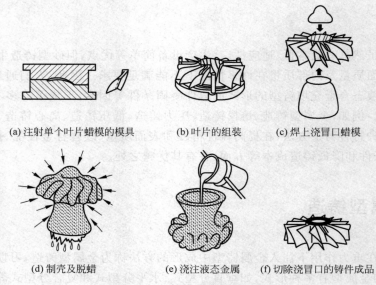

(a) 注射单个叶片蜡模的模具　　(b) 叶片的组装　　(c) 焊上浇冒口蜡模

(d) 制壳及脱蜡　　(e) 浇注液态金属　　(f) 切除浇冒口的铸件成品

图 2-4-2　熔模铸造工艺过程

熔模铸造的主要优点为:铸件精度高,表面质量好,是少、无切削加工工艺的重要方法;同时,铸型在热态浇注,可以生产出形状复杂的薄壁铸件;铸造合金种类不受限制,用于铸造高熔点和难切削合金时更具显著的优越性;生产批量不受限制,既可成批、大批量生产,又可单件、小批量生产。其主要缺点是材料昂贵,工序多,生产周期长,不宜生产大件等。

因此,熔模铸造是一种少、无切削的先进的精密成形工艺,它最适合 25kg 以下的高熔点、难切削加工合金铸件的成批大量生产。目前主要用于航天、飞机、汽轮机、燃气轮机叶片、泵轮、复杂刀具,汽车、拖拉机和机床上的小型精密铸件生产。

4.3　压力铸造

压力铸造是在高压作用下,将液态或半液态金属快速压入金属压铸型(也可称为压铸模或压型)中,并在压力下凝固而获得铸件的方法。压铸所用的压力一般为 30～70MPa,充填速度可达 5～100m/s,充型时间为 0.05～0.25s。因此,高压和高速充填压铸型,是压铸区别于其他铸造方法的重要特征。

压铸工艺一般由合型、压射、开型及顶出铸件四个工序组成。压铸过程由压铸机自动完成,如图 2-4-3 所示。

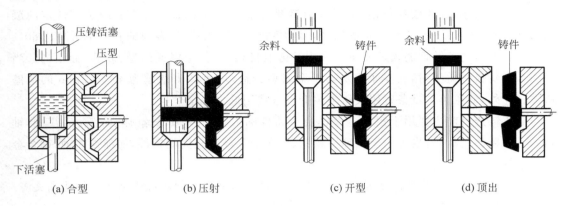

(a) 合型　　　　　　(b) 压射　　　　　　(c) 开型　　　　　　(d) 顶出

图 2-4-3　压力铸造工艺过程

压力铸造的主要优点是:铸件的精度和表面质量较其他铸造方法均高,可以不经机械加工直接使用,互换性好;而且可以压铸出极薄件或直接铸出小孔、螺纹等,还能压铸镶嵌件;压铸件的强度和表面硬度均高,如抗拉强度比砂型铸造提高 25%~30%;压铸的生产率高,可实现半自动化及自动化生产。

压铸也存在一些缺点,因此在应用中会受到限制,如:压铸机费用高;压铸型结构复杂、质量要求严格、制造周期长、制造成本高,仅适合于大批量生产;由于压铸的速度极高,型内的气体很难及时排出,因此铸件不宜进行较大余量的切削加工和热处理,否则,气孔中的空气会产生热膨胀压力,可能使铸件开裂;压铸合金的种类(如高熔点合金)常受到限制。

目前,压铸已在汽车、拖拉机、仪表、兵器等行业得到广泛应用。近年来,已研究出真空压铸、半液态压铸等新工艺,它们可减少铸件中的气孔、缩孔、缩松等缺陷,可提高压铸件的力学性能。同时由于新型压铸型材料的研制成功,钢、铁等黑色金属压铸也取得了一定程度的发展,使压铸的使用范围日益扩大。

4.4　低压铸造

低压铸造是介于金属型铸造和压力铸造之间的一种铸造方法,它是在 0.02~0.07MPa 的低压下将金属液注入型腔,并在压力下凝固成形以获得铸件的方法。如图 2-4-4 所示,干燥的压缩空气或惰性气体通入盛有金属液的密封坩埚中,使金属液在低压气体作用下沿升液管上升,经浇口进入金属型型腔。当金属液充满型腔后,保持(或增大)压力直至铸件完全凝固,然后使坩埚与大气相通,撤销压力,使升液管和浇口中尚未凝固的金属液在重力作用下流回坩埚。最后开启上型,取出铸件。

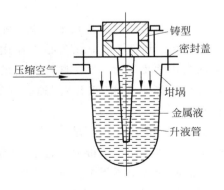

图 2-4-4　低压铸造原理示意图

　　低压铸造可弥补压力铸造的某些不足,利于获得优质铸件。其主要优点为:浇注压力和速度便于调节,可适应不同材料的铸型(如金属型、砂型、熔模型壳等);同时充型平稳,对铸型的冲击力小,气体较易排出,尤其能有效地克服铝合金的针孔缺陷;便于实现定向凝固,以防止缩孔和缩松,使铸件组织致密,力学性能高;不用冒口,金属的利用率可高达80%～98%。低压铸造铸件的表面质量视采用的铸型材料不同(金属或砂型、砂芯)而不同。当采用金属材料的铸型时,其表面质量高于金属型铸造,可生产出壁厚为1.5～2mm的薄壁铸件。此外,低压铸造设备费用较压力铸造设备费用低。

　　低压铸造目前主要用于铝合金及镁合金铸件的大批生产,如气缸体、缸盖、活塞、曲轴箱、壳体、粗砂绽翼等,也可用于以球墨铸铁、铜合金等浇注较大的铸件,如球铁曲轴、铜合金螺旋桨等。

　　低压铸造存在的主要问题是升液管寿命短,液态金属在保温过程中易产生氧化和夹渣,且生产率低于压力铸造。

4.5　离心铸造

　　离心铸造是将液态金属浇入旋转着的铸型中,并在离心力的作用下凝固成形而获得铸件的铸造方法。离心铸造主要用于生产圆筒形铸件。离心铸造必须在离心铸造机上进行,根据铸型旋转轴空间位置不同,可分为立式离心铸造(见图2-4-5)和卧式离心铸造(见图2-4-6)两类。离心铸造的铸型可以是金属型,也可以是砂型。

图 2-4-5　立式离心铸造　　　　　　图 2-4-6　卧式离心铸造

　　离心铸造的特点是在生产空心旋转体铸件时,可省去型芯和浇注系统,提高了金属利用率和简化了铸造工艺;在离心力作用下,密度大的金属被推往外壁,而密度小的气体、熔渣向自由表面移动,形成自外向内的定向凝固;补缩条件好,使铸件致密,力学性能好。离心铸造便于浇注"双金属"轴套和轴瓦,如在钢套内镶铸一薄层铜衬套,可节省价贵的铜料。

　　离心铸造也存在不足之处,铸件内孔自由表面较粗糙,尺寸误差大,需采用较大的加工余量。不适于比重偏析大的合金(如铅青铜等)及铝、镁等轻合金。

　　离心铸造主要用于大批生产管、筒类铸件,如铁管、铜套、缸套、双金属钢背铜套、耐热钢辊道、无缝管毛坯、造纸机干燥滚筒等;还可用于轮盘类铸件,如泵轮、电机转子等。

4.6　实型铸造

用聚苯乙烯发泡的模样代替木模,用干砂(或树脂砂、水玻璃砂等)代替普通型砂进行造型,并直接将高温液态金属浇到型中的消失模的模样上,使模样燃烧、汽化、消失而形成铸件的方法称为实型铸造(又称消失模铸造、气化模铸造),如图 2-4-7 所示。

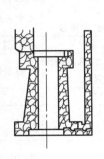 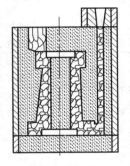 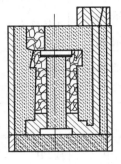 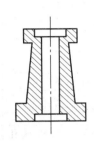

(a)组装后的泡沫塑料模样　　(b)紧实好的待浇注型　　　(c)浇注充型过程　　　(d)去除浇、冒口后的铸件

图 2-4-7　实型铸造原理示意图

实型铸造由于采用了遇金属液即汽化的泡沫塑料制作模样,无需起模,无分型面,无型芯,因而铸件无飞边和毛刺,减少了由型芯组合而引起的铸件尺寸误差。铸件的尺寸精度和表面粗糙度接近熔模铸造,但铸件的尺寸可大于熔模铸件,为铸件结构设计提供了充分的自由度。各种形状复杂的铸件模样均可采用消失模材料黏合,其成形为整体,减少了加工装配时间,铸件成本可下降 $10\%\sim30\%$。实型铸造的工序比砂型铸造及熔模铸造大大简化,缩短了生产周期。

但实型铸造的模样只能使用一次,且泡沫塑料的密度小,强度低,模样易变形,影响铸件尺寸精度。另外,实型铸造浇注时,模样产生的气体会污染环境。

实型铸造主要用于不易起模等复杂铸件的批量及单件生产。

4.7　各种铸造方法的选择

各种铸造方法均有其优缺点及适用范围,不能认为某种方法最为完善。选用哪种铸造方法,应依据铸件的形状、大小、质量要求、生产批量、合金的品种及现有设备条件等具体情况,进行全面分析比较,以确定最合适的铸造方法。

表 2-4-1 为几种常用铸造方法的综合比较。从表中可以看出,砂型铸造尽管有许多缺点,但它对铸件的形状和大小、生产批量、合金品种的适应性最强,是当前最为常用的铸造方法,故应优先选用;而特种铸造仅在相应的条件下,才能显示其优越性。

表 2-4-1 常用铸造方法的比较

铸造方法 比较项目	砂型铸造	熔模铸造	金属型铸造	压力铸造	消失模铸造
铸件尺寸公差等级(CT)	8~15	4~9	7~10	4~8	5~10
铸造表面粗糙度值/μm	12.5~200	3.2~12.5	3.2~50	0.8~3.2	6.3~100
适用铸造合金	任意	不限制,以铸钢为主	不限制,以非铁合金为主	铝、锌、镁低熔点合金	各种合金
适用铸件大小	不限制	小于 45kg,以小铸件为主	中、小铸件	一般小于 10kg,也可用于中型铸件	几乎不限
生产批量	不限制	不限制	大批、大量	大批、大量	不限制
铸件内部质量	结晶粗、中	结晶粗	结晶细	表层结晶细,内部多有孔洞	同砂型铸造
铸件加工余量	大	小或不加工	小	小或不加工	小
铸件最小壁厚/mm	3	0.3	铝合金 2~3,灰铸铁 4.0	铝合金 0.5,锌合金 0.3	3~4
生产率(一般机械化程度)	低、中	低、中	中、高	最高	低、中

复习思考题

2-4-1 常用特种铸造的方法有哪些?相比普通砂型铸造,特种铸造具有哪些优越性?

2-4-2 什么是熔模铸造?为什么熔模铸造是最有代表性的精密铸造方法?其应用范围如何?

2-4-3 金属型铸造有何优点?为什么金属型铸造未能广泛取代砂型铸造?

2-4-4 压力铸造有什么特点?它与熔模铸造的使用范围有何不同?

2-4-5 什么是离心铸造?它在圆筒形或圆环形铸件生产中有哪些优越性?成型铸件采用离心铸造有什么好处?

2-4-6 什么是消失模铸造?它具有哪些优缺点?消失模铸造的应用范围如何?

2-4-7 如何正确选择合适的铸造方法?

第5章

铸造成形新工艺简介

随着科技的飞速发展,铸造加工出现了许多先进的工艺方法,而且随着新材料、自动化技术、计算机技术等相关学科高新技术成果的应用,也促进了铸造技术在许多方面的快速发展。

5.1 悬浮铸造

悬浮铸造是在浇注过程中,将一定量的金属粉末或颗粒加到金属液流中混合,一起充填铸型。经悬浮浇注到型腔中的已不是通常的过热金属液,而是含有固态悬浮颗粒的悬浮金属液。悬浮浇注时所加入的金属颗粒,如铁粉、铁丸、钢丸、碎切屑等统称为悬浮剂。由于悬浮剂具有通常的内冷铁的作用,所以也称微型冷铁。

图 2-5-1 所示为悬浮浇注示意图。浇注的液体金属沿引导浇道 7 呈切线方向进入悬浮杯 8 后,绕其轴线旋转,形成一个漏斗形旋涡,造成负压,将由漏斗 1 落下的悬浮剂吸入,形成悬浮的金属液,然后通过直浇道 6 注入铸型 4 的型腔 5 中。

悬浮剂有很大的活性表面,且均匀分布于金属液中,因此与金属液之间产生一系列的热物理化学作用,进而控制合金的凝固过程,起到冷却作用、孕育作用、合金化作用等。经过悬浮处理的金属,缩孔可减少 10%～20%,晶粒可以细化,力学性能可以提高。悬浮铸造已获得越来越广泛的应用,目前已用于生产船舶、冶金和矿山设备的铸件。

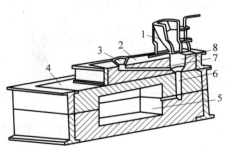

图 2-5-1 悬浮浇注示意图

1—悬浮剂漏斗;2—悬浮浇注系统装置;3—浇口杯;4—铸型;5—型腔;6—直浇道;7—引导浇道;8—悬浮杯

5.2 半固态金属铸造

采用既非液态又非完全固态的金属浆料加工成形的方法,称为半固态金属铸造。半固态金属铸造加工技术属于 21 世纪前沿性金属加工技术。20 世纪麻省理工学院弗莱明斯教授发现,在金属凝固过程中,进行强烈搅拌,使普通铸造易于形成的树枝晶网络被打碎,会得到一种液态金属,母液中均匀悬浮着一定颗粒状固相组分的固-液混合浆料。这种半固态金属具有某种流变特性,因而易于用常规加工技术(如压铸、挤压、模锻等)实现成形。与以往的金属成形方法相比,半固态金属铸造技术就是集铸造、塑性加工等多种成形方法于一体制造金属制品的又一独特技术,其特点主要表现在:

(1) 由于其具有均匀的细晶粒组织及特殊的流变特性,加之在压力下成形,使工件具有很高的综合力学性能;由于其成形温度比全液态成形温度低,不仅可以减少液态成形缺陷,提高铸件质量,还可以拓宽压铸合金的种类至高熔点合金。

(2) 能够减轻成形件的质量,实现金属制品的近终成形。

(3) 能够制造用常规液态成形方法不可能制造的合金,如某些金属基复合材料的制备。

因此,半固态金属铸造技术以其诸多的优越性而被视为突破性的金属加工新工艺。

半固态金属铸造成形的工艺流程可分为两种:

(1) 将获得的半固态浆料在其半固态温度条件下直接成形的方法,称为流变铸造;

(2) 将半固态浆料制备成坯料,根据产品尺寸下料,再重新加热到半固态温度后加工成形,称为触变铸造。

图 2-5-2 所示为半固态金属铸造成形的两种工艺流程。对触变铸造,由于半固态坯料便于输送,易于实现自动化,因而在工业中较早得到推广。对流变铸造,由于将搅拌后的半固态浆料直接成形,具有高效、节能、短流程的特点,近年来发展很快。

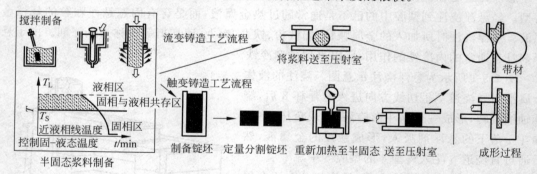

图 2-5-2   半固态金属铸造成形的两种工艺流程

目前半固态成形的铝、镁合金件已经大量地用于汽车工业的特殊零件上,生产的汽车零件主要有汽车轮毂、主制动缸体、反锁制动阀、盘式制动钳、动力换向壳体、离合器总泵体、发动机活塞、液压管接头、空压机本体、空压机盖等。

5.3   近终形状铸造

近终形状铸造技术主要包括薄板坯连铸(厚度为 40~100mm)、带钢连铸(厚度小于40mm)以及喷雾沉积等技术。其中,喷雾沉积技术为金属成形工艺开发了一条特殊的工艺路线,适用于复杂钢种的凝固成形,其工艺原理如图 2-5-3 所示。

液态金属 3 的喷射流束从安装在中间包 2 底部的耐火材料喷嘴中喷出,金属液被强劲

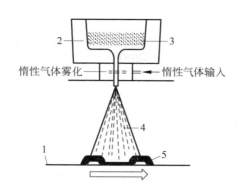

图 2-5-3　喷雾沉积工作原理

1—基体；2—中间包；3—液态金属；4—喷雾；5—喷雾沉积材料

的气体流束雾化,形成高速运动的液滴。在雾化液滴与基体 1 接触前,其温度介于固-液相温度之间。随后液滴冲击在基体上,完全冷却和凝固后,形成致密的产品。根据基体的几何形状和运动方式,可以生产各种形状的产品,如小型材、圆盘、管子和复合材料等。当喷雾锥 4 的方向沿平滑的循环钢带移动时,便可得到扁平状的产品,多层材料可由几个雾化装置连续喷雾成形。空心的产品也可采用类似的方法制成,将液态金属直接喷雾到旋转的基体上,可制成管坯、圆坯和管子。以上讨论的各种方式均可在喷雾射流中加入非金属颗粒,制成颗粒固化材料。该工艺是可代替带钢连铸或粉末冶金的一种生产工艺。

5.4　计算机数值模拟技术

在铸造领域应用计算机技术标志着生产经验与现代科学的进一步结合,是当前铸造科研开发和生产发展的重要内容之一。随着计算模拟、几何模拟和数据库的建立及其相互联系的扩展,数值模拟已迅速发展为铸造工艺 CAD、CAE,并将实现铸造生产的 CAM。

铸件成形过程数值模拟涉及铸造理论与实践、计算机图形学、多媒体技术、可视化技术、三维造型、传热学、流体力学、弹塑性力学等多种学科。在虚拟的计算机环境下,模拟仿真研究对象的特定过程,分析有关影响因素,预测该过程可能发展的趋势和结果。数值模拟就是在虚拟的环境下,通过交互方式,不需要现场试生产,就能制定出合理的铸造工艺,因而可以大量节省生产试验资金,而且可以进行工艺优化,大大缩短新产品的开发周期,因此其经济效益十分显著。

目前,铸造数值模拟技术,尤其是三维温度场模拟、流动场模拟、流动与传热耦合计算以及弹塑性状态应力场模拟,已逐步进入实用阶段,国内外一些先进软件先后投入市场,对实际铸件生产起着越来越重要的作用,如 Procast、华铸 CAE 等。

第3篇

塑 性 成 形

金属的塑性成形是指固态金属在外力作用下产生塑性变形,获得具有一定形状、尺寸和力学性能的原材料、毛坯或零件的生产方法,又称金属的压力加工。金属的塑性成形与其他加工方法相比,具有以下特点:

(1) 改善金属的组织,提高其力学性能。金属材料经塑性加工能消除金属铸锭内部的气孔、缩松和树枝状晶等缺陷,且由于金属的塑性变形和再结晶,可使粗大晶粒细化,得到致密的金属组织,从而提高金属的力学性能。在零件设计时,若正确选用零件的受力方向与纤维组织方向,可以提高零件的抗冲击性能。

(2) 材料的利用率高。金属塑性成形主要是靠金属内部的形体组织相对位置重新排列,而不需要切除金属。

(3) 较高的生产率。塑性成形一般是利用压力机和模具进行成形加工的。例如,利用多工位冷镦工艺加工内六角螺钉比用棒料切削加工工效提高约 400 倍以上。

(4) 毛坯或零件的精度较高。应用先进的技术和设备,可实现少切削或无切削加工。例如,精密锻造的伞齿轮齿形部分可不经切削加工直接使用,复杂曲面形状的叶片精密锻造后只需磨削便可达到所需精度。

(5) 塑性成形加工适用范围广。零件的大小不受限制,生产批量也不受限制。

金属塑性成形的不足之处是所用的金属材料应具有良好的塑性,以便在外力作用下产生塑性变形而不破裂。各种钢和大多数有色金属及其合金都具有不同程度的塑性,因此可以在冷态或热态下进行塑性成形;而灰口铸铁、铸造铜合金、铸造铝合金等脆性材料,塑性很差,不能或不宜进行塑性加工。与铸造相比,塑性成形加工难以获得形状较复杂的产品,且加工设备昂贵。

由于塑性成形具有上述特点,因此承受冲击或交变应力的重要零件(如机床主轴、齿轮、曲轴、连杆等)都应采用锻件毛坯加工。例如,飞机上的塑性成形零件的质量分数占 85%,汽车、拖拉机上的锻件质量分数占 60%～80%。

随着工业发展,近年来在塑性成形生产方面出现了精密模锻、轧制、挤压、拉拔、超塑性成形及高能率成形等许多新工艺和新技术,并得到迅速推广,使塑性成形不仅可以生产毛坯,而且也可直接生产很多零件。

第1章

金属塑性成形工艺基础

1.1 金属塑性变形

1.1.1 金属的变形

金属的变形分为弹性变形和塑性变形两种。金属在外力作用下产生的弹性变形,当外力消失后,应力消失,弹性变形也随之消失。当外力增大到使金属内部产生的应力超过该金属的弹性极限时,即使外力去除,也只有弹性变形能够恢复,而最终留下永久变形,不会消失,即塑性变形。

金属材料的塑性通常用断面收缩率(ψ)和延伸率(δ)来表示。ψ 或 δ 越大,则金属的塑性越好。良好的塑性是金属材料进行塑性加工的前提条件。

1.1.2 金属塑性变形的实质

金属塑性变形的实质可用晶粒内部、晶粒间产生滑移和晶粒发生转动来解释。在常温和低温下,单晶体的塑性变形主要是通过滑移、孪生等方式进行的。

1. 单晶体塑性变形

(1)滑移

单晶体的滑移变形是晶体在切应力作用下晶体的一部分相对于另一部分沿着一定晶面(称滑移面)和晶向(称滑移方向)发生相对滑动的结果,如图 3-1-1 所示。

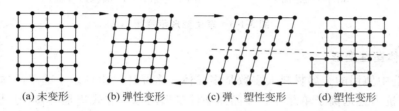

(a) 未变形　(b) 弹性变形　(c) 弹、塑性变形　(d) 塑性变形

图 3-1-1　单晶体滑移变形示意图

上面所描述的滑移运动,相当于滑移面上、下两部分晶体彼此以刚性整体作相对运动。实现这种滑移所需的外力要比实际测得的数据大几千倍,这说明实际晶体结构及其塑性变

形并不完全如此。

近代物理学证明,实际晶体内部存在大量缺陷。其中,以位错(见图 3-1-2(a))对金属塑性变形的影响最为明显。由于位错的存在,部分原子处于不稳定状态。在比理论值低得多的切应力作用下,处于高能位的原子很容易从一个相对平衡的位置上移动到另一个位置上(见图 3-1-2(b)),形成位错运动。位错运动的结果,就实现了整个晶体的塑性变形(见图 3-1-2(c))。

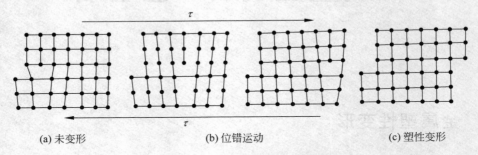

(a) 未变形　　　　　(b) 位错运动　　　　　(c) 塑性变形

图 3-1-2　位错运动引起塑性变形示意图

（2）孪生

孪生是在切应力的作用下,晶体的一部分相对于另一部分沿一定的晶面(孪生面)和晶向(孪生方向)产生一定角度的均匀切变过程。孪生变形使晶体内已变形部分与未变形部分以孪生面为分界面形成了镜面对称的位向关系,如图 3-1-3 所示。与滑移相比,产生孪生所需的切应力很高,因此,只有在滑移很难进行的条件下,晶体才发生孪生变形。孪生变形本身对晶体塑性变形的直接影响并不大,但它可使其中某些原来处于不利滑移的位向转变为有利于发生滑移的位向,从而激发滑移变形的进一步进行,从而使金属的变形能力得到提高。

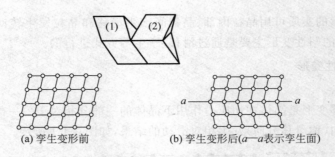

(a) 孪生变形前　　　　　(b) 孪生变形后(a—a表示孪生面)

图 3-1-3　孪生变形示意图

2. 多晶体塑性变形

机械制造中使用的金属材料大多数是多晶体。多晶体是由许多小的单晶体——晶粒构成的,其变形抗力远远高于单晶体。多晶体塑性变形的基本方式仍是滑移,但是由于多晶体中各个晶粒的空间取向互不相同以及晶界的存在,使多晶体的塑性变形过程比单晶体更为复杂。

多晶体塑性变形首先在取向最有利的晶粒中进行,随着滑移程度的增大,位错运动将受到晶界阻碍,使滑移不能直接延续到相邻晶粒。为了协调相邻晶粒之间的变形,使滑移能够继续进行,晶粒间将会发生相对移动和转动,因此多晶体的塑性变形既有晶内变形(滑移和孪生),又有晶粒间的滑移和转动(晶间变形),如图 3-1-4 所示。但多晶体的塑性变形以晶内变形为主,晶间变形很小。由于晶界处原子排列紊乱,各个晶粒的位向不同,使晶界处的位错运动较难,所以晶粒越细,晶界面积越大,变形抗力就越大,金属的强度也越高;另外,晶粒越细,金属塑性变形可分散在更多的晶粒内进行,应力集中较小,金属的塑性变形能力也越好。因此,生产中都尽量获得细晶粒组织。

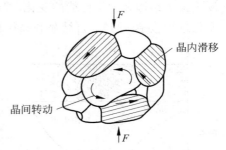

图 3-1-4　多晶体塑性变形示意图

1.2　塑性变形对金属组织和性能的影响

1.2.1　金属的加工硬化

金属在常温下经过塑性变形后,内部组织将发生变化:①晶粒沿最大变形的方向伸长;②晶格与晶粒均发生扭曲,产生内应力;③晶粒间产生碎晶。

金属的力学性能随其内部组织的改变而发生明显变化。变形程度增大时,金属的强度及硬度升高,而塑性和韧性下降(见图 3-1-5)。其原因是单晶体发生晶内滑移,使晶格扭曲,内应力增大,即滑移阻力增大;晶粒间有碎晶,使晶粒滑动阻力增大,结果使得进一步变形困难,宏观表现为强度、硬度升高。这种随变形程度增大,强度和硬度上升而塑性下降的现象称为冷变形强化,又称加工硬化。

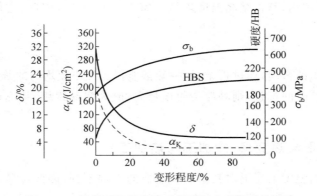

图 3-1-5　常温下塑性变形对低碳钢力学性能的影响

1.2.2　回复与再结晶

冷变形强化的金属组织结构处于不稳定状态,它具有自发地恢复到稳定状态的倾向。但是在室温下,金属原子的活动能力很小,这种不稳定状态的组织结构能够保持很长的时间而不发生明显的变化。只有对冷变形金属组织进行加热,金属原子的活动能力才会增大,才会发生组织结构和力学性能的变化,并逐步恢复到稳定状态。冷变形金属加热时发生的组织变化过程包括:回复、再结晶和晶粒长大三个阶段,如图 3-1-6 所示。

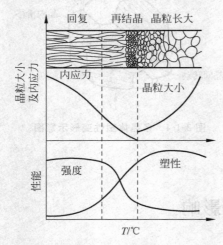

图 3-1-6 冷变形金属加热时组织与性能的变化规律

1. 回复

将冷变形后的金属加热至一定温度后,使原子回复到平衡位置,晶粒内残余应力大大减少的现象称为回复。冷拔弹簧钢丝绕制弹簧后常进行去应力退火,就是利用回复保持冷拔钢丝的高强度,消除冷卷弹簧时产生的内应力。

2. 再结晶

当加热温度较高时,塑性变形后的晶粒及被拉长了的晶粒会重新生核,转变为均匀的等轴晶粒,并且金属的锻造性能得到恢复,这个过程称为再结晶。

再结晶是在一定的温度范围内进行的,开始产生再结晶现象的最低温度称为再结晶温度。纯金属的再结晶温度为:

$$T_{再} \approx 0.4 T_{熔} \quad (K)$$

式中,$T_{熔}$ 为纯金属的热力学温度熔点。

加入合金元素会使再结晶温度显著提高。在常温下经过塑性变形的金属,加热到再结晶温度以上,使其发生再结晶的处理过程称为再结晶退火。再结晶退火可以消除冷变形强化现象,提高金属的塑性,便于金属继续进行锻压加工。如金属在冷轧、冷拉、冷冲压过程中,需在各工序中穿插再结晶退火对金属进行软化。

有些金属,如铅和锡,其再结晶温度均低于室温,约为 0℃,因此,它们在室温下不会产生冷变形强化现象。

3. 晶粒长大

产生纤维化组织的金属,通过再结晶,一般都能得到细小而均匀的等轴晶粒。但是如果加热温度过高或加热时间过长,则晶粒会明显长大,成为粗晶组织,从而使金属的力学性能下降,可锻性恶化。

1.2.3 冷变形与热变形(冷加工与热加工)

由于金属在不同温度下变形对其组织和性能的影响不同,因此金属的塑性变形分为冷变形和热变形两种。

在再结晶温度以下的变形叫冷变形。工业生产中的板料冲压、冷轧、冷拔、冷挤压都属于冷变形。变形过程中无再结晶现象,变形后的金属具有加工硬化现象,故每次冷变形的程度不宜过大,否则,变形金属将产生断裂破坏。为防止加工硬化后的金属继续变形而产生断裂破坏现象,应在冷变形到一定程度后,在中间安排再结晶退火,消除加工硬化现象,然后再进行冷变形,直到达到所要求的变形程度。

在再结晶温度以上的变形叫热变形。热变形时加工硬化和再结晶现象会同时出现,不过加工硬化过程随时被再结晶过程消除,所以变形后具有再结晶组织,无加工硬化现象。

由于金属的热变形温度是在再结晶温度以上,使金属的屈服强度降低而塑性增加,能以较小的力和能量产生较大的变形而不断裂,同时又能获得具有高力学性能的再结晶组织。因此,金属的锻压加工多采用热变形。

显然,冷加工与热加工并不是以具体的加工温度的高低来区分的。例如,钨的最低再结晶温度约为1200℃,所以,钨即使在稍低于1200℃的高温下塑性变形仍属于冷加工;而锡的再结晶温度约为-7℃,所以,锡即使在室温下塑性变形却仍属于热加工。

1.2.4 纤维组织变化

金属压力加工生产采用的最初坯料是铸锭,其内部组织很不均匀,晶粒较粗大,并存在气孔、缩松、非金属夹杂物等缺陷。铸锭加热后经过压力加工,由于塑性变形及再结晶,从而改变了不均匀的铸态结构(见图3-1-7(a)),获得细化了的再结晶组织。同时可以将铸锭中的气孔、缩松等压合在一起,使金属更加致密,力学性能得到很大提高。

此外,铸锭在压力加工中产生塑性变形时,基体金属的晶粒形状和沿晶界分布的杂质形状都发生了变形,它们都将沿着变形方向被拉长,呈纤维形状,这种结构叫纤维组织(见图3-1-7(b))。

纤维组织使金属在性能上具有了方向性,对金属变形后的质量也有影响。纤维组织越明显,金属在纵向(平行纤维方向)上塑性和韧性提高越多,而在横向(垂直纤维方向)上塑性和韧性降低越大。纤维组织的明显程度与金属的变形程度有关。变形程度越大,纤维组织越明显。压力加工过程中,常用锻造比(y)来表示变形程度。

(a) 变形前原始组织   (b) 变形后纤维组织

图 3-1-7 铸锭热变形前、后的组织

拔长时的锻造比为

$$y_{拔} = A_0/A$$

镦粗时的锻造比为

$$y_{镦} = H_0/H$$

式中,H_0、A_0分别为坯料变形前的高度和横截面积;H、A分别为坯料变形后的高度和横截面积。

纤维组织的稳定性很高,不能用热处理的方法加以消除,只有经过压力加工使金属变形后才能改变其方向和形状。因此,为了获得最好力学性能的零件,在设计和制造零件时,都应使零件在工作中产生的最大正应力方向与纤维方向重合,最大切应力方向与纤维方向垂直,并使纤维分布与零件的轮廓相符合,尽量使纤维组织不被切断。

例如,当采用棒料直接经切削加工制造螺钉时(见图3-1-8(a)),螺钉头部与杆部的纤维被切断,不能连贯起来,受力时产生的切应力顺着纤维方向,故螺钉的承载能力较弱。当采用同样棒料经局部镦粗方法制造螺钉时(见图3-1-8(b)),则纤维不被切断,连贯性好,纤维方向也较为有利,故螺钉质量较好。

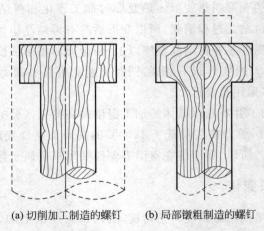

(a) 切削加工制造的螺钉　　(b) 局部镦粗制造的螺钉

图 3-1-8　不同工艺方法对纤维组织形状的影响

1.3　金属的可锻性

金属的可锻性是衡量材料在经受压力加工时获得优质制品难易程度的工艺性能。金属的可锻性好,表明该金属适合于采用压力加工成形;可锻性差,表明该金属不宜选用压力加工方法成形。

可锻性的优劣常用金属的塑性和变形抗力来综合衡量。塑性越好,变形抗力越小,则金属的可锻性好;反之则差。

金属的塑性用金属的断面收缩率 ψ、伸长率 δ 等来表示。变形抗力是指在压力加工过程中变形金属作用于施压工具表面单位面积上的压力。变形抗力越小,则变形中所消耗的能量越少。

金属的可锻性取决于金属的本质和加工条件。

1.3.1　金属的本质(内在因素)

1. 化学成分的影响

含有不同化学成分的金属,其可锻性不同。一般情况下,纯金属的可锻性比合金好;碳钢的含碳量越低,可锻性越好;钢中含有形成碳化物的元素(如铬、钼、钨、钒等)时,其可锻性显著下降。

2. 金属组织的影响

金属内部的组织结构不同,可锻性也会有很大差别。纯金属及单一固溶体(如奥氏体)组成合金的可锻性好;而碳化物(如渗碳体)的可锻性差;由多种性能不同的组织组成的合金,锻造时由于各组织的变形不均匀,容易导致裂纹,故可锻性差;铸态柱状组织和粗晶粒结构不如晶粒细小而均匀的组织的可锻性好。

1.3.2 加工条件(外在因素)

1. 变形温度的影响

提高金属变形时的温度是改善金属可锻性的有效措施,并对生产率、产品质量及金属的有效利用等均有极大的影响。

金属在加热过程中,随温度的升高,金属原子的运动能力增强(热能增加,处于极为活泼的状态中),很容易进行滑移,因而塑性提高,变形抗力降低,可锻性明显改善,更加适宜进行压力加工。但温度过高,对钢而言,必将产生过热、过烧、脱碳和严重氧化等缺陷,甚至使锻件报废,所以应该严格控制锻造温度。

锻造温度范围是指始锻温度(开始锻造的温度)和终锻温度(停止锻造的温度)间的温度区间。锻造温度范围的确定以合金状态图为依据。碳钢的锻造温度范围如图 3-1-9 所示,其始锻温度比 *AE* 线低约 200℃,终锻温度约为 800℃。终锻温度过低,金属的可锻性急剧变差,使加工难以进行,若强行锻造,将导致锻件破裂报废。

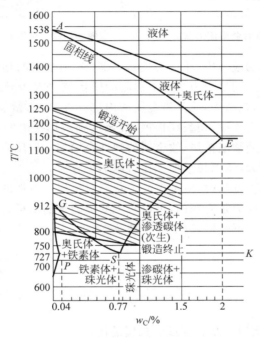

图 3-1-9　碳钢的锻造温度范围

2. 变形速度的影响

变形速度,即单位时间内的变形程度,它对可锻性的影响是矛盾的(见图 3-1-10)。一方面,随着变形速度的增大,回复和再结晶速度来不及完全消除金属变形引起的冷变形强化,于是残留的冷变形强化作用逐渐积累,使金属的塑性下降,变形抗力增大(图 3-1-10 中 *a* 点以左),可锻性变差。另一方面,金属在变形过程中,消耗于塑性变形的能量有一部分转化为热能(称为热效应现象),改善着变形条件。变

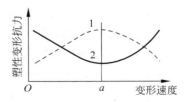

图 3-1-10　变形速度对塑性及变形抗力的影响

1—变形抗力曲线;2—塑性变化曲线

形速度越大,热效应现象越明显,使金属的塑性提高、变形抗力下降(图 3-1-10 中 a 点以右),可锻性变得更好。但这种热效应现象除在高速锤等设备的锻造中较明显外,一般压力加工的变形过程中,因变形速度低,不易出现。

3. 应力状态的影响

金属在经受不同方法变形时,所产生的应力性质(压应力或拉应力)和大小是不同的。例如,挤压变形时(见图 3-1-11)为三向受压状态,而拉拔时(见图 3-1-12)则为两向受压、一向受拉的状态。

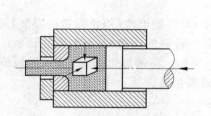

图 3-1-11 挤压时金属应力状态

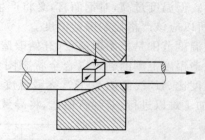

图 3-1-12 拉拔时金属应力状态

实践证明,三个方向的应力中,压应力的数目越多,则金属的塑性越好;拉应力的数目越多,则金属的塑性越差。同号应力状态下引起的变形抗力大于异号应力状态下的变形抗力。拉应力使金属原子间距增大,尤其当金属的内部存在气孔、微裂纹等缺陷时,在拉应力作用下,缺陷处易产生应力集中,使裂纹扩展,甚至达到破坏报废的程度。压应力使金属内部原子间距离减小,不易使缺陷扩展,故金属的塑性会增加。但压应力使金属内部摩擦阻力增大,变形抗力亦随之增大,所以拉拔加工比挤压加工省力。

因此,在选择具体加工方法时,应考虑应力状态对金属可锻性的影响。对于本质塑性较好的金属,变形时出现拉应力是有利的,可以减少变形能量的消耗。对于本质塑性较差的金属,则应尽量在三向压应力下变形,以免产生裂纹。

复习思考题

3-1-1 什么是塑性变形?塑性变形的机理是什么?

3-1-2 碳钢在锻造温度范围内变形时,是否会有冷变形强化现象?

3-1-3 纤维组织是怎样形成的?它对材料的力学性能有何影响?它的存在有何利弊?

3-1-4 铅在 20℃、钨在 1000℃时变形,各属于哪种变形?为什么?(铅的熔点为 327℃、钨的熔点为 3380℃)

3-1-5 如何提高金属的塑性?最常用的措施有哪些?

3-1-6 "趁热打铁"的含义是什么?

第2章

自 由 锻 造

2.1 自由锻造的特点及设备

只用简单的通用性工具,或在锻造设备的上、下砧铁间直接使坯料变形而获得所需的锻件,这种方法称为自由锻。其中使用手工工具使坯料变形的方法称为手工自由锻。手工自由锻所用设备工具简单,通用性大,成本低,工艺灵活,但锻件尺寸精度低,加工余量大,生产效率低,劳动强度大,劳动条件差,目前仅在小型锻件、单件生产及修配中尚有应用,在现代化的大生产中则广泛采用机器自由锻。自由锻可锻造几十克至数百吨的锻件,在重型机械中,还是生产大型和特大型锻件的唯一方法。

按作用力的性质不同,自由锻造设备可分为两类:一类为产生冲击力作用的设备,称为自由锻锤,如空气锤(65~750kg,见图 3-2-1)、蒸汽-空气锤(630kg~5t)等;另一类为产生压力作用的设备,称压力机,如水压机、油压机等。其中,锻锤和压力机的吨位计算分别为:

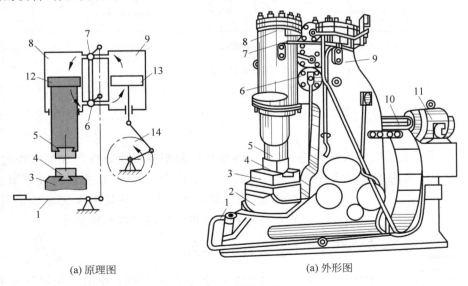

(a) 原理图   (a) 外形图

图 3-2-1　空气锤

1—踏杆;2—砧座;3—砧垫;4—下砧铁;5—上砧铁;6—下旋阀;7—上旋阀;8—工作缸;9—压缩缸;
10—减速装置;11—电动机;12—工作活塞;13—压缩活塞;14—连杆

锻锤吨位＝落下部分总质量＝活塞质量＋锤头质量＋锤杆质量

压力机吨位＝滑块运动到下始点时所产生的最大压力

2.2 自由锻的基本工序

根据工序的作用不同,自由锻工序可分为基本工序、辅助工序和修整工序三大类。

使金属坯料实现较大变形以获得锻件所需的基本形状和尺寸的工序称为基本工序,主要有镦粗、拔长、冲孔、切割、弯曲、错移和扭转等。为了完成基本工序而使坯料预先产生少量局部变形的工序称为辅助工序,如压肩、压钳口、钢锭倒棱等。而用来精整锻件尺寸和形状,使锻件完全达到锻件图要求的工序称为修整工序,如滚圆、校直和平整端面等。

下面就自由锻基本工序镦粗、拔长、冲孔、切割、弯曲、错移和扭转分别进行介绍。

2.2.1 镦粗

镦粗是沿工件轴向进行锻打,使其长度减小、横截面增大的操作过程。常用来锻造齿轮坯、凸缘、圆盘等零件,也可用来作为锻造环、套筒等空心锻件冲孔前的预备工序。镦粗可分为完全镦粗和局部镦粗两种形式,如图 3-2-2 所示。镦粗时,坯料不能过长,高度与直径之比应小于 2.5,以免镦弯,或出现细腰、夹层等现象。坯料镦粗的部位必须均匀加热,以防止出现变形不均匀。

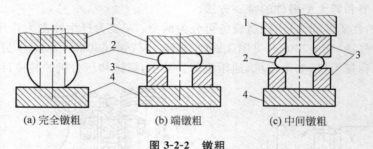

(a) 完全镦粗　　　(b) 端镦粗　　　(c) 中间镦粗

图 3-2-2 镦粗

1—上砧铁;2—锻件;3—套筒;4—下砧铁

2.2.2 拔长

拔长是沿垂直于工件的轴向进行锻打,以使其截面积减小而长度增加的操作过程,如图 3-2-3 所示。常用于锻造轴类和杆类等零件。对于圆形坯料,一般先锻打成方形后再进行拔长,最后锻成所需形状,或使用 V 形砧铁进行拔长。在锻造过程中要将坯料绕轴线不断翻转。

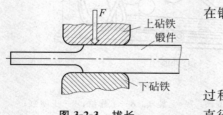

图 3-2-3 拔长

2.2.3 冲孔

冲孔是利用冲头在工件上冲出通孔或盲孔的操作过程,常用于锻造齿轮、套筒和圆环等空心锻件。对于直径小于 25mm 的孔一般不锻出,而是采用钻削的方法进行加工。在薄坯料上冲通孔时，可用冲头一次冲出。若坯料较厚时，可先在坯料的一边冲到孔深的 2/3 深度后，拔出冲头，翻转工件，从反面冲通，以避免在孔的周围冲出毛刺，如图 3-2-4 所示。

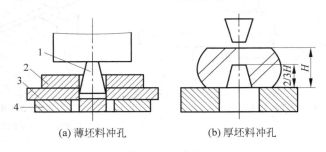

(a) 薄坯料冲孔　　(b) 厚坯料冲孔

图 3-2-4　冲孔

1—冲头；2—坯料；3—垫环；4—漏盘

2.2.4　切割

切割是将坯料分成几部分或部分割开的锻造工序，如图 3-2-5 所示，常用于下料、切除锻件的料头、切除钢锭的冒口等。

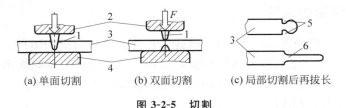

(a) 单面切割　　(b) 双面切割　　(c) 局部切割后再拔长

图 3-2-5　切割

1—剁刀；2—上砧铁；3—锻件；4—下砧铁；5—先切口；6—后拔长

2.2.5　弯曲

弯曲是指采用一定的工模具将毛坯弯成所规定外形的锻造工序，如图 3-2-6 所示，常用于锻造角尺、弯板、吊钩、链环等一类轴线弯曲的零件。

2.2.6　错移

错移是将坯料的一部分相对另一部分错开一段距离，但仍保持这两部分轴线平行的锻造工序，如图 3-2-7 所示，常用于锻造曲轴类零件。错移时，先对坯料进行局部切割，然后在切口两侧分别施加大小相等、方向相反且垂直于轴线的冲击力或压力，使坯料实现错移。

2.2.7　扭转

扭转是将坯料的一部分相对于另一部分绕其轴线旋转一定角度的锻造工序，如图 3-2-8 所示。该工序多用于多拐曲轴、麻花钻和校正某些锻件等。

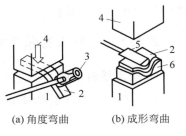

(a) 角度弯曲　　(b) 成形弯曲

图 3-2-6　弯曲

1—下砧铁；2—坯料；3—铁锤；4—上砧铁；5—成形压铁；6—成形垫铁

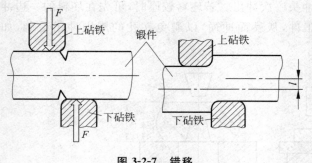

图 3-2-7 错移

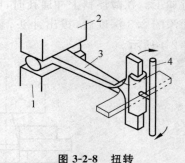

图 3-2-8 扭转
1—下砧铁;2—上砧铁;3—锻件;4—扭具

2.3 自由锻造工艺规程的制定

根据零件图把毛坯通过自由锻造的方法生产出锻件的全部过程称为自由锻造工艺规程。它包括绘制锻件图、选择毛坯、制定工艺、选择设备和工具、加热、冷却和检验等一系列内容。

2.3.1 锻件图的绘制

锻件图是以零件图为基础,结合自由锻造工艺特点绘制而成的图形。它是工艺规程的核心内容,是制定锻造工艺过程和锻件检验的依据。锻件图必须准确而全面地反映锻件的特殊内容(如圆角、斜度等),以及对产品的技术要求(如性能、组织等)。

绘制锻件图时主要考虑以下几个因素:

(1) 机械加工余量。余量是指为了保证机械加工后获得零件所规定的尺寸精度和表面粗糙度而增加的一部分金属量。

(2) 公差。公差是指锻件实际尺寸对基本尺寸所允许的偏差,一般为余量的 1/4~1/3。

(3) 敷料。对于某些形状较复杂的零件,为了易于锻造,需要对它进行简化,其方法是在难以锻造部分加上一部分金属予以简化。这部分添加上去的金属就称为敷料,也称为余块。余块在切削加工时去除。

根据零件图加上余块、余量和公差,然后计算出各部分的尺寸,就可绘制锻件图。典型锻件图如图 3-2-9 所示。

2.3.2 坯料质量和尺寸的计算

1. 确定坯料质量

自由锻造所用坯料的质量为锻件质量与锻造时各种金属消耗的质量之和,可按下式计算:

$$G_{坯料} = G_{锻件} + G_{烧损} + G_{料头}$$

式中,$G_{坯料}$ 为坯料质量(kg);$G_{锻件}$ 为锻件质量(kg);$G_{烧损}$ 为加热时坯料因表面氧化而烧损的质量(kg),其中,第一次加热取被加热金属质量的 2%~3%,以后各次加热取 1.5%~2.0%;$G_{料头}$ 为锻造过程中被冲掉或切掉的那部分金属的质量(kg),如冲孔时坯料中部的料

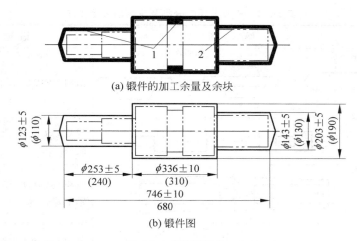

(a) 锻件的加工余量及余块

(b) 锻件图

图 3-2-9　典型锻件图

1—余块；2—加工余量

芯、修切端部产生的料头等。

对于大型锻件,当采用钢锭作坯料进行锻造时,还要考虑切掉的钢锭头部和尾部的质量。

2. 确定坯料尺寸

根据塑性加工过程中体积不变条件和采用的基本工序类型(如拔长、镦粗等)的锻造比、高度与直径之比等,可计算出坯料横截面积、直径或边长等尺寸。

典型锻件的锻造比见表 3-2-1。

表 3-2-1　典型锻件的锻造比

锻 件 名 称	计 算 部 位	锻 造 比
碳素钢轴类锻件	最大截面	2.0～2.5
合金钢轴类锻件	最大截面	2.5～3.0
热轧辊	辊身	2.5～3.0
冷轧辊	辊身	3.5～5.0
齿轮轴	最大截面	2.5～3.0
锤头	最大截面	≥2.5
水轮机主轴	轴身	≥2.5
水轮机立柱	最大截面	≥3.0
模块	最大截面	≥3.0
航空用大型锻件	最大截面	6.0～8.0

2.3.3　选择锻造工序

自由锻造工序的选取应根据工序特点和锻件形状来确定。自由锻锻件大致可分为六类,其形状特征及主要锻造工序见表 3-2-2。

表 3-2-2 一般锻件的分类及采用的锻造工序

锻件类别	图 例	锻 造 工 序
盘类零件		镦粗(或拔长-镦粗)、冲孔等
轴类零件		拔长(或镦粗-拔长)、切肩、锻台阶等
筒类零件		镦粗(或拔长-镦粗)、冲孔、在芯轴上拔长等
环类零件		镦粗(或拔长-镦粗)、冲孔、在芯轴上扩孔等
弯曲类零件		拔长、弯曲等
曲轴类零件		拔长(或镦粗-拔长)、错移、锻台阶、扭转等

自由锻造工序的选择与整个锻造工艺过程中的火次(即坯料加热次数)和变形程度有关。所需火次与每一火次中坯料成形所经历的工序都应明确规定出来,写在工艺卡片上。

2.3.4 选择锻造设备

根据作用在坯料上力的性质,自由锻造设备分为锻锤(空气锤,蒸汽-空气锤)和液压机两大类。具体选择应根据锻件的质量和本厂的生产条件等确定。

2.3.5 确定锻造温度范围

锻造温度范围是指始锻温度和终锻温度之间的温度范围。锻造温度范围应尽量选宽一些,以减少锻造火次,提高生产率。

2.3.6 填写工艺卡

工艺卡主要用来描述一个产品的锻造顺序、工艺标准、工时等。

现以阶梯轴毛坯的自由锻工艺为例说明锻造各工序的应用和相互配合,如表 3-2-3 所示。

表 3-2-3　阶梯轴毛坯自由锻工艺

锻件名称	阶梯轴毛坯	工序	工序名称	工序简图	使用工具	操 作 要 点
锻件材料	40Cr	1	拔长		火钳	整体拔长至 $\phi(49\pm2)$mm
工艺类别	自由锻					
设备	1500N 空气锤					
加热次数	2	2	压肩		火钳、压肩摔子	边轻打边旋转锻件
锻造温度范围/℃	850～1180					
锻件图						
		3	拔长		火钳	将压肩一端拔长至略大于 $\phi37$mm
		4	摔圆		火钳、摔圆摔子	将拔长部分摔圆至 $\phi(37\pm2)$mm
坯料图		5	压肩		火钳、压肩摔子	截出中段长度42mm后,将另一端压肩
		6	拔长	(略)	火钳	将压肩一端拔长至略大于 $\phi32$mm
		7	摔圆	(略)	火钳、摔圆摔子	将拔长部分摔圆至 $\phi(32\pm2)$mm
注:第4工序和第5工序之间进行第二次加热		8	修整		火钳、钢直尺	检查及修整轴向弯曲

2.4 自由锻件结构的工艺性

自由锻件的设计原则是：在满足使用性能的前提下，锻件的形状应尽量简单，易于锻造。具体设计要求为：

(1) 尽量避免锥体或斜面结构

自由锻锻件若有锥体或斜面结构（见图 3-2-10(a)），将使锻造工艺复杂，操作不方便，降低设备的使用效率。此时，应改进设计，修改后的结构如图 3-2-10(b)所示。

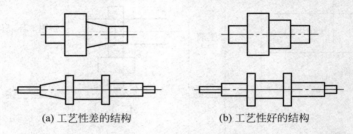

(a) 工艺性差的结构　　　　　　(b) 工艺性好的结构

图 3-2-10　盘类锻件结构设计

(2) 避免几何体的交接处形成空间曲线

锻件由数个简单几何体构成时，几何体的交接处不应形成空间曲线。图 3-2-11(a)所示结构采用自由锻方法极难成形，应改成平面与圆柱、平面与平面相接的结构（见图 3-2-11(b)）。

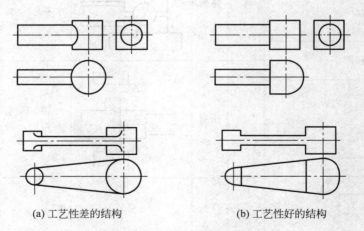

(a) 工艺性差的结构　　　　　　(b) 工艺性好的结构

图 3-2-11　杆类锻件结构设计

(3) 避免加强筋、凸台、工字形、椭圆形或其他非规则截面及外形

自由锻件上不应设计出加强筋、凸台、工字形、椭圆形或空间曲线形表面（见图 3-2-12(a)），应将锻件结构改成图 3-2-12(b)所示的结构。

（4）合理采用组合结构

自由锻锻件的横截面若有急剧变化或形状较复杂时（见图 3-2-13（a）），应设计成由几个简单件构成的几何体。每个简单件锻制成形后，再用焊接或机械连接方式构成整体件（见图 3-2-13（b））。

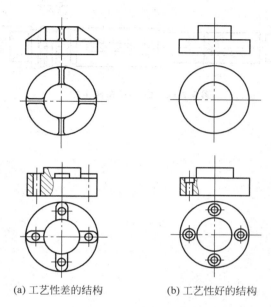

(a) 工艺性差的结构　　　　(b) 工艺性好的结构

图 3-2-12　盘类锻件结构设计

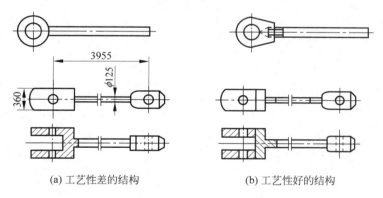

(a) 工艺性差的结构　　　　(b) 工艺性好的结构

图 3-2-13　复杂锻件结构设计

复习思考题

3-2-1　什么叫自由锻？它有何优缺点？适用于何种场合？

3-2-2　自由锻有哪几个基本工序？它们各有何特点？各适应于锻造哪类锻件？

3-2-3　为什么巨型锻件必须采用自由锻的方法制造？

3-2-4　重要的轴类锻件为什么在锻造过程中安排有镦粗工序？

3-2-5 叙述图 3-2-14 所示的 C618K 车床主轴零件在绘制锻件图时应考虑的内容。

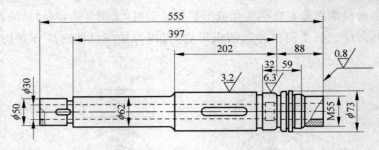

图 3-2-14 C618K 车床主轴

第3章

模　锻

模锻是在模锻设备上,利用高强度锻模,使金属坯料在模腔内受压产生塑性变形,从而获得所需形状、尺寸以及内部质量锻件的加工方法。在变形过程中,由于模腔对金属坯料流动的限制,因而锻造终了时可获得与模腔形状相符的模锻件。

模锻具有如下优点:

(1) 生产效率较高。

(2) 能锻造形状复杂的锻件,并可使金属流线分布更为合理,提高零件的使用寿命。

(3) 模锻件的尺寸较精确,表面质量较好,加工余量较小。

(4) 节省金属材料,减少切削加工量。在批量足够的条件下,能降低零件成本。

(5) 模锻操作简单,劳动强度低。

但模锻生产受模锻设备吨位限制,模锻件的质量一般在 150kg 以下。模锻设备投资较大,模具费用较昂贵,工艺灵活性较差,生产准备周期较长。因此,模锻适合于小型锻件的大批量生产,不适合单件、小批量生产以及中、大型锻件的生产。

按使用设备的不同,模锻分为锤上模锻、胎模锻、压力机上模锻等。

3.1　锤上模锻

锤上模锻是在模锻锤上进行,因设备成本较低,使用较为广泛。其最常用的设备是蒸汽-空气模锻锤,如图 3-3-1 所示。蒸汽-空气模锻锤的工作原理与自由锻造用的蒸汽-空气锤基本相同,只是由于模锻的锻模在锻造时需上、下模准确对正,精度要求较高,故模锻锤的锤头与导轨之间的间隙比自由锻锤的小得多,而且机架直接与砧座连接,这样能使锤头运动精确,保证上、下模对正。模锻锤的吨位以锤头落下部分的质量标定,一般为 0.5～160t。模锻件质量为 0.5～150kg。

3.1.1　锻模结构

锤上模锻所用的锻模是由带有燕尾的上模和下模组成,如图 3-3-2 所示。锻模由上模 2 和下模 4 两部分组成。下模 4 紧固在模垫 5 上,上模 2 紧固在锤头 1 上,并与锤头 1 一起作上下运动。9 为模腔,锻造时毛坯放在模腔中,上模 2 随着锤头 1 的向下运动对毛坯施加冲击力,使毛坯充满模腔,最后获得与模腔形状一致的锻件。

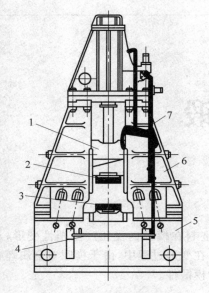

图 3-3-1　模锻锤

1—锤头；2—上模；3—下模；4—踏杆；5—砧座；
6—锤身；7—操纵机构

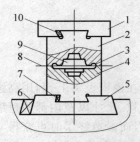

图 3-3-2　锤上模锻所用的锻模

1—锤头；2—上模；3—毛边槽；4—下模；5—模垫；
6,7,10—紧固楔铁；8—分模面；9—模膛

　　根据模膛的功能，锻模的模腔分为制坯模膛和模锻模膛两大类。制坯模膛的作用是使坯料预变形而达到合理分配，使其形状基本接近锻件形状，以便更好地充满模锻模腔。模锻模膛的作用是使坯料变形到锻件所要求的形状和尺寸。对于形状复杂、精度要求较高、批量较大的锻件，还要分为预锻模膛和终锻模膛。

1. 制坯模膛

　　对于形状复杂的锻件，为了使毛坯形状基本符合锻件形状，以便使金属能合理分布和很好地充满模膛，就必须预先在制坯模膛内制坯。制坯模膛有以下几种类型：

　　(1) 拔长模膛：它用来减小毛坯某部分的横截面积，以增加该部分的长度。拔长模膛分为开式和闭式两种，如图 3-3-3 所示。操作时毛坯除送进外还需翻转。

　　(2) 滚压模膛：它用来减小毛坯某一部分的横截面积，以增大另一部分的横截面积，从而使金属按锻件形状来分布。滚压模膛分为开式和闭式两种，如图 3-3-4 所示。当模锻件沿轴线截面相差不很大或做修整拔长后的毛坯时，可采用滚压模膛。操作时每击一次毛坯要翻转一下。

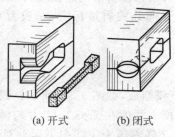

(a) 开式　　　　(b) 闭式

图 3-3-3　拔长模膛

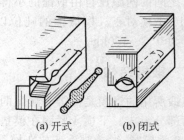

(a) 开式　　　　(b) 闭式

图 3-3-4　滚压模膛

（3）弯曲模膛：对于弯曲的杆类模锻件，需用弯曲模膛来弯曲毛坯，如图 3-3-5 所示。毛坯可直接或先经其他制坯工序后放入弯曲模膛进行弯曲变形。弯曲后的毛坯须翻转 90°再放入模锻模膛成形。

（4）切断模膛：它在上模与下模的角部组成一对刃口，用来切断金属，如图 3-3-6 所示。当一个毛坯要模锻成两个以上锻件时，它可以把锻好的锻件从毛坯上切下，以便使毛坯能继续锻造。

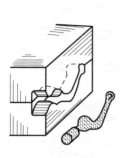

图 3-3-5　弯曲模膛

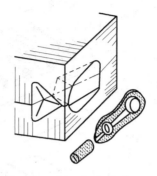

图 3-3-6　切断模膛

（5）此外，常用的制坯模膛还有成形模膛、镦粗台及击扁面等制坯模膛。

根据模锻件的复杂程度不同，所需变形的模膛数量不等，以及实际生产需要，可将锻模设计成单膛或多膛锻模。多膛锻模是在一副锻模上具有两个或两个以上模膛的锻模，但最多不超过 7 个模膛。形状复杂的锻件需要经过几个模膛使坯料逐步变形，最后在终锻模膛中达到锻件所要求的形状和尺寸。图 3-3-7 所示为弯曲连杆模锻件的锻模，即为多膛锻模。

2. 模锻模膛

模锻模膛又分为预锻模膛和终锻模膛两种。

（1）预锻模膛：预锻模膛的作用是使毛坯变形到接近于锻件的形状和尺寸。这样在进行终锻时，金属容易填满模膛而获得锻件所需要的尺寸，同时减少终锻模膛的磨损，延长锻模的使用寿命。对于形状简单的锻件或批量不大时可不设预锻模膛。

（2）终锻模膛：终锻模膛的作用是使毛坯最后变形到锻件所要求的形状和尺寸。因此，它的形状应和锻件的形状相同，但因锻件冷却时要收缩，故终锻模膛的尺寸应比锻件尺寸放大一个收缩量。钢锻件收缩量取 1.5%。

终锻模膛一般设飞边槽，飞边槽的形式如图 3-3-8 所示。飞边槽用以增加金属从模膛中流出的阻力，促使金属充满模膛，同时容纳多余的金属，还可以起到缓冲作用，减小终锻模膛的磨损，延长锻模的寿命。

预锻模膛和终锻模膛的主要区别是预锻模膛的圆角和斜度要比终锻模膛大，高度较大，一般不设飞边槽。

3.1.2　锤上模锻工艺规程的制定

锤上模锻工艺规程的制定主要包括绘制模锻件图、计算坯料尺寸、确定模锻工步、选择锻造设备、确定锻造温度范围等。

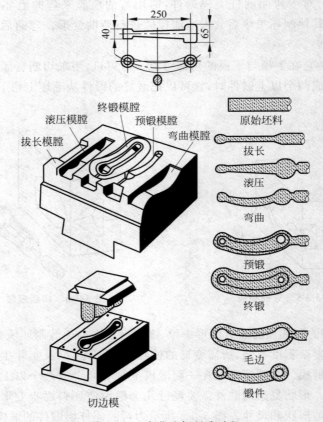

图 3-3-7 弯曲连杆制造过程

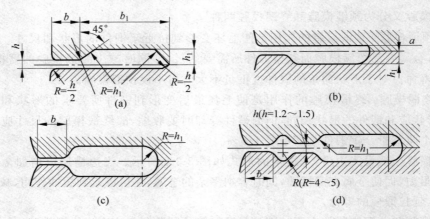

图 3-3-8 飞边槽形式

1. 绘制模锻件图

模锻件图是设计和制造锻模、计算坯料以及检验模锻件的依据,对模锻件的生产有很大影响。根据零件图绘制模锻件图时,应考虑以下几个问题。

1）分模面

分模面，即上、下锻模在模锻件上的分界面。锻件分模面的位置选择正确与否，关系到锻件成形、锻件出模、材料利用率等一系列问题，故制定锻件图时，必须考虑以下几个问题：

（1）要保证模锻件能从模膛中取出。

（2）使模膛深度最浅。

（3）分模面的上、下模膛外形要一致。

（4）使所需的敷料最少。

（5）分模面要选择平面。

图 3-3-9 所示为一模锻件分模面的几种方案。方案 a、b、c 都存在各种问题，只有方案 d 最为合理。

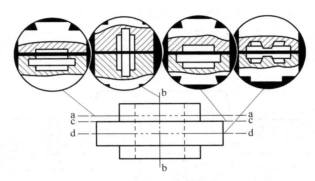

图 3-3-9　分模面的选择比较图

2）余量和公差

由于模锻锻件尺寸比较精确，表面粗糙度小，因此，余量和公差的数值比自由锻造小得多，余量一般为 1～4mm，公差为 0.3～3mm。

3）冲孔连皮

由于锤上模锻时不能靠上、下模的凸起部分把金属完全排挤掉，因此不能锻出通孔，终锻后，孔内留有金属薄层，称为冲孔连皮，如图 3-3-10 所示。模锻后再冲孔，将连皮冲掉。当孔径为 30～80mm 时，连皮厚度为 4～8mm。当孔径＜30mm 时，则锻模的冲孔部分太弱，容易折断，一般不直接锻出。

4）模锻斜度

为了使锻件易于从模膛中取出，锻件与模膛侧壁接触部分需带一定斜度。锻件上的这一斜度称为模锻斜度，如图 3-3-11 所示。模膛深度与宽度比值（h/b）越大时，模锻斜度也应取越大的数值。内壁斜度 α_2 应比外壁斜度 α_1 大。锤上模锻件的模锻斜度一般为 3°～15°。

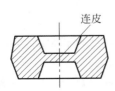

图 3-3-10　冲孔连皮

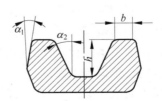

图 3-3-11　模锻斜度

5）圆角半径

在锻件上所有两平面的交角处均应做成圆角，如图 3-3-12 所示，这样可增大锻件强度。模锻时金属易于流动而充满模膛，设置圆角避免了锻模上的内尖角处产生裂纹，减缓了锻模外尖角处的磨损，从而提高了锻模的使用寿命。钢锻件内圆角半径 r 取 $1\sim4\text{mm}$，外圆角半径 R 是内圆角半径的 $3\sim4$ 倍。模膛越深，圆角半径取值越大。

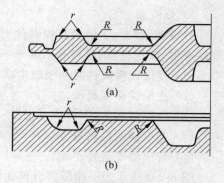

图 3-3-12　圆角半径

上述各参数确定后，便可绘制模锻件图。图 3-3-13 为齿轮坯模锻件图，点画线为零件轮廓外形，分模面选在锻件水平方向的中部。零件轮辐部分不加工，故不留加工余量。孔的中间留有冲孔连皮。

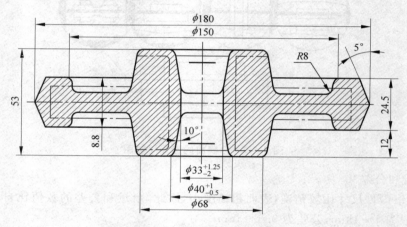

图 3-3-13　齿轮坯模锻件图

2. 计算坯料质量与尺寸

坯料质量包括锻件、飞边、连皮、钳口料头以及氧化皮等的质量。通常，氧化皮质量占锻件和飞边质量总和的 $2.5\%\sim4\%$。

3. 确定模锻工序

模锻工序主要根据锻件的形状与尺寸来确定。根据已确定的工序即可设计出制坯模膛、预锻模膛及终锻模膛。模锻件按形状可分为两类：长轴类零件与盘类零件。长轴类零件的长度与宽度之比较大，例如台阶轴、曲轴、连杆、弯曲摇臂等；盘类零件在分模面上的投影多为圆形或近于矩形，例如齿轮、法兰盘等。

长轴类模锻件常用的工序有拔长、滚挤、弯曲、预锻和终锻等。

盘类模锻件常选用镦粗、终锻等工序。

对于形状简单的盘类零件，可只选用终锻工序成形。对于形状复杂、有深孔或有高肋的锻件，则应增加镦粗、预锻等工序。

坯料在锻模内制成模锻件后，还需经过一系列修整工序，以保证和提高锻件质量。修整工序包括以下内容：

（1）切边与冲孔。模锻件一般都带有飞边及连皮,需在压力机上进行切除,如图 3-3-14 所示。

（2）校正。在切边及其他工序中都可能引起锻件的变形,许多锻件,特别是形状复杂的锻件,在切边冲孔后还应进行校正。校正可在终锻模腔或专门的校正模内进行,如图 3-3-15 所示。

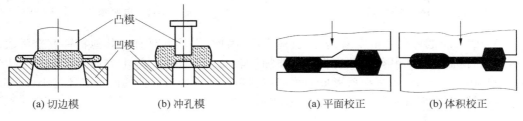

<table>
<tr><td>（a）切边模</td><td>（b）冲孔模</td><td>（a）平面校正</td><td>（b）体积校正</td></tr>
</table>

图 3-3-14 切边模及冲孔模　　　　　图 3-3-15 模锻件的校正

（3）热处理。其目的是消除模锻件的过热组织或加工硬化组织,以达到所需的力学性能。常用的热处理方式为正火或退火。

（4）清理。为了提高模锻件的表面质量,改善模锻件的切削加工性能,模锻件需要进行表面清理,去除在生产中产生的氧化皮、所沾油污及其他表面缺陷等。

（5）精压。对于要求尺寸精度高和表面粗糙度小的模锻件,还应在压力机上进行精压。精压分为平面精压和体积精压两种。

4. 选择锻造设备

锤上模锻的设备有蒸汽-空气锤、高速锤等。

5. 确定锻造温度范围

模锻件的生产也在一定温度范围内进行,与自由锻造生产相似。

3.1.3 模锻件结构的工艺性

由于模锻件是在锻模模腔中最终成形的,模锻件的成形条件比自由锻件优越,因此,模锻件的形状可以比自由锻件复杂。例如,模锻件上可以允许有圆锥面、空间相贯曲线、合理的台阶、工字形截面等轮廓形状。但是模锻件的结构仍然受到模锻设备和工艺特点的限制,设计时应遵循以下几条原则:

（1）必须保证模锻件能从模腔中取出。为此,须有一个合理的分模面,使敷料最少、锻模制造容易。

（2）模锻件形状应力求简单。模锻虽能比自由锻制出更为复杂的零件,但为使金属容易充满模腔和减少工序,零件的外形仍需力求简单、平直、对称。应避免零件截面间差别过大或具有薄壁、高肋、凸起等难以采用模锻成形的结构。如图 3-3-16 所示的锻件,其最小截面与最大截面之比如果小于 0.5,就不宜采用模锻。此外,该零件的凸缘凸起太薄、太高,中间凹下很深,也是不适宜的。又如图 3-3-17 所示的零件,很扁很薄,锻造时薄的部分不易锻出。再如图 3-3-18(a)所示的零件上有一个高而薄的凸缘,使锻模的制造和锻件的取出都较困难,如改为图 3-3-18(b)所示的形状,对零件的功用没有影响,但锻造却非常方便。

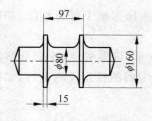

图 3-3-16　模锻件结构

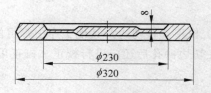

图 3-3-17　薄壁零件

（3）由于模锻件尺寸精度高、表面粗糙度小,因此,零件上只有与其他机件配合的表面才需要进行机械加工,其他表面应设计为非加工表面。零件上与锤击方向平行的非加工表面应设计出斜度,非加工表面所形成的角应按圆角设计。如果锻件的圆角半径过小,或坯料的温度不够,有可能在锻件上产生折叠现象,如图 3-3-19 所示。

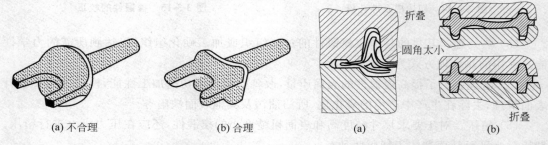

(a) 不合理　　　　　　　(b) 合理

图 3-3-18　凸缘模锻件结构设计

图 3-3-19　模锻件设计不合理产生折叠

（4）在零件结构允许的情况下,应尽量避免设计有深孔或多孔的结构。如图 3-3-20 所示,零件上 4 个 $\phi20\text{mm}$ 的孔就不能直接锻出,只能用机械加工成形。

（5）采用组合工艺。在可能的条件下,可将复杂的锻件设计成锻—焊组合的工件,以减少敷料,简化模锻工艺,如图 3-3-21 所示。

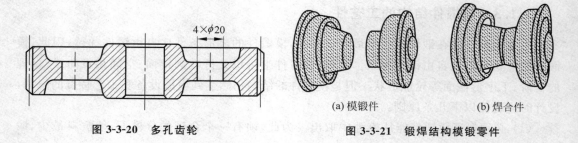

图 3-3-20　多孔齿轮

(a) 模锻件　　　　(b) 焊合件

图 3-3-21　锻焊结构模锻零件

3.2　胎模锻

　　胎模锻是在自由锻设备上使用可移动模具生产模锻件的一种方法,胎模不固定在锤头或砧座上,只是在使用时才放上去。胎模锻介于自由锻和模锻之间,在中小企业应用广泛。

　　胎模成形工艺灵活,既可制坯,又可成形;既可整体成形,也可局部变形;不但能锻造形状简单的锻件,也可成形较为复杂形状的锻件。因此,胎模的结构既简单又变化多样。但胎模易损坏,且较其他模锻方法生产的锻件精度低,劳动强度大,故胎模锻造只适用于没有模锻设备的中小型工厂生产中、小批锻件。

3.2.1　胎模的种类

胎模按用途主要分为制坯整形模、成形模和切边冲孔模三大类。

胎模按其结构分为扣模、套筒模(简称筒模)和复合模(简称合模)三种,如图 3-3-22 所示。

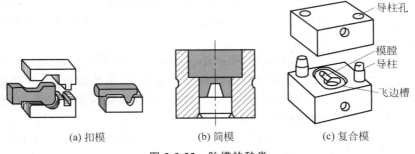

(a) 扣模　　　　　　　(b) 筒模　　　　　　　(c) 复合模

图 3-3-22　胎模的种类

扣模是一种开式胎模,没有上模,坯料放入模膛后不转动,由锻锤的锤头直接锤击坯料,使金属充满模膛。扣模用来对坯料进行全部或局部扣形,生产长杆非回转体锻件。筒模呈圆筒形,主要用于锻造齿轮、法兰盘等回转体盘类锻件。合模由上、下模组成,并用导柱或导销定位,用于生产形状较复杂的非回转体锻件,如连杆、叉形件等锻件。

3.2.2　胎模锻的工艺举例

锥齿轮坯的胎模锻过程如图 3-3-23 所示。其中,图(a)为锥齿轮坯锻件。模锻时,下模放在下砧上,把加热好的坯料放入下模的模膛中,如图(b)所示。然后如图(c)所示将上模合上。锤击上模,使金属坯料充满模膛,如图(d)所示,便获得锥齿轮坯锻件。

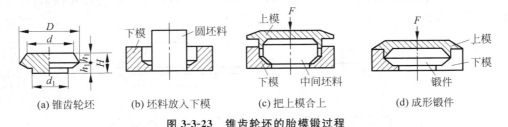

(a) 锥齿轮坯　　　(b) 坯料放入下模　　　(c) 把上模合上　　　(d) 成形锻件

图 3-3-23　锥齿轮坯的胎模锻过程

3.3　压力机上模锻

锤上模锻具有工艺适应性广的特点,目前仍在锻压生产中得到广泛的应用。但是,锤上模锻在生产过程中有振动和噪声大、劳动条件差、蒸汽效率低、能源消耗多等难以克服的缺点。因此,近年来大吨位模锻锤有逐步被压力机所代替的趋势。

用于模锻生产的压力机有:曲柄压力机、摩擦压力机、平锻机等。在这里仅介绍曲柄压力机上模锻。

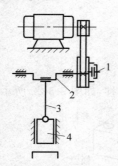

图 3-3-24　曲柄压力机传动图

1—离合器；2—曲柄；
3—连杆；4—滑块

曲柄压力机的传动系统如图 3-3-24 所示。曲柄连杆机构运动由离合器 1 控制，使曲柄 2 旋转，然后再通过连杆 3 将曲柄的旋转运动转换成滑块 4 的上、下往复运动，从而实现对毛坯的锻造加工。

曲柄压力机的吨位一般为 2000～12000kN。

曲柄压力机上模锻的特点如下：

（1）精度高。滑块的行程由曲柄尺寸决定。另外，滑块与导轨的间隙小，装配精度高。因此锻件的精度要比锤上模锻件的精度高。

（2）振动、噪声小。曲柄压力机作用于金属上的变形力是静压力，且变形抗力由机架本身承受，不传给地基，因此曲柄压力机工作时振动、噪声小。另外，坯料的变形速度较低，有利于成形低塑性材料，如耐热合金和镁合金等。

（3）生产率高。滑块运动精度高，并设有上、下顶出装置，能使锻件自动脱模，便于实现机械化和自动化。

但是，曲柄压力机上模锻的滑块行程和压力不能随意调节，不宜进行拔长、滚挤等操作，而且设备构造复杂，造价高，只适于大批量生产，目前中国仅一些大型工厂中采用，如汽车、机车、拖拉机等厂采用。

曲柄压力机的工艺特点决定了采用这种机器进行模锻时应注意以下问题：

（1）因曲柄压力机的滑块行程一定，不论在什么模膛中都是一次成形，这使得毛坯表面形成的氧化皮不易被吹掉而压入到锻件表面上，影响锻件质量。要解决这一问题，可以在电加热后清除氧化皮来提高锻件质量。

（2）由于是一次成形，金属变形量过大，不易使金属填满终锻模膛。因此，变形应该逐步进行，终锻前应采用预成形及预锻等。如图 3-3-25 所示，左半图为毛坯变形过程，图（a）为预成形，图（b）为预锻，图（c）为终锻，图（d）为切除飞边和冲孔连皮后的齿轮模锻件；右半图为相对应的模膛。

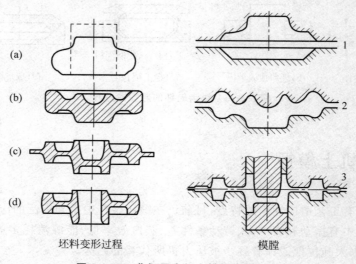

坯料变形过程　　　　　模膛

图 3-3-25　曲柄压力机上模锻齿轮工序

曲柄压力机上模锻的零件,其结构工艺性基本上与锤上模锻相同。

3.4　常用锻造方法比较

常用锻造方法的综合比较见表 3-3-1。

表 3-3-1　常用锻造方法的比较

锻造方法		使用设备	适用范围	生产率	锻件精度及表面质量	模具特点	模具寿命	劳动条件	对环境影响
自由锻		空气锤 蒸汽-空气锤 水压机	小型锻件,单件小批生产 中型锻件,单件小批生产 大型锻件,单件小批生产	低	低	采用通用工具,无须专用模具	—	差	振动和噪声大
模锻	锤上模锻	蒸汽-空气模锻锤 无砧座锤	中小型锻件,大批量生产,适合锻造各种类型模锻件	高	中	锻模固定在锤头和砧座上,模膛复杂,造价高	中	差	振动和噪声大
	曲柄压力机上模锻	热模锻曲柄压力机	中小型锻件,大批量生产。不宜进行拔长和滚压工序	高	高	组合模,有导柱、导套和顶出装置	较高	好	较小
	摩擦螺旋压力机上模锻	摩擦螺旋压力机	小型锻件,中批生产。可进行精密模锻	较高	较高	一般为单膛锻模	中	好	较小
	胎模锻	空气锤 蒸汽-空气锤	中小型锻件、中小批生产	较高	中	模具简单,且不固定设备上,更换方便	较低	差	振动和噪声大

复习思考题

3-3-1　如何确定分模面的位置?

3-3-2　为什么模锻生产中不能直接锻出通孔?

3-3-3　为什么胎模锻造可以锻造出形状较为复杂的锻件?

3-3-4　图 3-3-26 所示的零件采用锤上模锻制造,请选择最合适的分模面位置。

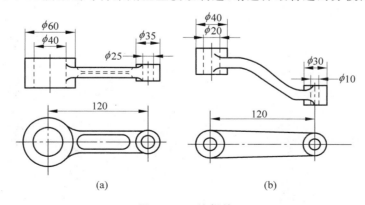

(a)　　　　　　　　　　　　(b)

图 3-3-26　连杆件

3-3-5 改正图 3-3-27 所示的模锻锻件结构的不合理处,并示意画出其改正后的齿轮坯模锻件图。

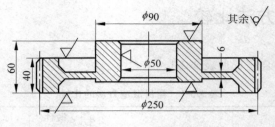

图 3-3-27 齿轮锻件

3-3-6 图 3-3-28 所示的零件若批量分别为单件、小批、大批量生产时,应选用哪种方法制造？请画出各种方法所需的锻件图。

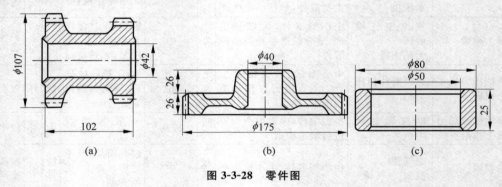

图 3-3-28 零件图

冲　压

4.1　概述

冲压是使板料经分离或成形而获得制件的工艺统称。厚度小于 4mm 的金属薄板通常是在常温下冲压,所以又称为冷冲压。只有当板料厚度超过 10mm 时,才采用热冲压。

冲压具有以下特点:

(1) 可以冲压出形状复杂的零件,且废料较少。

(2) 冲压件具有足够高的精度和较低的表面粗糙度值,且强度和刚度都较高。冲压件的互换性较好,冲压后一般不需机械加工。

(3) 冲压操作简单,工艺过程便于机械化和自动化,生产率高,故零件成本低。

但冲模制造复杂,成本高,只有在大批量生产条件下,其优越性才显得突出。

冲压所用原材料,特别是制造中空杯状和环状等成品时,必须具有足够的塑性,如采用低碳钢、铜合金、铝合金、镁合金及塑性好的合金钢等。

冲压生产中常用的设备是剪床(见图 3-4-1)和冲床(见图 3-4-2)。剪床用来把板料剪切成一定宽度的条料,以供下一步冲压工序用。冲床用来实现冲压工序,以制成所需形状和尺寸的零件。常用的冲床为各类压力机,按其床身结构不同,有开式和闭式两类冲床;按其传动方式不同,有机械式冲床与液压机式冲床两大类。

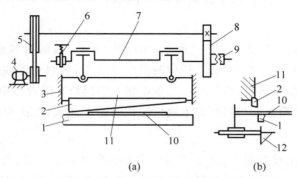

(a)　　　　　　　　　　(b)

图 3-4-1　剪床工作原理示意图

1—下刀刃;2—上刀刃;3—导轨;4—电动机;5—带轮;6—制动器;7—曲轴;

8—齿轮;9—离合器;10—板料;11—滑块;12—工作台

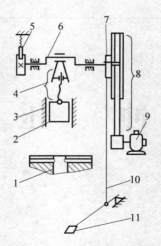

图 3-4-2　冲床原理示意图

1—工作台；2—滑块；3—导轨；4—连杆；5—制动器；6—曲轴；
7—离合器；8—带传动；9—电动机；10—拉杆；11—踏板

冲压的基本工序可分为两大类，即分离工序和变形工序。

4.2　分离工序

分离工序是使毛坯的一部分与另一部分相互分离的工序，如落料、冲孔、切断等。冲裁是落料和冲孔工序的统称。落料、冲孔所用的冲模结构及板料的变形过程均相同，但其冲裁目的不同。落料是为了制取工件的外形，故冲下的部分为工件，带孔的部分为废料；冲孔则相反，是要制取工件的内孔，故冲下的部分为废料，带孔的部分为工件。比如垫圈的制造工艺，由落料和冲孔两道工序完成。

4.2.1　冲裁变形和分离过程

此过程分弹性变形、塑性变形、断裂分离三个阶段。

1. 弹性变形阶段

板料的弹性变形阶段如图 3-4-3(a)所示，为凸模（冲头）接触板料后继续向下运动的初始阶段。此阶段使板料产生弹性压缩、拉伸与弯曲等变形，板料中的应力迅速增大，达到弹性极限。此时冲头略挤入板料，板料另一侧也略挤入凹模口。随着凸模的继续压入，凸模周围的板料略有弯曲，凹模上的板料则向上翘。冲裁间隙 Z 越大，弯曲和上翘越明显。

2. 塑性变形阶段

板料的塑性变形阶段如图 3-4-3(b)所示，冲头继续向下运动，压力增加，板料中的应力值达到屈服极限时，进入塑性变形阶段。随着冲头的挤入，塑性变形程度逐渐增大，位于凸、凹模刃口处的板料硬化加剧，出现微裂纹。此阶段除剪切变形外，还存在弯曲和拉伸变形。冲裁间隙 Z 越大，弯曲和拉伸也越大。

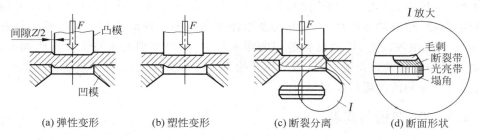

图 3-4-3　冲裁变形和分离过程

3. 断裂分离阶段

板料的断裂分离阶段如图 3-4-3(c)所示,冲头继续向下运动,已形成的上、下微裂纹逐渐扩展,当上、下裂纹相遇重合时,板料被剪断分离。

板料分离后所形成的断口区域包括:塌角(圆角带)、光亮带、断裂带和毛刺 4 部分,如图 3-4-3(d)所示。其中光亮带尺寸准确,表面质量最好,断口其余部分的表面质量下降。

冲裁件断面质量的优劣与冲模间隙、刃口锋利程度和材料排样方式密切相关。为了顺利完成冲裁过程,保证冲裁件的断面质量,要求凸模、凹模具有锋利的刃口以及合理的模具间隙。间隙过大或过小,均会影响冲裁件断面质量,甚至损坏冲模。

4.2.2　冲裁件的断面质量及其影响因素

冲裁件正常的断面特征如图 3-4-4 所示,它由圆角带 1、光亮带 2、断裂带 3 和毛刺 4 四个特征区组成。

1. 圆角带

该区域的形成主要是当凸模刃口刚压入板料时,刃口附近的材料产生弯曲和伸长变形,材料被带进模具间隙的结果。

2. 光亮带

该区域发生在塑性变形阶段,当刃口切入金属板料后,板料与模具侧面挤压而形成光亮垂直的断面。它通常占全断面的 1/3～1/2。

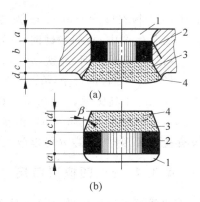

图 3-4-4　冲裁件正常的断面特征
1—圆角带;2—光亮带;
3—断裂带;4—毛刺

3. 断裂带

该区域在断裂分离阶段形成,是由刃口处产生的微裂纹在拉应力的作用下不断扩展而形成的。断裂面的断面粗糙,具有金属本色,且带有斜度。

4. 毛刺

毛刺的形成是由于在塑性变形阶段后期,凸模和凹模的刃口切入被加工板料一定深度时,刃口正面材料被压缩,刃尖部分是高压应力状态,使微裂纹的起点不会在刃尖处发生,而是在模具侧面距刃尖不远的地方发生,在拉应力的作用下,裂纹加长,材料断裂而产生毛刺。在普通冲裁中毛刺是不可避免的。

四个特征区中,光亮带剪切面的质量最佳。各个部分在整个断面上所占的比例,随着材料的性能、厚度、模具冲裁间隙、刃口状态及摩擦等条件的不同而变化。对于塑性较好的材料,冲裁时裂纹出现较迟,因而材料剪切的深度较大,所以得到的光亮带所占比例大、圆角大、断裂带较窄。而塑性差的材料,当剪切开始不久材料便被拉裂,光亮带所占比例小、圆角小且大部分是有斜度的粗糙断裂带。

4.2.3 凸、凹模的间隙

凸、凹模的间隙不仅严重影响冲裁剪断面质量,也影响着模具寿命、卸料力、推件力、冲裁力和冲裁件的尺寸精度。

间隙过大,凸模刃口附近的剪裂纹较正常间隙时向里错开一段距离,难以与凹模刃口附近的裂纹汇合,裂纹间的材料产生第二次拉裂,冲裁件边缘粗糙。间隙过小时,凸模刃口附近的剪裂纹较正常间隙时向外错开一段距离,上、下裂纹也不能很好重合,上、下裂纹间的材料随凸模继续下压产生第二次剪切,出现第二光亮带。只有间隙值控制在合理范围内,上、下裂纹才能重合于一线,冲裁件断口质量才较好。

间隙的大小也影响模具的寿命。间隙越小,摩擦越严重,模具的寿命越短。间隙对卸料力、推件力也有明显的影响。间隙越大,卸料力、推件力越小。

因此,正确合理地选用间隙值对冲裁生产至关重要。当冲裁件断面质量要求较高时,应选取较小的间隙值。对冲裁件断面质量无严格要求时,应尽可能加大间隙,以利于提高冲模寿命。

单边间隙(c)的合理数值可按下述经验公式计算:

$$c = m\delta$$

式中,δ 为板料厚度(mm);m 为与板料性能及厚度有关的系数。

实际生产中,板料较薄时,m 可以选用如下数据:

(1) 对于低碳钢、纯铁,$m = 0.06 \sim 0.09$;

(2) 对于铜、铝合金,$m = 0.06 \sim 0.1$;

(3) 对于高碳钢,$m = 0.08 \sim 0.12$。

当板料厚度 $\delta > 3$mm 时,由于冲裁力较大,应适当把系数 m 放大。对冲裁件断面质量没有特殊要求时,系数 δ 可以放大 1.5 倍。

4.2.4 凸、凹模刃口尺寸的确定

冲裁模刃口尺寸的计算直接关系到模具间隙和冲裁件的尺寸精度,是模具设计中最重要的尺寸。刃口尺寸计算的原则如下:

(1) 落料时,落料件的尺寸是由凹模刃口尺寸决定的,因此,应以落料凹模为设计基准。考虑到凹模磨损后会使落料件尺寸增大,为提高模具使用寿命,凹模刃口的基本尺寸应接近于落料件的最小极限尺寸。而凸模的基本尺寸则等于凹模刃口的基本尺寸减去一个最小合理间隙值。

(2) 冲孔时,冲孔件的尺寸是由凸模刃口尺寸决定的,因此,应以冲孔凸模为设计基准。使用过程中,通常由于磨损会使冲孔件尺寸减小,故凸模刃口的基本尺寸应接近冲孔件的最大极限尺寸。而冲孔凹模的基本尺寸应等于凸模的基本尺寸加上一个最小合理间隙值。

4.2.5 冲裁力的计算

冲裁时材料对凸模的最大抗力称为冲裁力,它是合理选用冲压设备和检验模具强度的一个重要依据,其大小与材质、料厚及冲裁件周边长度有关。平刃冲模冲裁力的计算公式为

$$F_{冲} = kL\delta\tau_0 \quad 或 \quad F_{冲} \approx L\delta\sigma_b$$

式中,$F_{冲}$为冲裁力(N);L为冲裁件周边长度(mm);k为系数,取常数=1.3;δ为板料厚度(mm);τ_0为材料的拉剪强度(MPa);σ_b为材料的抗拉强度(MPa)。

4.2.6 冲裁件的排样

排样是指冲裁件在条料或带料上的布置方法。合理排样可使废料最少,材料利用率高。图 3-4-5 所示为同一个冲裁件采用 4 种不同排样方式时材料消耗的对比情况。

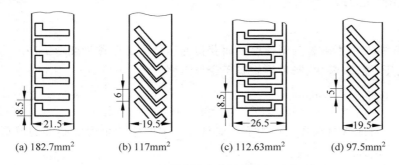

(a) 182.7mm²   (b) 117mm²   (c) 112.63mm²   (d) 97.5mm²

图 3-4-5　不同排样方式材料消耗对比

有搭边排样是在各个落料件之间均留有一定尺寸的搭边(如图 3-4-5(a)、(b)、(c)所示)。其优点是毛刺小,而且是在同一个平面上,冲裁件尺寸精确,质量较高,但材料消耗多。

无搭边排样是利用落料件形状的一个边作为另一个落料件的边缘(如图 3-4-5(d)所示)。这种排样的材料利用率很高,但毛刺不在同一个平面上,而且尺寸不容易准确,因此只用于对冲裁件质量要求不高的场合。

4.2.7 修整

修整是利用修整模沿冲裁件外缘或内孔刮削一薄层金属,如图 3-4-6 所示,以切掉冲裁件上的剪裂带和毛刺,从而提高冲裁件的尺寸精度(可达 IT6～IT7),降低表面粗糙度数值(Ra 可达 $0.8～1.6\mu m$)。修整冲裁件的外形称为外缘修整,修整冲裁件的内孔称为内孔修整。

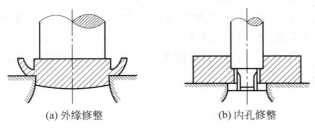

(a) 外缘修整   (b) 内孔修整

图 3-4-6　修整工序

　　修整的机理与冲裁完全不同,而与切削加工相似。对于大间隙冲裁件,单边修整量一般为板料厚度的10%;对于小间隙冲裁件,单边修整量在板料厚度的8%以下。当冲裁件的修整总量大于一次修整量时,或板料厚度大于3mm时,均需多次修整。

　　外缘修整模的凸、凹模间隙,单边取0.001~0.01mm。也可以采取负间隙修整,即凸模刃口尺寸大于凹模刃口尺寸的修整工艺。

4.2.8　切断

　　切断是指用剪刃或冲模将板料沿不封闭轮廓进行分离的工序。

　　剪刀安装在剪床上,它把大板料剪成一定宽度的条料,供下一步冲压工序用。而冲模是安装在冲床上,用以制取形状简单、精度要求不高的平板件。

4.3　变形工序

　　使冲压坯料产生不破裂的塑性变形而获得冲压件的工序称为变形工序。弯曲、拉深、翻边与翻孔、旋压、缩口、起伏、胀形等均属于变形工序。

4.3.1　弯曲

　　将板料、型材或管材在弯矩作用下弯成具有一定曲率和角度的制件的成形方法称为弯曲,如图3-4-7所示。

　　弯曲的材料可以是板料、型材,也可以是棒料、管材。弯曲工序除了使用模具在普通压力机上进行外,还可以使用其他专门的弯曲设备进行,例如在专用弯曲机上进行折弯或滚弯,在拉弯设备上进行拉弯等。各种常见弯曲件如图3-4-8所示。

　　由于材料的弹性,弯曲时应考虑弹性变形的影响。为了获得准确的弯曲形状,设计、制造弯曲模时,凸、凹模要比所弯的角度小一回弹角。

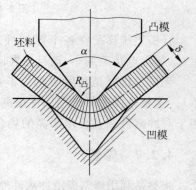

图 3-4-7　弯曲过程

　　弯曲件设计时还必须考虑弯曲半径问题,过小的弯曲半径弯曲时会出现裂纹。弯曲变形时,金属板料的外层受拉,变形程度较大,易被拉裂。最小弯曲半径与坯料厚度及弯曲角度有关,生产中常用最小相对弯曲半径 r_{min}/δ(δ为板料厚度)来限制弯曲时的变形程度。塑性好的金属材料、金属的流线方向与弯曲线垂直时(如图3-4-9(a)所示),r_{min}/δ的取值可小些,如冷轧低碳钢板的取值为0.4~0.5。若截取坯料不当,使弯曲线与流线平行(如图3-4-9(b)所示),其 r_{min}/δ 的取值应大一倍左右。为了防止拉裂,弯曲凸模、凹模的工作部分均应做成圆角。

4.3.2　拉深

　　变形区在一拉一压的应力状态作用下,使平板料(或浅的空心坯)成形为开口的空心件

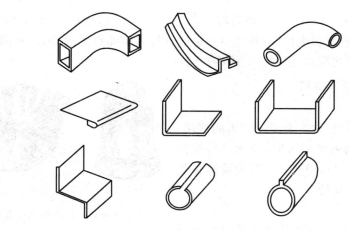

图 3-4-8 各种常见弯曲件

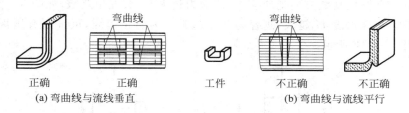

(a) 弯曲线与流线垂直 　　　　　　　(b) 弯曲线与流线平行

图 3-4-9 弯曲线方向与金属流线的关系

（深的空心件）而厚度基本不变的加工方法称为拉深,也称为拉延。

1. 拉深过程

拉深是将板料变形为中空形状零件的工序,可以生产筒形、锥形、球形、方盒形以及其他非规则形状的中空零件。

拉深过程如图 3-4-10(a)所示,在凸模作用下,坯料被拉入凸模和凹模的间隙中,形成中空零件。凸模圆角部位承受筒壁传递的拉应力,材料变薄,容易在此处拉裂。为防止拉裂,拉深模具的凸、凹模必须具有一定的圆角,圆角半径 $R=(5\sim10)\delta$,且模具单边间隙 c 应稍

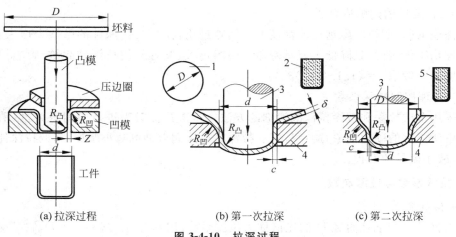

(a) 拉深过程 　　　　(b) 第一次拉深 　　　　(c) 第二次拉深

图 3-4-10 拉深过程

1—坯料;2—第一次拉深成品,即第二次拉深的坯料;3—凸模;4—凹模;5—成品

大于板厚 δ，一般 $c=(1.1\sim1.2)\delta$。当筒形件直径 d 与坯料直径 D 相差较大时，不能一次拉深至产品尺寸，而应进行多次拉深，并在中间穿插进行再结晶退火处理，以消除前几次拉深变形所产生的加工硬化现象（见图 3-4-10（b）、（c））。

2. 拉深缺陷及预防措施

1）拉裂

在拉深过程中，拉深件主要受拉应力的作用。当拉应力超过材料的强度极限时，拉深件将被拉裂形成废品，如图 3-4-11（a）所示。最危险部位是直壁与底部的过渡圆角处。

(a) 拉裂　　(b) 起皱

图 3-4-11　拉深件的拉裂与起皱

2）起皱

在拉深过程中，其凸缘和凸模圆角部位变形最大，凸缘部分在圆周切线方向受压应力，压应力过大时，会发生起皱，如图 3-4-11（b）所示。坯料厚度越小，拉深深度 H 越大，越容易产生起皱。为防止起皱，可采用有压板（或加压边圈）拉深，如图 3-4-12 所示。

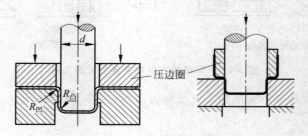

图 3-4-12　压边圈的应用

3）预防拉裂的措施

（1）凸、凹模的圆角半径应合适

拉深模的工作部分不能是锋利的刃口，必须做成一定的圆角。圆角半径过小时，则容易将板料拉穿。对于钢拉深件，取 $R_凹=10\delta$，$R_凸=(0.6\sim1)R_凹$。

（2）凸、凹模的间隙应合适

拉深模的凸、凹模间隙远比冲裁模大。间隙过小，模具与拉深件的摩擦力增大，易拉穿工件和擦伤工件表面，且降低了模具寿命。间隙过大，又容易使拉深件起皱，影响拉深件的尺寸精度。一般取 $c=(1.1\sim1.2)\delta$。

（3）合理控制拉深系数

可采用多次拉深和敷涂拉深润滑剂的方法。多次拉深时需进行中间退火，以消除前几次拉深中所产生的硬化现象，避免拉裂。拉深时敷涂润滑剂可减小摩擦，降低拉深件壁部的拉应力，减小模具的磨损。

3. 拉深系数与拉深次数

（1）拉深系数

拉深直径 d 与毛坯直径 D 的比值称为拉深系数，用 m 表示，即 $m=d/D$，它是衡量拉深变形程度的指标。拉深系数越小，表明拉深件直径越小，变形程度越大，坯料被拉入凹模越困难,越易产生拉穿成为废品。拉深时,若拉深系数取得过小,就会使拉深件起皱、断裂或严重变薄超差。

影响拉深系数的因素很多:材料的塑性好,变形时不易出现缩颈,m 可小些;毛坯相对厚度 δ/D 大,抵抗失稳和起皱的能力大,m 可小些;凸、凹的圆角半径和间隙合适($c=(1.1\sim1.2)\delta$),合理的压边力和良好的润滑条件,有利于减小 m。生产中希望采用较小的拉深系数以减少拉深次数,简化拉深工艺。一般情况下,拉深系数 m 不小于 $0.5\sim0.8$,坯料塑性差取上限,坯料塑性好取下限。

(2)拉深次数

有些深腔拉伸件(如弹壳、笔帽等)由于拉深系数过小,不能一次拉深成形,则可采用多次拉深工艺,如图 3-4-13 所示。

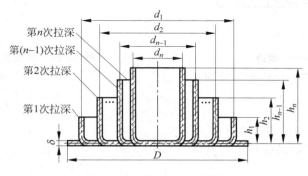

图 3-4-13　拉深工序示意图

此时,各道工序的拉深系数依次为:

$$m_1 = \frac{d_1}{D}, \quad m_2 = \frac{d_2}{d_1}, \quad \cdots, \quad m_n = \frac{d_n}{d_{n-1}}$$

总拉深系数 $m_{总}$ 表示从毛坯 D 拉深至 d_n 的总的变形量,即

$$m_{总} = m_1 m_2 \cdots m_n = \frac{d_n}{D}$$

当 $m_{总} > m_1$ 时,则该零件只需一次拉深;否则需进行多次拉深。

必须指出,在多次拉深过程中容易产生加工硬化,使后续的拉深过程变得困难。因此连续拉深次数不宜太多,如低碳钢或铝拉深不多于 $4\sim5$ 次,否则工件因加工硬化,塑性下降,易导致拉裂。为了保证坯料具有足够的塑性,在一两次拉深后,应安排工序间的退火处理。其次,在多次拉深中,拉深系数应一次比一次略大一些,以保证拉深件的质量,使生产顺利进行。

4.3.3　翻边

将坯料孔的边缘翻起一定高度的成形方法称为翻边。翻孔是翻边的一种特殊形式,即在预先制好孔的半成品上冲制出竖直边缘的成形工序,如图 3-4-14 所示。

4.3.4　旋压

旋压成形必须有专门的旋压机,旋压机的工作原理如图 3-4-15 所示。顶块将坯料压紧在模具上,机床主轴带动模具和坯料一起旋转,擀棒加压于坯料反复擀碾,于是由点到线,由线到面,使坯料逐渐贴于模具上而成形。

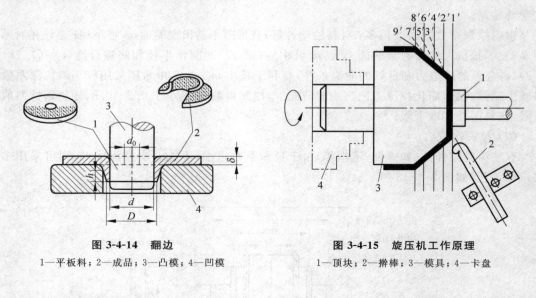

图 3-4-14　翻边
1—平板料;2—成品;3—凸模;4—凹模

图 3-4-15　旋压机工作原理
1—顶块;2—擀棒;3—模具;4—卡盘

4.3.5　缩口

缩口是减小拉深制品孔口边缘直径的工序,如图 3-4-16 所示。

4.3.6　起伏

起伏是对坯料进行较浅的变形,是在板坯或制品表面上形成局部凹下与凸起的成形方法,常用于冲压加强筋和花纹等,如图 3-4-17(a)所示。形成起伏的凸模一般为金属模具,但对于较薄板坯可采用橡皮成形,以免开裂,如图 3-4-17(b)所示。

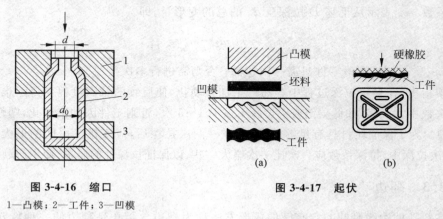

图 3-4-16　缩口
1—凸模;2—工件;3—凹模

图 3-4-17　起伏

4.3.7　胀形(橡胶成形)

胀形是利用弹性物质作为成形凸模,板料在胀形的作用下受到扩张,沿凹模成形的方法。如图 3-4-18 所示,将橡胶凸模置于已拉深的坯件中,在压力下冲头迫使橡胶凸模膨胀而达到坯料成形的目的。

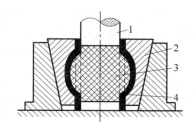

图 3-4-18　橡胶成形

1—凸模；2—分块凹模；3—硬橡胶；4—工件

4.4　冲压件结构设计要求

冲压件的设计不仅应保证它具有良好的使用性能，而且应具有良好的结构工艺性。结构工艺性好的冲压件，生产时可以减少材料的消耗，延长冲压模具的使用寿命，提高生产率，降低生产成本及保证冲压件的质量。

提高冲压件的结构工艺性应该从以下几个方面考虑。

（1）对于冲裁件孔形设计要力求简单、对称，尽可能采用圆形、矩形等规则形状，应避免如图 3-4-19 所示的窄而长的结构，以利于提高冲裁模的使用寿命。冲裁件的直边与直边（或直边与曲边）交接处应采用圆弧过渡连接，以避免尖角处因应力集中而被冲模冲裂，也可以避免模具因尖角处应力集中而导致模具损坏。

图 3-4-19　不合理的落料件外形

（2）复杂形状的冲压件可分成几个简单的冲压件冲制，然后再焊成所需的零件，如图 3-4-20(a)所示。

（3）对于弯曲件，形状应尽可能对称，弯曲半径不能小于材料许可的最小弯曲半径，并要考虑材料的纤维方向，以免开裂；弯曲边不能过短，否则难以弯成，弯曲边高应大于板厚的 2 倍；弯曲时如有孔，为防止孔边变形，零件垂直壁到孔中心线的距离 K 应大于$(r+d)/2$，如图 3-4-20(b)所示。

（4）为了得到质量良好的冲压件及改善冲模的工作条件，一般能冲的最小孔径为$(0.7\sim1)\delta$；孔间距、孔边距要大于板厚；拉深件上的孔与弯曲一样，要满足零件垂直壁到孔中心线的距离 K 大于$(r+d)/2$，以防止拉深时孔边变形，如图 3-4-20(b)和(c)所示；拉深件筒壁高最好小于筒径的 0.7 倍，以便一次成形。

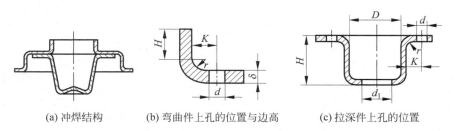

(a) 冲焊结构　　　(b) 弯曲件上孔的位置与边高　　　(c) 拉深件上孔的位置

图 3-4-20　冲压件结构设计举例

（5）冲压件的表面质量取决于原材料的表面质量，且对冲压件的精度要求不应超过冲压方法本身能达到的经济精度等级。一般冲裁件的经济精度等级为：落料不超过 IT10，冲孔件不超过 IT9，弯曲件为 IT9～IT10 级，拉深件为 IT8～IT10 级。过高的要求需增加其他加工工序。

复习思考题

3-4-1　冲压主要工序有哪些？

3-4-2　板料冲压生产有何特点？应用范围如何？

3-4-3　材料的回弹现象对冲压生产有什么影响？

3-4-4　工件拉深时为什么会起皱？为什么会拉穿？可采取什么措施来解决上述质量问题？

3-4-5　用 $\phi50$ 的冲孔模具来生产 $\phi50$ 的落料件，能否保证落料的精度？为什么？

3-4-6　用 $\phi250mm \times 1.5mm$ 的坯料能否一次拉深成 $\phi50mm$ 拉深件？如果不能，应采取哪些措施才能保证正常生产？

3-4-7　比较落料和拉深所用凸、凹模结构及间隙有何不同？为什么？

第5章

其他塑性成形工艺方法

随着工业的不断发展,人们对塑性加工生产提出了越来越高的要求,不仅要生产出各种毛坯,而且还要直接生产出各种形状复杂的零件。因此,其他塑性成形加工方法在生产实践中也得到了迅速发展和广泛的应用,如轧制成形、挤压、拉拔等。

5.1 轧制

如图 3-5-1 所示,金属坯料在回转轧辊的孔隙中,靠摩擦力作用,连续进入轧辊而产生塑性变形的加工方法,称为轧制。

轧制除了生产板材、无缝管材(见图 3-5-2)和图 3-5-3 中所示型材外,现已广泛用来生产各种零件。它具有生产率高、质量好、节约材料、成本低和力学性能好等优点。

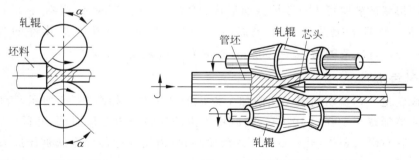

图 3-5-1 轧制示意图　　　　图 3-5-2 无缝钢管轧制示意图

常用的零件轧制方法有以下几种。

1. 辊锻

辊锻是将轧制工艺应用到锻造生产中的一种新工艺。它是使坯料通过装有扇形模块的一对旋转的轧辊时受碾压而产生塑性变形的加工方法。如图 3-5-4 所示,当扇形模块分开时,将加热的坯料送至挡块处;轧辊转动,将坯料夹紧并压制成形。

辊锻既可作为模锻前的制坯工序,也可直接辊锻锻件,如扳手、链环、连杆、刺刀和叶片等。叶片辊锻工艺和铣削工艺相比,材料利用率提高了 4 倍,生产率提高了 2.5 倍,而且质量也提高了。

2. 碾环轧制

碾环轧制又称扩孔,是用来扩大环形坯料的内、外径,以获得各种环状零件的加工方法。如图 3-5-5 所示,加热后的坯料套在芯辊上,在摩擦力作用下,碾压辊带动坯料和芯辊一起旋转。随着碾压辊下压,坯料内、外径不断扩大,壁厚减薄。导向辊迫使坯料保持圆形,并使其旋转平稳。当坯料的外圈与信号辊接触时,信号辊先发出精辗信号,然后发出停辗信号。

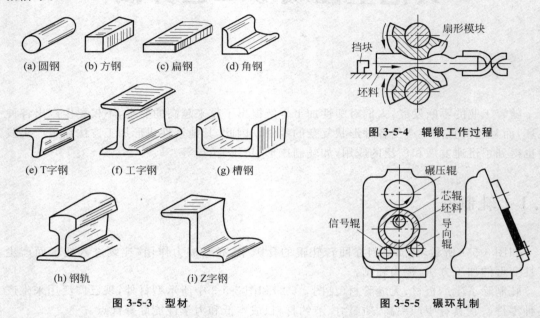

(a) 圆钢　(b) 方钢　(c) 扁钢　(d) 角钢

(e) T字钢　(f) 工字钢　(g) 槽钢

(h) 钢轨　(i) Z字钢

图 3-5-3　型材

图 3-5-4　辊锻工作过程

图 3-5-5　碾环轧制

用不同形状的轧辊可生产不同截面形状的环形件,如火车轮箍、齿圈、轴承套圈、起重机旋转轮圈等。碾环轧制生产效率很高,广泛用于批量生产中。扩孔件的外径范围为 ϕ(40mm～5m),宽度范围为 20～180mm,质量可达 6t 或更大。

3. 热轧齿轮

热轧齿轮是一种少切削或无切削加工齿形的新工艺。如图 3-5-6 所示,齿轮坯的表层由高频感应器加热至 1000～1050℃,然后将带齿的轧轮与齿轮坯对碾,并同时向齿轮坯作径向进给。在对碾过程中,轧轮逐渐压入齿轮坯料,齿轮坯的部分金属被压成齿底,相邻部

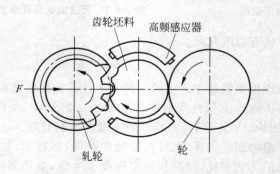

图 3-5-6　热轧齿轮示意图

分金属被反挤而上升形成齿顶。自由转动的轮可碾平齿轮外表面。在半自动热轧齿轮机上可热轧直径为 175～350mm、模数为 10mm 以下的直齿轮、斜齿轮和锥齿轮。齿轮精度为 IT8～IT9 级、齿面粗糙度 Ra 值为 3.2μm。

与锻造和切削加工相比,热轧齿轮生产率高,可节省 18%～40% 的金属材料,齿部金属的流线与齿廓一致,纤维组织完整,因而强度高、寿命长,其耐磨性和疲劳强度可提高 30%～50%。热轧齿轮适于在专业化批量生产条件下采用。精度要求较低的齿轮,热轧后可直接使用(如割草机用齿轮)。但在多数情况下,热轧后还要进行冷精轧或切削加工,如磨齿、剃齿等。

4. 斜轧

斜轧又称螺旋斜轧,它采用两个带有螺旋形槽的轧辊互相交叉成一定角度并作同向旋转,使坯料既绕自身轴线转动又向前进给,与此同时受压变形,获得所需产品。

如图 3-5-7(a)所示,螺旋斜轧钢球是棒料在轧辊间的螺旋形槽里受轧制,并被分离成单个球而制成的。其轧制过程是连续的,轧辊每转一周即可轧制一个钢球。

斜轧还可如图 3-5-7(b)所示,轧制周期变截面型材、冷轧丝杠和自行车后闸壳以及直接热轧出带螺旋线的高速钢滚刀体等。

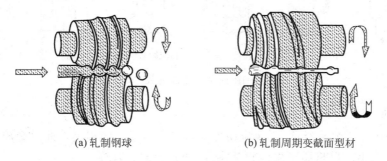

(a) 轧制钢球　　　　　　　(b) 轧制周期变截面型材

图 3-5-7　螺旋斜轧

5.2　挤压

挤压是将金属坯料放在挤压筒内,用强大压力从模孔中挤出使之产生塑性变形的加工方法。

在挤压过程中,金属坯料的截面依照模孔形状减小,而长度增加,从而得到各种形状复杂的等截面型材、毛坯或零件,如图 3-5-8 所示。这种成形方法具有以下特点:

(1) 挤压时金属坯料在三向受压状态下变形,可显著提高塑性。本质塑性好的材料(如纯铁、低碳钢、铝和铜等)和塑性低的合金结构钢、不锈钢都可挤压成形。在一定变形量下,某些高碳钢、轴承钢,甚至高速钢也可挤压。

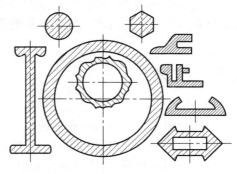

图 3-5-8　挤压产品截面形状

（2）挤压时金属变形量大，可挤压出深孔、薄壁、细杆和异形截面等形状复杂的零件。

（3）挤压件精度高，一般公差等级为 IT6～IT7，粗糙度 Ra 值为 $0.4～3.2\mu m$，可直接用于装配。

（4）强烈的加工硬化和纤维组织连续地沿零件外形分布，提高了挤压件的力学性能。

（5）挤压操作简单，易于实现机械化和自动化，生产率比其他锻压和切削加工提高几倍甚至几十倍，材料利用率可达 $70\%～90\%$，降低了成本。

挤压按金属流动方向和凸模运动方向的关系，可分为以下 4 种。

1. 正挤压

正挤压如图 3-5-9（a）所示，金属从凹模底部的模孔中流出，其方向与凸模的运动方向一致，可得到带有端头的杆类零件（螺钉、圆盘阀等）。若凸模前端有芯杆，如图 3-5-9（b）所示，则可挤压出带有法兰的管类零件。

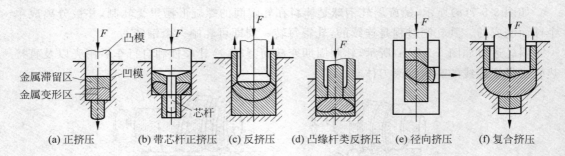

（a）正挤压　（b）带芯杆正挤压　（c）反挤压　（d）凸缘杆类反挤压　（e）径向挤压　（f）复合挤压

图 3-5-9　挤压方式

2. 反挤压

反挤压如图 3-5-9（c）所示，金属流动方向与凸模运动方向相反。此时金属从凸、凹模间的环形间隙中流出。反挤压可生产管类零件，如软管的套管等。

图 3-5-9（d）所示的反挤压法也可挤压出有凸缘的杆类零件，但生产中很少使用。

3. 径向挤压

径向挤压如图 3-5-9（e）所示，金属从凹模侧面的孔中流出。这种方法可挤压三通管、十字接头等零件。为便于取出挤压件，凹模由两个半模组成，即凹模有一个分模面。

4. 复合挤压

复合挤压如图 3-5-9（f）所示，其特点是金属同时向几个方向流动，可同时完成上述几个挤压过程。复合挤压时产生塑性变形的仅仅是坯料中的一部分，而不是全部。

5.3　拉拔

拉拔是将金属坯料从拉拔模的模孔中拉出而变形的加工方法，如图 3-5-10 所示。拉拔一般在冷态下进行，故又称为冷拉。拉拔的原始坯料为轧制或挤压的棒（管）材。

拉拔模用工具钢、硬质合金或金刚石制成，金刚石拉拔模用于拉拔直径小于 0.2mm 的金属丝。

　　拉拔可加工各种钢和有色金属。拉拔产品很多,如直径为 0.002～5mm 的导线和特种型材,如图 3-5-11 所示。拉拔的钢管最大直径达 200mm,最小的不到 1mm,钢棒料直径为 3～150mm。拉拔产品的尺寸精度高(直径为 1～1.6mm 的钢丝,公差只有 0.02mm),表面质量高,而且还可生产薄壁型材。

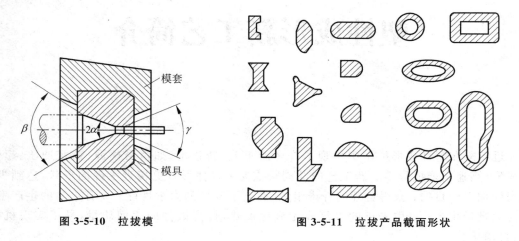

图 3-5-10　拉拔模　　　　　　　　图 3-5-11　拉拔产品截面形状

复习思考题

3-5-1　轧制零件的方法有哪几种? 各有何特点?

3-5-2　挤压零件的生产特点是什么?

3-5-3　拉拔可以加工哪些制品?

第6章

塑性成形新工艺简介

近年来在塑性成形生产中出现了许多新工艺、新技术,如精密模锻、精密冲压、超塑性成形、高速高能成形等。新工艺的共同特点是:锻件形状更接近零件的形状,达到少、无切削加工的目的;获得合理的纤维组织,提高了零件的力学性能;具有更高的生产率,适应大批量生产;采用先进的少氧或无氧化加热,提高锻件的表面质量,易于实现机械化、自动化。

6.1 精密模锻

精密模锻是提高锻件精度和表面质量的一种先进工艺。它能够锻造形状复杂、尺寸精度高的零件,如锥齿轮、叶片等。其主要工艺特点是:

(1) 使用普通的模锻设备进行锻造。一般需采用预(粗)锻和终(精)锻两套锻模,对形状简单的锻件也可用一套锻模。粗锻时应留 0.1~1.2mm 的精锻余量。

(2) 原始坯料尺寸和质量要精确,否则会降低锻件精度和增大尺寸公差。

(3) 精细清理坯料表面,除净氧化皮、脱碳层及其他缺陷。

(4) 采用无氧化或少氧化加热,从而尽量减少坯料表面的氧化皮,为提高锻件精度和减少粗糙度 Ra 值打好基础。

(5) 模锻时要很好地润滑和冷却锻模。

(6) 模具精度对提高锻件精度影响很大。精锻模膛的精度一般要比锻件精度高两级,精锻模要有导柱、导套结构,以保证合模准确。为排除模膛中气体,减小金属的流动阻力,使坯料易充满模膛,在凹模上应开设排气孔。

(7) 公差、余量约为普通锻件的 1/3,Ra 值为 $0.8\sim3.2\mu m$,尺寸精度为 IT12~IT15。

6.2 精密冲裁

精密冲裁(冲压)简称精冲。精冲是在普冲的基础上发展起来的一种精密冲压加工工艺。它虽然与普冲同属于分离工艺,但是包含有特殊工艺参数的加工方法。由它生产的零件也具有不同的质量特征：尺寸公差小、形位精度高、剪切面光洁、表面平整、垂直度和互换性好。

特别是当精冲与冷成形（如弯曲、拉深、翻边、镦压、压扁、半冲孔、挤压和压印等）加工工艺相结合后，凸显了"成形和精冲"加工的优点，尤其是制造三维的多功能件和安全件等非常经济，被广泛应用于各个工业领域——汽车、摩托车、计算机、钟表、纺织、照相机、办公机械、家电和五金等。在汽车工业中，一辆轿车有 $40 \sim 100$ 种零件是用精冲的方法制造的，如齿轮箱、离合器、座椅、空调、安全带、ABS 防爆系统、制动装置和门锁等。

值得注意的是，常说的精冲，不是一般意义上的精冲（如整修、光洁冲裁和高速冲裁等），而是强力压板精冲。强力压板精冲的基本原理为：在专用（三向力）压力机上，借助特殊结构模具，在强力作用下，使材料产生塑性-剪切变形，从而沿凹模刃口形状冲裁零件。

普冲与精冲的区别，在于模具结构和特性参数不同（见图 3-6-1），工艺区别详见表 3-6-1。

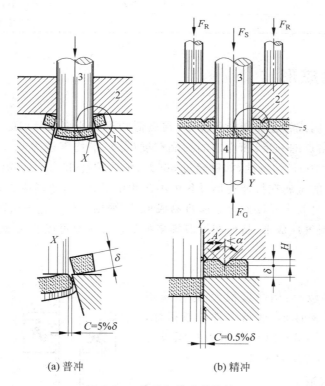

(a) 普冲   (b) 精冲

图 3-6-1 普冲与精冲的比较

1—凹模；2—导板；3—凸模；4—顶件器；5—材料；

F_S—冲裁力；F_R—压边力；F_G—反压力；

A—齿圈距离；α—齿形角；H—齿高；δ—料厚；C—间隙

表 3-6-1 普冲与精冲的工艺区别

项　　目	技　术　特　征		普　　冲	精　　冲
材料分离形式			剪切变形(控制撕裂)	塑-剪变形(抑制撕裂)
工件品质	尺寸精度		IT11～IT13	IT11
	冲裁面粗糙度 Ra		>6.3	0.4～1.6
	形位误差	平面度	大	小
		不垂直度	大	小
		螺角	$(20\%\sim35\%)\delta$	$(10\%\sim25\%)\delta$
		毛刺	双向,大	单向,小
模具	间隙		双边(5%～10%)δ	单边 0.5%δ
	刃口		锋利	倒角
冲压材料			无要求	塑性好(球化处理)
润滑			一般	特殊
压力机	力态		普通(单向力)	特殊(三向力)
	工艺负载		变形功小	变形功为普冲的(2～2.5)倍
	环保		有噪声,振动大	噪声小,振动小
成本			低	高(回报周期短)

6.3　超塑性成形

超塑性是指金属或合金在特定条件下,在极低的形变速率($\varepsilon=(10^{-4}\sim10^{-2})/s$)、一定的变形温度(约为熔点的一半)和均匀的细晶粒度(晶粒平均直径为 $0.2\sim5\mu m$)条件下,其相对延伸率 δ 超过 100%的特性,如钢超过 500%,纯钛超过 300%,锌-铝合金超过 100%。

超塑性状态下的金属在拉伸变形过程中不产生缩颈现象,变形应力可比常态下金属的变形应力降低百分之几十。因此该金属极易成形,可采用多种工艺方法制出复杂零件。

板料冲压、板料气压成形、挤压和模锻等多种工艺方法都可以利用金属的超塑性成形加工出复杂零件。

1. 板料冲压

若零件的直径较小,但高度很大,选用超塑性材料可以一次拉深成形,所得零件质量很好,且性能无方向性。图 3-6-2(a)所示为拉深成形示意图,图 3-6-2(b)为所得工件。

2. 板料气压成形

将超塑性金属板料放于模具中,把板料与模具一起加热到规定温度,向模具内充入压缩空气或抽出模具内的空气形成负压,板料将贴紧在凹模或凸模上。图 3-6-3(a)所示为凹模内成形,图 3-6-3(b)所示为凸模上成形,获得所需形状的

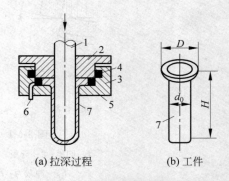

(a)拉深过程　　　(b)工件

图 3-6-2　超塑性板料拉深

1—冲头(凸模);2—压板;3—凹模;4—电热元件;
5—坯料;6—高压油孔;7—工件

工件。该方法可加工的板料厚度为 0.4～4mm。

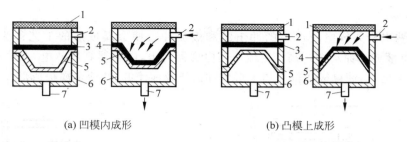

(a) 凹模内成形   (b) 凸模上成形

图 3-6-3 板料气压成形

1—电热元件；2—进气孔；3—板料；4—工件；5—凹(凸)模；6—模框；7—抽气孔

3. 挤压和模锻

高温合金及钛合金在常态下塑性很差，变形抗力大，不均匀变形引起各向异性的敏感性强，用通常的成形方法较难成形，材料损耗极大，致使产品成本很高。如果在超塑性状态下进行模锻，就可完全克服上述缺点，节约材料，降低成本。

4. 超塑性成形的工艺特点

(1) 扩大了可锻金属的材料种类。如过去只能采用铸造成形的镍基合金，现在也可以进行超塑性模锻成形。

(2) 金属填充模膛的性能好，可锻出尺寸精度高、机械加工余量小甚至不用加工的零件。

(3) 能获得均匀细小的晶粒组织，零件力学性能均匀一致。

(4) 金属的变形抗力小，可充分发挥中、小设备的作用。

目前常用的超塑性成形材料主要是锌-铝合金、铝基合金、钛合金及高温合金。随着超塑性材料的日益发展，超塑性成形工艺的应用也将随之扩大，少或无切屑成形将得到更大发展。

6.4 高速高能成形

高速高能成形又称高能率成形，是在极短的时间（毫秒级）内将化学能、电能、电磁能或机械能传递给被加工的金属材料，使之迅速成形的工艺。高速高能成形速度快，可以使难变形的材料进行成形，加工时间短，加工精度高。高能率成形的加工形式有爆炸成形、电液成形和电磁成形等。

1. 爆炸成形

爆炸成形是利用炸药爆炸的化学能使金属材料快速成形的加工方法，适合于各种形状零件的成形。爆炸在 5～10s 内产生几百万兆帕压力的脉冲冲击波，坯料在 1～2s 甚至在毫秒或微秒量级时间内成形，如图 3-6-4 所示。

爆炸成形主要用于对板料进行剪切、拉深、冲孔、翻边、胀形、校形、弯曲、扩口、压印等加工，还可进行爆炸焊接、粉末压制及表面硬化等。如球形件可采用简单的边缘支撑，用圆形坯进行一次自由爆炸成形；油罐车的碟形封头可采用在水下小型爆炸成形。

2. 电液成形

由水中两电极间放电所产生的冲击波和液流冲击使金属成形的工艺称为电液成形。图 3-6-5 为电液成形原理图。高压直流电向电容器充电，电容器高压放电，在放电回路中形成强大的冲击电流，使电极周围介质中形成冲击波及液流波，并使金属板成形。

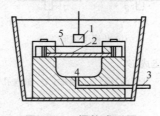 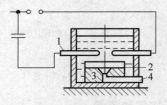

图 3-6-4　爆炸成形图　　　　　　　　　图 3-6-5　电液成形原理图

1—炸药；2—板料；3—出气门；4—凹模腔；5—压紧环　　　1—电极；2—板料；3—凹模；4—出气口

电液成形速度也接近于爆炸成形的速度。电液成形适合于形状简单的中小型零件的成形，特别适合于细金属管胀形加工。

3. 电磁成形

电磁成形是利用电磁力加压成形的工艺，也是一种高速高能成形的加工方法。电容器高压放电，使放电回路中产生很强的脉冲电流，由于放电回路阻抗很低，所以成形线圈中的脉冲电流在极短的时间内迅速变化，并在其周围空间形成一个强大的变化磁场。在变化磁场作用下，坯料内产生感应电流，形成磁场，并与成形线圈形成的磁场相互作用，电磁力使毛坯产生塑性变形。图 3-6-6 所示为管子电磁成形示意图，成形线圈放在管子外面可使管子产生颈缩；成形线圈放在管子内部可使管子胀形。

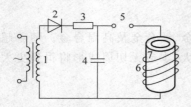

图 3-6-6　电磁成形装置原理图

1—升压变压器；2—整流器；3—限流电阻；4—电容器；5—辅助间隙；6—工作线圈；7—毛坯

电磁成形常用于管材和板材的成形加工，如胀形、切断、冲孔、缩口、扩口等，还可用于完成连接的装配工序，如管-管、管-杆等的连接。电磁成形要求金属（如碳钢、铜、铝等）具有良好的导电性。

4. 高速高能成形的特点

（1）模具简单。高速高能成形为单模成形，甚至不用模具，因此能节省模具材料，降低生产成本。

（2）零件精度高，表面质量好。高速高能成形时，毛坯变形不是由于刚体凸模的作用，而是在液体、气体等传力介质作用下以很高的速度贴模来实现的，毛坯表面不受损伤并可提高变形的均匀性，且有效地减小了零件回弹。

（3）可提高材料塑性变形能力。高速高能成形时形成的高压冲击波对毛坯的作用时间短，使其变形速度快，这样可提高材料塑性变形能力，可成形塑性差的材料（如钛合金等）。

（4）有利于实现复合工艺。一些用常规成形方法需多道工序才能成形的零件，采用高速高能成形方法可在一道工序中完成，因此可有效缩短生产周期。

6.5 数控冲压

数控冲压是利用数字控制技术对板料进行冲压的工艺方法。实施数控冲压过程前,应根据冲压件的结构和尺寸,按规定的格式、标准代码和相关数据编写出程序,输入计算机后,冲压设备受计算机控制,按程序顺序实现指令内容,自动完成冲压工作,所用设备称为数控冲床。目前广泛采用的是数控步冲压力机(见图3-6-7),它具有独立的控制台,压力机本体的主要部件是能够精确定位的送料机构(定位精度为±0.01mm)和装有多个模具的回转头。

板料通过气动系统由夹钳3夹紧,并由工作台2上的滚珠托住,使板料沿两个垂直方向移动时的阻力小。在控制台发出的指令控制下,板料被冲部位准确移动至工作位置。同时,被选定的模具随回转头同步转至工作位置,按加工程序顺次进行冲压,直至整个工件加工完成后停机。

数控步冲压力机不仅可以进行单冲(冲孔、落料)、浅成形(压印、翻边、开百叶窗等),也可以采用步冲(借助于快速往复运动的凸模沿着预定的路线在板料上进行逐步冲切)方式,用小冲模冲出大直径圆孔、方孔、曲线孔及复杂轮廓冲压件。

图3-6-8所示的零件采用数控冲压制作,需编制数控程序。程序中通过 $X—Y$,和 $X_G—Y_G$ 两个坐标系把工作台与模具的关系建立起来,包括如移动、选择模具、执行冲切、停机等多条指令检验无误后输入计算机。夹牢板料后,开机按程序工作台左移20mm(冲头由 O_G 点移至右孔中心点上),冲制 $\phi7$mm 孔;工作台右移40mm,冲出左侧圆孔。接下来按步冲程序冲切 AD、BC 两段圆弧。为了冲切直线轮廓,压力机回转头按指令将方形模具转至工作位置,计算机发出指令,冲切 AB、CD 直线轮廓,从而获得形状、尺寸符合图纸要求的零件。

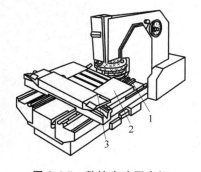

图 3-6-7 数控步冲压力机
1—回转头;2—工作台;3—夹钳

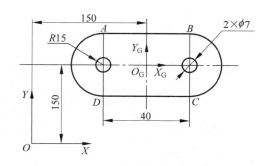

图 3-6-8 具有孔、圆弧和直线的零件图

数控冲压使冲压生产有了突破性进展,它具有如下特点:

(1)数控冲床的结构改变了普通冲床一机一模的状态,因而提高了冲床的通用性。在不更换模具的情况下可生产多品种冲压件,减少了对专用模具的依赖。

(2)数控冲压在步冲分离金属时,是通过类似插削加工的切削过程逐步完成加工的。冲头在每一次冲压行程中只切下少量金属,消耗能量少,并可提高产品的精度,减少了冲压件后续加工的工作量。

（3）数控冲压可采用批量生产的模具，安装调试模具的时间短，模具寿命长，可提高生产效率。

（4）数控冲压特别适合单件小批量生产，降低了冲压件的成本。

（5）数控冲压设备投资较大，材料利用率较低。

复习思考题

3-6-1 精密模锻需要采取哪些工艺措施才能保证产品的精度？

3-6-2 精密冲裁的生产特点是什么？

3-6-3 试述超塑性的概念及超塑性成形的方法。

3-6-4 高速高能成形的各种方法中有哪些共同特点？

3-6-5 数控冲压有哪些特点？

第4篇

焊 接 成 形

　　焊接是两种或两种以上同种或异种材料通过加热、加压或两者并用,用或不用填充材料,使工件达到原子或分子间结合而形成永久连接的一种工艺过程。

　　焊接是机械制造中十分重要的加工工艺。据工业发达国家统计,全世界每年用于制造焊接结构的钢材约占钢总产量的70%。焊接不仅能解决各种钢材的连接,而且还能解决有色金属和钛、铂等特种金属材料的连接。焊接既能连接异种金属,也能连接厚薄相差悬殊的金属。因此,焊接技术从19世纪80年代开始应用于工业生产。随着电子技术、冶金技术、金属材料等学科的不断发展,焊接技术也得到迅速发展,广泛应用于设备制造、桥梁、汽车、造船、航空航天等工业生产的各个行业。

1. 焊接成形的特点

　　(1) 节省材料,减轻质量。与铆接相比,焊接具有节省金属、生产率高、致密性好、操作条件好、易于实现机械化和自动化等优点。

　　(2) 化大为小、拼小为大。可通过准备简单的坯料,用铸-焊、锻-焊相结合的工艺,在小型铸、锻设备上生产大型或复杂的机械零部件,简化铸造、锻造及切削加工工艺。

　　(3) 实现异种金属的连接。不同材料焊接在一起,可使零件的不同部分或不同位置具有不同的性能以满足使用要求,如防腐容器的双金属筒体焊接、钻头的工作部分与柄的焊接等。

　　(4) 适应性好。多样的焊接方法几乎可以焊接所有的金属材料及部分非金属材料,可焊范围广。

　　(5) 焊接应力变形大,接头易产生裂纹、夹渣、气孔等缺陷,从而引起应力集中,降低承载能力。焊接结构不可拆卸,给维修带来不便。

2. 焊接方法的分类

　　焊接方法的种类很多,一般都根据焊接热源的性质、形成接头的状态及是否采用压力来划分。按照这种分类方法,焊接可分为熔化焊、压力焊和钎焊三大类,如图4-0-1所示。

　　(1) 熔化焊(熔焊)是指在焊接过程中将待焊处的母材金属熔化以形成焊缝的焊接方法。按加热的热源不同,熔焊有电弧焊、气焊、电渣焊、电子束焊和激光焊等方法。

　　(2) 压力焊(压焊)是在焊接过程中必须对焊件施加压力(加热或不加热)以完成焊接的

方法,如电阻焊、摩擦焊、冷压焊、感应焊、爆炸焊、超声波焊、扩散焊等。

（3）钎焊是指采用比母材熔点低的金属材料作钎料,将焊件和钎料加热到高于钎料熔点、低于母材熔点的温度,利用液态钎料润湿母材、填充接头间隙并与工件实现原子间的相互扩散而实现焊接的方法。它包括软钎焊、硬钎焊等。

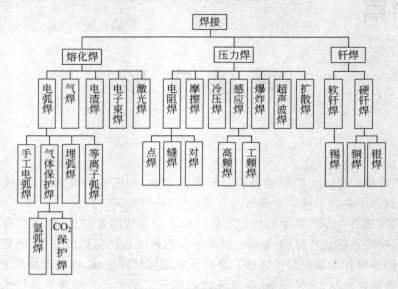

图 4-0-1　焊接方法的分类

第1章

电　弧　焊

　　用电弧作为热源的熔焊方法称为电弧焊,它是应用最为广泛的一种焊接方法。据一些工业发达国家的统计,电弧焊一般占焊接生产总量的60%以上。根据其工艺特点不同,电弧焊可分为焊条电弧焊、埋弧焊、气体保护焊和等离子弧焊等多种。

1.1　焊接的基本理论

1.1.1　焊接电弧

　　焊接电弧是在电极与工件之间的气体介质中强烈而持久的放电现象,即在局部气体介质中有大量电子流通过的导电现象。产生电弧的电极可以是金属丝、钨丝、碳棒或焊条。

　　焊接电弧根据其物理特征,沿长度方向上可划分为3个区域,即阳极区、弧柱区和阴极区,如图4-1-1所示。

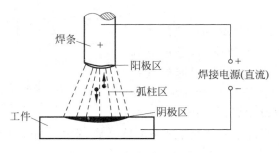

图 4-1-1　焊接电弧示意图

　　(1)阳极区:主要由电子撞击阳极时电子的动能和位能(逸出功)转化而来,产生的热量约占电弧总热量的43%,平均温度约2600K。

　　(2)弧柱区:主要由带电粒子复合时释放出相当于电离能的能量转化而来,热量约占电弧总热量的21%,平均温度约6100K。

　　(3)阴极区:主要由正离子碰撞阴极时的动能及其与电子复合时释放的位能(电离能)转化而来,产生的热量约占电弧总热量的36%,平均温度约2400K。

　　电弧作为热源,其基本特点是电压低、电流大、温度高、发光强、热量集中,因此焊接时金属熔化得非常快。

由于电弧产生的热量在阳极和阴极有一定差异,因此在使用直流电焊机焊接时,有两种接线方法,即正接和反接,如图 4-1-2 所示。

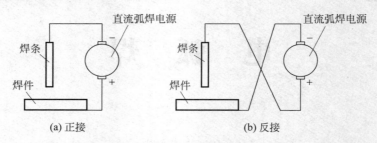

图 4-1-2　直流弧焊电源的正接与反接

(1)正接:焊件接正极,焊条接负极。此时电弧热量主要集中在焊件上,有利于加快焊件的熔化,保证足够的熔深,适用于厚板焊接,提高生产率。

(2)反接:焊件接负极,焊条接正极。该接法适用于焊接有色金属及薄钢板,以免烧穿焊件,获得良好的工艺性。

对于交流弧焊电源,因其极性是周期性改变的,所以不存在正接与反接的问题。

1.1.2　焊接接头的组织与性能

焊接接头由焊缝金属、熔合区和热影响区三部分组成,如图 4-1-3 所示。焊接时,母材局部受热熔化形成熔池,熔池不断移动并冷却后形成焊缝;焊缝两侧部分母材受焊接加热的影响而引起金属内部组织和力学性能变化的区域,称为焊接热影响区;焊接接头中焊缝与热影响区过渡的区域称为熔合区。下面以低碳钢为例,说明由于受到电弧不同程度的加热,焊缝及其附近区域产生的组织与性能变化,如图 4-1-4 所示。

1. 焊缝

焊缝是由熔池内液态金属凝固形成的铸态组织,因此晶粒粗大、组织不致密、化学成分和杂质易在最后结晶部位形成偏析,引起焊缝金属力学性能的下降。但由于熔池体积小,冷却快,焊条药皮、焊剂或焊丝在焊接过程中的冶金

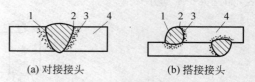

(a) 对接接头　　　　(b) 搭接接头

图 4-1-3　焊接接头的组成
1—焊缝金属;2—熔合区;3—热影响区;4—母材

处理作用可以严格控制焊缝金属的化学成分并降低硫、磷的含量,因此焊缝金属的力学性能一般不低于母材。

2. 熔合区

熔合区的加热温度在固相线和液相线之间(1490~1530℃),母材部分熔化,因此也称半熔化区。其组织由未熔化的、粗大的过热组织和少量的、新结晶的铸态组织组成,具有明显的化学成分、组织不均匀性,因而塑性差、强度低、脆性大,易产生焊接裂纹和脆性断裂,是焊接接头最薄弱的地方。

3. 热影响区

热影响区可继续细分为过热区、正火区和部分相变区。

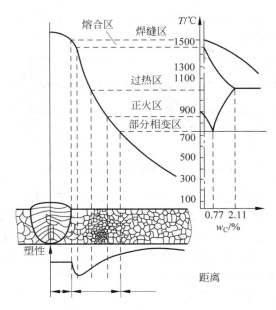

图 4-1-4 低碳钢焊接接头组织变化示意图

(1) 过热区:加热温度在固相线至 1100℃ 之间。焊接时奥氏体晶粒明显长大,冷却后得到粗大的过热组织,因此塑性和韧性明显下降,是热影响区中性能最差的部位。

(2) 正火区:加热温度在 $A_{c3} \sim 1100℃$ 的区域,焊后空冷使该区内的金属相当于进行了正火处理,故其组织为均匀而细小的铁素体和珠光体,力学性能优于母材。

(3) 部分相变区:加热温度在 $A_{c1} \sim A_{c3}$ 的区域,只有部分组织发生相变,晶粒不均匀,力学性能比正火区稍差。

一般焊接热影响区宽度越小,焊接接头的力学性能越好。热影响区的大小和组织性能变化的程度取决于焊接材料、焊接方法和焊接工艺等因素。表 4-1-1 是用不同方法焊接低碳钢时热影响区的平均尺寸。一般来说,在保证焊接质量的条件下,提高焊接速度、减小焊接电流等,都能减小焊接热影响区的尺寸。

表 4-1-1　焊接低碳钢时热影响区的平均尺寸　　　　　　mm

焊接方法	各区平均尺寸			总宽度
	过热区	正火区	部分相变区	
手工电弧焊	2.2~3.0	1.5~2.5	2.2~3.0	5.9~8.5
埋弧焊	0.8~1.2	0.8~1.7	0.7~1.0	2.3~3.9
电渣焊	18~20	5.0~7.0	2.0~3.0	25~30
气焊	21	4.0	2.0	27
电子束焊	—	—	—	0.05~0.75

1.1.3　焊接应力与变形

1. 焊接应力与变形的产生及形式

焊接构件由焊接而产生的应力称为焊接应力;由焊接引起焊件尺寸或形状的改变称为

焊接变形。焊件在焊接过程中受到局部加热和冷却是产生焊接应力和变形的主要原因，图 4-1-5 所示为平板对接焊缝的应力分布情况。

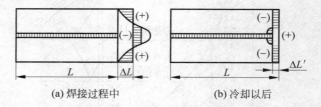

(a) 焊接过程中　　　　　(b) 冷却以后

图 4-1-5　平板对接焊缝的应力和变形

焊接加热时，焊缝及附近金属处于高温状态，因膨胀受阻，焊缝区受压应力作用（用符号"一"表示），远离焊缝区受拉应力（用符号"＋"表示）；焊后冷却时，因收缩到焊件低温部分的阻碍，焊缝受拉应力，远离焊缝区受压应力，且整个工件尺寸有一定量的缩短。如果在焊接过程中焊件能自由伸缩，则焊后焊件变形较大而焊接应力较小；反之，如果焊件不能自由伸缩，则焊后焊接变形较小而焊接应力较大。

焊接变形的基本形式如图 4-1-6 所示。

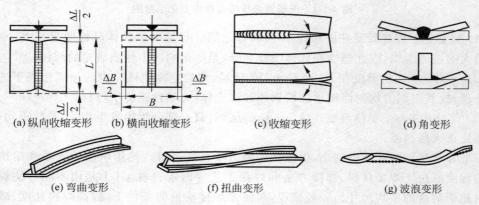

(a) 纵向收缩变形　　(b) 横向收缩变形　　　(c) 收缩变形　　　　(d) 角变形

(e) 弯曲变形　　　　　(f) 扭曲变形　　　　　(g) 波浪变形

图 4-1-6　焊接变形的基本形式

（1）收缩变形：焊件尺寸比焊前缩短的现象称为收缩变形。焊件在焊后沿焊缝长度方向的收缩称为纵向收缩，焊件在焊后垂直于焊缝方向的收缩称为横向收缩。

（2）角变形：V 形坡口对焊时，由于焊缝截面上、下不对称，上、下收缩量不同而引起的变形。

（3）弯曲变形：主要是由结构上的焊缝布置不对称或焊件断面形状不对称所造成的。

（4）扭曲变形：主要是焊缝角变形沿焊缝长度方向分布不均匀。扭曲变形往往与焊接方向或顺序不当有关，一般发生在有数条平行的长焊缝的焊件上，如焊接工字梁。

（5）波浪变形：常发生于板厚小于 6mm 的薄板焊接过程中，又称之为失稳变形。

焊接应力和变形是形成各种焊接裂纹的重要因素，在一定条件下还会影响焊件的强度、刚度、受压时的稳定性、加工精度等。

2. 焊接应力和变形的减小与防止

（1）合理设计焊接结构，如：在保证结构有足够承载能力情况下，尽量减少焊缝数量、焊缝长度及焊缝截面积;使结构中所有焊缝尽量处于对称位置;焊接厚大工件时,应开两面坡口;避免焊缝交叉或密集;尽量采用大尺寸板料及合适的型钢或冲压件代替板材拼焊,以减少焊缝数量、减小变形。

(2) 预热和缓冷。焊前将焊件预热到 350～400℃ 再进行焊接,可使焊缝金属和周围金属的温差减小,从而显著减小焊接应力及焊接变形;同时,焊后要缓冷。

(3) 加余量法。工件下料时,给工件尺寸加大一定的收缩余量(通常为 0.1%～0.2%),以补偿焊后的收缩。

(4) 反变形法。通过计算或凭实际经验预先判断焊后的变形大小和方向,焊前将焊件安置在与焊接变形方向相反的位置,如图 4-1-7 所示。

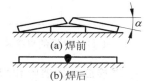

图 4-1-7 平板焊接的反变形

(5) 刚性固定法。利用工装夹具或定位焊等强制手段固定被焊工件来减小焊接变形,如图 4-1-8 所示。该法能有效地减小焊后角变形和波浪变形,但会产生较大的焊接应力,所以一般只用于塑性较好的低碳钢结构,对于淬硬性较大的金属不能使用,以免焊后断裂。

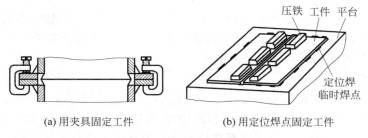

(a) 用夹具固定工件　　　　　(b) 用定位焊点固定工件

图 4-1-8 刚性固定法防止焊接变形示意图

(6) 合理的焊接顺序。如果构件对称两侧都有焊缝,应设法使两侧焊缝的收缩能相互抵消或减弱。如图 4-1-9 所示为 X 形坡口多层焊工件,按图(a)所示的次序依次焊接,可以减小焊接变形。图 4-1-10 所示为工字梁和矩形梁四条焊缝的次序,这样可使温度分布更加均衡,开始焊接时产生的微量变形可被后来焊接部位的变形抵消,从而获得无变形的焊件。

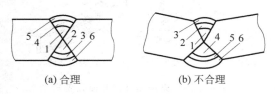

图 4-1-9 X 形坡口焊接次序
注:1～6 为焊条走的顺序

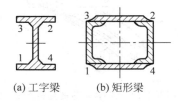

图 4-1-10 对称断面梁的合理焊接次序
注:1～4 为焊条走的顺序

焊接焊缝较多的结构件时,应先焊错开的短焊缝,再焊直通长焊缝,尽量使焊缝自由收缩,以防止在焊缝交接处产生裂纹,如图 4-1-11 所示。长焊缝(1m 以上)可采用分中对称焊法、跳焊法、分中分段退焊法、分段退焊法等进行焊接,如图 4-1-12 所示。

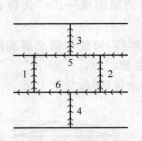

图 4-1-11　拼板的焊接顺序

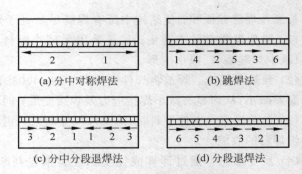

(a) 分中对称焊法　　　　(b) 跳焊法

(c) 分中分段退焊法　　　　(d) 分段退焊法

图 4-1-12　长焊缝的焊接顺序

3. 焊接应力的消除和焊接变形的矫正

实际生产中,即使采用了一定的工艺措施,有时焊件还会产生过大的变形或存在一定的应力,而重要的焊件不允许应力存在。为此,就应该消除残余焊接应力,矫正变形。

1) 消除焊接应力的方法。

(1) 锤击焊缝法:焊后用圆头小锤对红热状态下的焊缝进行锤击,可以延展焊缝,从而使焊接应力得到一定的释放。

(2) 焊后热处理:最常用的消除焊接残余应力的方法是低温退火,即将焊后的工件加热到 600~650℃,再保温一段时间,然后缓慢冷却。整体退火可消除 80%~90% 的残余应力,不能进行整体退火的工件可用局部退火法。

2) 焊接变形的矫正。

(1) 机械矫正法:在机械力的作用下,如压力机、矫直机或手工等,使变形工件恢复到原来的形状和尺寸。机械矫正法适用于塑性较好、厚度不大的焊件,如图 4-1-13 所示。

(2) 火焰矫正法:利用金属局部受热后的冷却收缩来抵消已发生的焊接变形。火焰矫正法主要用于低碳钢和低淬硬倾向的低合金钢,如图 4-1-14 所示,图中的三角形是矫正丁字梁弯曲和旁弯变形的火焰加热部位。火焰矫正一般采用气焊焊炬,不需专门设备,其效果主要取决于火焰加热位置、加热温度和加热面积。

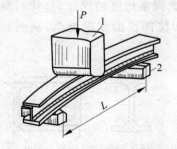

图 4-1-13　工字梁弯曲变形的机械矫正

1—压头;2—支撑

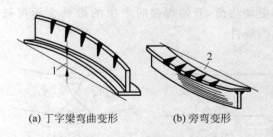

(a) 丁字梁弯曲变形　　　(b) 旁弯变形

图 4-1-14　火焰局部加热矫正变形

1—上拱;2—旁弯

1.2　焊条电弧焊

焊条电弧焊是用手工操纵焊条进行焊接的电弧焊方法,因此又称为手工电弧焊。

1.2.1　焊条电弧焊的焊接过程

焊条电弧焊的焊接过程如图 4-1-15 所示。焊接时,在焊条末端和工件之间燃烧的电弧所产生的高温使焊条药皮、焊芯及工件同时熔化。焊芯端部迅速形成细小的金属熔滴,通过弧柱过渡到局部熔化的工件表面,融合一起形成熔池。药皮熔化过程中所产生的气体和熔渣不仅使熔池和电弧周围的空气隔绝,而且和熔化的焊芯、母材发生一系列的冶金反应,保证所形成焊缝的性能。随着电弧以适当的弧长和速度在工件上不断地前移,熔池液态金属逐步冷却结晶形成焊缝。

1.2.2　焊条电弧焊的特点

（1）采用气体和熔渣联合保护。焊条电弧焊以焊条作为电极和填充金属,电弧在焊条端部和被焊工件表面之间燃烧。焊条药皮在电弧热的作用下一方面可以产生气体保护电弧,另一方面可以产生

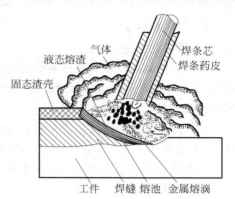

图 4-1-15　焊条电弧焊的焊接过程

熔渣覆盖在熔池表面,防止熔化金属与周围气体相互作用。熔渣更重要的作用是与熔化金属发生反应,向焊缝金属渗入合金元素,改善其性能。

（2）工艺灵活、适应性强。焊条电弧焊适用于各种厚度、各种结构及位置的焊接,也可应用于维修及装配中短焊缝的焊接,特别是焊条难以达到部位的焊接。

（3）应用范围广。焊条电弧焊配用相应的焊条,适合大多数工业用碳钢、合金钢、不锈钢、铸铁、铜、铝、镍及其合金的焊接。

（4）对焊接接头装配要求低。焊条电弧焊的焊接过程由焊工手工控制,可以适时调整电弧长度、焊接速度、运条姿势等焊接参数,以控制焊接变形、改善接头应力状况,因此对焊接接头的装配精度要求相对较低。

（5）焊接设备简单。焊条电弧焊使用的电焊机结构简单、操作轻便灵活、维修方便,与气体保护焊、埋弧焊等相比,生产成本较低。

（6）焊条电弧焊的缺点为:生产效率较低,焊工劳动强度大,而且对焊工的操作技术水平要求较高;不适合焊接一些活泼的金属、难熔金属及低熔点金属。

1.2.3　电焊条

电焊条是涂有药皮供焊条电弧焊用的熔化电极,由焊芯和药皮两部分组成,如图 4-1-16 所示。

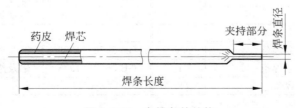

图 4-1-16　电焊条的结构

1. 焊芯

焊条中被药皮包覆的金属芯称焊芯。焊条电弧焊时,焊芯与焊件之间产生电弧并熔化为焊缝的填充金属,因此焊芯既是电极,又是填充金属。为保证焊缝质量,对焊芯金属各合金元素的含量(C、Si、Mn、S、P)要做一定的限制。焊芯直径即为焊条直径。

2. 焊条药皮

1)药皮的作用

(1)保护焊接熔池:药皮在焊接时产生大量的气体和熔渣,隔绝空气的有害影响;熔渣凝固后形成的渣壳覆盖在焊缝表面可防止高温的焊缝金属被氧化或氮化,并可减缓焊缝金属的冷却速度。

(2)冶金处理:通过熔渣和铁合金使熔池内金属液脱氧、脱硫以及向熔池金属中渗合金,以去除有害元素、增加有益元素,从而提高焊缝的力学性能。

(3)改善焊接工艺性能:保证电弧容易引燃并稳定燃烧,同时减少飞溅,以改善焊接工艺、保证焊接质量。

2)药皮组成

(1)稳弧剂:主要使用易于电离的钾、钠、钙的化合物。

(2)造渣剂:形成熔渣覆盖在熔池表面,不让大气侵入熔池,且起冶金作用。

(3)造气剂:分解出 CO、CO_2 和 H_2 等气体包围在电弧和熔池周围,起到隔绝大气、保护熔滴和熔池的作用。

(4)脱氧剂:主要应用锰铁、硅铁、钛铁、铝铁和石墨等,脱去熔池中的氧。

(5)合金剂:主要应用锰铁、硅铁、铬铁、钼铁、钒铁和钨铁等铁合金。

(6)粘结剂:常用钾、钠水玻璃,将药皮牢固地粘在金属芯上。

3. 焊条的分类

根据不同情况,电焊条有以下几种分类方法。

(1)按焊条用途和化学成分分类

这两种分类方法没有原则区别,前者用商业牌号表示,后者用型号表示,见表 4-1-2。

表 4-1-2　焊条的分类

按用途分类(机械工业部行业标准)			按化学成分分类(国家标准)		
类别	名称	代号	国家标准编号	名称	代号
一	结构钢焊条	J	GB 5117—1995	碳钢焊条	
二	钼和铬钼耐热钢焊条	R	GB 5118—1995	低合金钢焊条	E
三	低温钢焊条	W			
四	不锈钢焊条	G	GB 983—1995	不锈钢焊条	
五	堆焊焊条	D	GB 984—1995	堆焊焊条	ED
六	铸铁焊条	Z	GB 10044—1988	铸铁焊条	EZ
七	镍及镍合金焊条	Ni	—	—	
八	铜及铜合金焊条	T	GB 3570—1983	铜及铜合金焊条	TCu
九	铝及铝合金焊条	L	GB 3669—1983	铝及铝合金焊条	TAl
十	特殊用途焊条	TS	—	—	

（2）按药皮类型分类

按药皮的种类，焊条可分为以下 9 种：氧化钙型、氧化钛钙型、钛铁矿型、氧化钛型、纤维素型、低氢钾型、低氢钠型、石墨型、盐基型等。其中石墨型药皮主要用于铸铁焊条，盐基型药皮主要用于铝及其合金等有色金属焊条，其余均属于碳钢焊条。

（3）按药皮熔化后熔渣的特性分类

根据焊接熔渣的酸碱度，即熔渣中碱性氧化物与酸性氧化物的比例，可将焊条分为酸性焊条和碱性焊条。

酸性焊条的熔渣主要是酸性氧化物（如 SiO_2、TiO_2、Fe_2O_3 等），氧化性较强，焊接过程中合金元素烧损较多，焊缝金属中氧和氢的含量较多，焊缝的力学性能特别是冲击韧性较差；但电弧稳定性好，焊接工艺性能较好，能交、直流两用；一般适用于低碳钢和强度较低的低合金结构钢的焊接，应用最为广泛。

碱性焊条的熔渣主要是碱性氧化物（如 CaO、MnO、Na_2O、MgO 等）。由于碱性焊条的药皮中含有较多的大理石和萤石，具有脱氧、去硫、去磷及除氢作用，因此焊缝金属中氧、氢及杂质的含量较少，焊缝具有良好的抗裂性和力学性能；但工艺性较差，一般用直流电源施焊；主要用于重要结构件的焊接（如锅炉、压力容器和合金结构钢等）。

4. 焊条的型号及牌号

焊条型号是国家标准中对焊条规定的编号，用来区别各种焊条熔敷金属的力学性能、化学成分、药皮类型、焊接位置和焊接电流种类。标有型号的焊条，其技术要求、性能指标、检验方法都应该按国家标准的规定进行。

以碳钢焊条为例，其型号根据熔敷金属的力学性能、药皮类型、焊接位置和焊接电流种类进行划分。具体的编制方法为：首字母"E"表示焊条类别；前两位数字表示熔敷金属抗拉强度的最小值，单位为 MPa；第三位数字表示焊条的焊接位置（"0"及"1"表示焊条适用于全位置焊接，即可平、立、仰、横焊；"2"表示焊条适用于平焊及平角焊；"4"表示焊条适用于向下立焊）；第三位和第四位数字组合时表示焊接电流种类及药皮类型。在第四位数字后附加字母表示有特殊规定的焊条；如"R"表示耐吸潮焊条；附加"－1"表示冲击性能有特殊规定的焊条。例如：

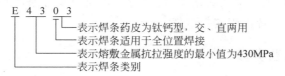

焊条牌号是焊条制造厂对作为产品出厂的每种焊条标的特定编号，用来区别不同焊条熔敷金属的力学性能、化学成分、药皮类型和焊接电流种类。与焊条型号相比，牌号中没有区别焊接位置的编号，但增加了特殊性能的符号，如超低氢、高韧性、打底焊等。

以结构钢焊条为例，其牌号编制方法为：在焊条前面用"J"表示结构钢焊条；前两位数字表示焊缝金属抗拉强度的最小值，单位为 kgf/cm^2；第三位数字表示药皮类型和焊接电源种类，具体说明见表 4-1-3；第三位数字后的符号表示某种特殊用途。例如：

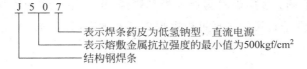

表 4-1-3   焊条牌号中第三位数字的含义

数字	0	1	2	3	4	5	6	7	8	9
药皮类型	不属已规定类型	钛型	钛钙型	钛铁矿型	氧化铁型	纤维素型	低氢钾型	低氢钠型	石墨型	盐基型
电源种类	不规定	交、直	交、直	交、直	交、直	交、直	交、直	直流	交、直	直流

5. 焊条的选用原则

在确保焊接结构安全、可行使用的前提下,应根据被焊材料的力学性能、化学成分、板厚、接头形式、焊接结构特点、受力状态、结构使用条件对焊缝性能的要求、焊接施工条件和技术经济效益等来选择合适的焊条。

(1) 焊接材料的力学性能和化学成分。对于普通结构钢,通常要求焊缝金属与母材等强度,应选用抗拉强度等于或稍高于母材的焊条;对于合金结构钢,通常要求焊缝金属的主要合金成分与母材金属相同或相近;在被焊结构刚性大、接头应力高、焊缝容易产生裂纹的情况下,可以考虑选用比母材强度低一级的焊条;当母材中 C、S、P 等元素含量偏高时,焊缝容易产生裂纹,应选用抗裂性能好的低氢型焊条。

(2) 焊件的使用性能和工作条件。对承受动载荷和冲击载荷的焊件,除满足强度要求外,还要保证焊缝具有较高的韧性和塑性,应选用韧性和塑性指标较高的低氢型焊条;接触腐蚀介质的焊件,应根据介质的性质及腐蚀特征,选用相应的不锈钢焊条或其他耐腐蚀焊条;在高温或低温条件下工作的焊件,应选用相应的耐热钢或低温钢焊条。

(3) 焊件的结构特点和受力状态。对结构形状复杂、刚性大及较厚的焊件,由于焊接过程中产生很大的应力,容易使焊缝产生裂纹,应选用抗裂性能好的低氢型焊条;对焊接部位难以清理干净的焊件,应选用氧化性强,对铁锈、氧化皮、油污不敏感的酸性焊条;对受条件限制不能翻转的焊件,有些焊缝处于非平焊位置,应选用全位置焊接的焊条。

(4) 合理的经济效益。在满足使用性能和操作工艺性的条件下,应尽量选用成本低、效率高的焊条;对于焊接工作量大的结构,应尽量采用高效率焊条,如铁粉焊条、高效率不锈钢焊条及重力焊条等,以提高焊接生产率。

1.2.4   焊接工艺参数

焊接工艺参数也称为焊接规范。焊条电弧焊的工艺参数通常包括焊条类型及直径、焊接电流、电弧电压、焊接速度和焊接角度等。

1. 焊条直径

焊条直径可根据焊件厚度、接头形式、焊缝位置、焊道层次等进行选择。焊件厚度越大,可选用的焊条直径越大;T 形接头比对接接头的焊条直径大;而立焊、仰焊及横焊比平焊时所选用的焊条直径应小些,一般立焊焊条最大直径不超过 5mm,横焊、仰焊不超过 4mm,以防止熔化金属的下淌;多层焊时为保证根部焊透,第一层焊缝选用直径较小的焊条进行焊接。一般平焊时,焊条直径的选择可根据焊件厚度确定,见表 4-1-4。

表 4-1-4　焊条直径的选择　　　　　　　　　　　　　　　mm

焊件厚度	≤1.5	2.0	3.0	4.0~5.0	6.0~12	≥13
焊条直径	1.6	2.0	3.2	3.2~4.0	4.0~5.0	4.0~6.0

2. 焊接电流

焊接电流是影响接头质量和焊接生产率的主要因素之一,必须选择合适。焊接电流越大,熔深越大,焊接效率越高;但是焊接电流太大,飞溅和烟雾大,且容易产生咬边、焊瘤、烧穿等缺陷,同时增大焊件变形,降低焊接接头的韧性。焊接电流太小,则引弧困难,焊条容易粘连在工件上,电弧不稳定,易产生未焊透、未熔合、气孔和夹渣等缺陷,且生产率低。

焊接电流主要根据焊条直径来选择。对于平焊低碳钢和低合金钢焊件,焊条直径在 3~6mm 时,其电流大小可根据以下经验公式进行选择:

$$I = (30 \sim 55)d$$

式中,I 为焊接电流(A);d 为焊条直径(mm)。

实际工作中还应考虑焊件厚度、接头形式、焊接位置和焊条种类等因素。如:其他位置的焊接电流比平焊位置的一般小 10%~20%;碱性焊条选用的焊接电流比酸性焊条小约 10%;不锈钢焊条选用的焊接电流比碳钢焊条小约 20%。

3. 电弧电压

电弧电压主要取决于弧长。电弧长,则电弧电压高;反之,则低。在焊接过程中,一般希望弧长始终保持一致,并尽可能用短弧焊接。

4. 焊接速度

焊接速度是指焊接过程中焊条沿焊接方向移动的速度,即单位时间内完成的焊缝长度。焊接速度过快或过慢都将直接影响焊缝的质量。焊接速度过快,熔池温度不够,易造成未焊透、未熔合、咬边和焊缝过窄等缺陷;焊接速度过慢,易造成热影响区变宽、余高增加或焊穿等现象。焊接速度还直接决定着热输入量的大小,一般根据钢材的淬硬倾向来选择。

5. 焊缝层数的选择

厚板、易过热的材料焊接时,常采用开坡口、多层多道焊等方法,每层焊缝的厚度以 3~4mm 为宜,一般用下式进行估算:

$$n = \delta/d$$

式中,n 为焊接层数(取整数);δ 为工件厚度(mm);d 为焊条直径(mm)。

1.3　埋弧焊

埋弧焊是电弧在焊剂下燃烧以进行焊接的熔焊方法。由于焊接时引弧、焊条送进、电弧移动等几个动作由机械自动完成,电弧掩埋在焊剂层下燃烧,电弧光不外露,因此称为埋弧自动焊,如图 4-1-17 所示。

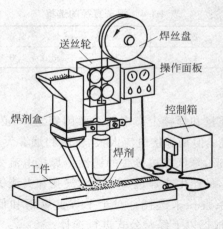

图 4-1-17 埋弧焊示意图

1.3.1 埋弧焊的焊接过程及原理

焊接过程中焊剂从焊剂盒中流出,均匀堆敷在焊件表面,堆敷高度一般为 40~60mm。焊丝由送丝机构自动送进,经导电嘴进入电弧区。焊接电源分别接在导电嘴和焊件上以产生电弧。焊剂盒、送丝机构、焊丝盘和操作面板等全部装在一个行走机构——焊车上。在设置好焊接参数后,直接按下启动按钮,焊接过程便可以自动进行。

埋弧焊焊缝的形成过程如图 4-1-18 所示。电弧在颗粒状的焊剂层下燃烧,电弧周围的焊剂熔化形成熔渣,工件金属与焊丝熔化成较大体积的熔池。熔池被熔渣覆盖,熔渣既能起到隔绝空气保护熔池的作用,又阻挡了弧光对外辐射和金属飞溅。随着焊接过程的进行(焊机带着焊丝均匀向前移动;或焊机不动,工件匀速运动),电弧向前移动,熔池冷却凝固后形成焊缝。

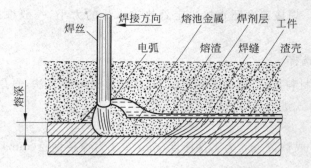

图 4-1-18 埋弧自动焊的焊缝形成过程

1.3.2 埋弧自动焊的特点和应用范围

(1) 生产效率高。一方面,焊丝导电长度缩短,电流和电流密度提高,因此电弧的熔深和焊丝熔敷效率都大大提高(一般不开坡口单面一次熔深可达 20mm);另一方面,由于焊剂和熔渣的隔热作用,电弧基本没有热的辐射散失,飞溅也少,虽然用于熔化焊剂的热量损耗有所增大,但总的热效率仍然大大增加。

(2) 焊缝质量高。对焊接熔池保护较完善,焊缝金属中杂质较少,只要焊接工艺选择恰当,较易获得高质量的焊缝。

(3) 劳动条件好。减轻了手工焊操作的劳动强度;电弧弧光埋在焊剂层下,没有弧光辐射,没有飞溅,烟雾也很少,劳动条件较好。

(4) 适应性差。通常用于焊接平焊位置的直缝和环缝,不能焊空间位置焊缝和不规则焊缝。此外,设备结构较复杂,投资大,装配要求高,调整等准备工作量较大。

基于以上特点,埋弧自动焊适于批量生产长的直焊缝和较大直径环缝的平焊。

1.3.3 埋弧自动焊的焊接工艺

(1) 开坡口:板厚小于 14mm 时,可不开坡口;板厚为 14~22mm 时,应开 Y 形坡口;板厚为 22~50mm 时,可开双 Y 形或 U 形坡口。

(2) 将焊缝两侧 50~60mm 区域内的铁锈、氧化皮、油污、水分清理干净。

(3) 由于埋弧焊在引弧和熄弧处电弧不稳定,为保证焊缝质量,焊前应在焊缝两端预先焊上引弧板和引出板,如图 4-1-19 所示,焊后再去除。

(4) 为了保持焊缝成形和防止烧穿,生产中常采用各种反面衬垫。衬垫的形式有钢垫板、焊剂垫或手工焊封底等,如图 4-1-20 所示。

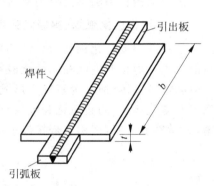

图 4-1-19 对接焊缝施焊时的引弧板和引出板

(5) 焊接圆筒形环焊缝时,工件以选定的焊速绕自身的轴线旋转(由滚轮架带动旋转),焊丝位置不动。为防止熔池中液态金属流失,焊丝位置应逆旋转方向偏离焊件中心线一定距离 a(其大小根据圆筒直径和焊接速度确定),如图 4-1-21 所示。设计要求双面焊时,先焊内环缝,清根后再焊外环缝。

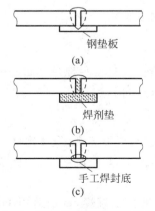

图 4-1-20 埋弧焊的衬垫和手工焊封底

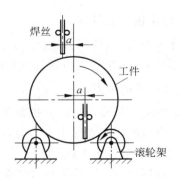

图 4-1-21 环缝焊接示意图

1.4 气体保护焊

1.4.1 氩弧焊

使用氩气作为保护气体的一种气体保护焊称为氩弧焊。氩气是惰性气体,在高温下不与金属起化学反应,也不溶解于金属中,焊接过程基本上是简单的金属熔化和结晶过程,因此是一种比较理想的保护气体。氩气电离势高,引弧较困难,但一旦引燃就很稳定。用于氩弧焊的氩气纯度要求达 99.9%。

按照电极材料的不同分为非熔化极氩弧焊(钨极氩弧焊)和熔化极氩弧焊两种。

1. 非熔化极氩弧焊(钨极氩弧焊)

使用纯钨或活化钨(钍钨、铈钨)为电极,焊接时钨极本身不熔化,只起发射电子产生电弧的作用。焊接时电弧在非熔化极和工件之间燃烧,在焊接电弧周围流过不和金属起化学反应的惰性气体(通常为氩气),形成一个保护气罩,使钨极端头、电弧、熔池及处于高温的金属不与空气接触,防止氧化和吸收有害气体,如图 4-1-22(a)所示。因此形成的焊接接头致密,力学性能良好,适用于焊接厚度小于 6mm 的焊件。

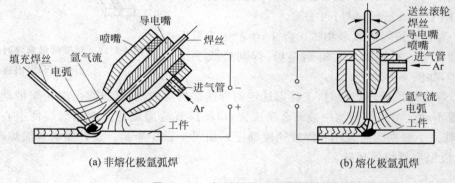

(a) 非熔化极氩弧焊   (b) 熔化极氩弧焊

图 4-1-22 氩弧焊原理示意图

2. 熔化极氩弧焊

如图 4-1-22(b)所示,以连续送进的焊丝作为电极,在母材与焊丝之间产生电弧,使焊丝和母材熔化,并用惰性气体氩气保护电弧和熔融金属来进行焊接。

3. 氩弧焊的特点

(1) 焊缝质量高。机械保护效果好,焊缝金属纯净,成形美观,质量优良。

(2) 焊接应力和变形小。因为电弧热量集中,熔池小,热影响区小,因此变形和应力小,尤其适用于薄板件的焊接。

(3) 适用范围广。几乎所有的金属材料都可以进行氩弧焊,特别适用于化学性质活泼的金属及其合金(如 Mg、Ti、Cu 及其合金)和低碳钢、不锈钢、耐热钢等材料的焊接。

(4) 氩气价格高,因此成本高。

1.4.2　CO_2 气体保护焊

以 CO_2 作保护气体,依靠焊丝与焊件之间的电弧来熔化金属的气体保护焊的方法称 CO_2 气体保护焊。根据焊丝直径不同,分为细丝 CO_2 气体保护焊(焊丝直径≤1.6mm)及粗丝 CO_2 气体保护焊(焊丝直径>1.6mm)。其中,细丝 CO_2 气体保护焊由于工艺比较成熟而应用最为广泛,根据操作方法不同,可分为半自动和自动焊两种。半自动 CO_2 气体保护焊具有焊条电弧焊的灵活性,适用于各种焊缝的焊接;自动 CO_2 气体保护焊主要用于较长的直焊缝、环缝及某些规则的曲线焊缝的焊接。

图 4-1-23 所示为 CO_2 气体保护焊示意图,当焊丝与工件短路引燃电弧后,电弧及其周围区域得到 CO_2 气体的保护,避免了熔滴和熔池金属被空气氧化和氮化。同时,在电弧高温下,CO_2 气体发生分解:

$$CO_2 \longrightarrow CO + [O] - Q$$

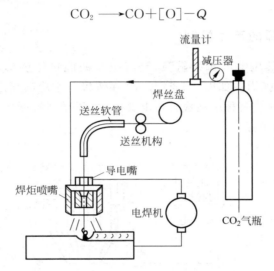

图 4-1-23　CO_2 气体保护焊示意图

分解产物的体积比分解前增加 50%,这有利于增强保护效果。另外,分解反应是吸热反应,对电弧产生强烈的冷却作用,引起弧柱收缩,使电弧热量集中,焊丝的熔化率高,母材的熔透深度大,焊接速度快,能够显著地提高焊接效率。

由于分解产物有氧化性,会烧损碳、锰、硅等合金元素,因此不能用来焊接有色金属和合金钢。为保证焊缝的合金成分,需采用含锰、硅较高的焊丝,如焊接低碳钢时常选用 H08MnSiA 焊丝,焊接低合金钢则选用 H08Mn2SiA 焊丝。

CO_2 气体保护焊的优点为:

(1) 成本低。CO_2 气体来源广,价格便宜,而且电能消耗少,故使焊接成本降低。通常 CO_2 气体保护焊的成本只有埋弧焊或焊条电弧焊的 40%～50%。

(2) 生产效率高。由于焊接电流密度较大,电弧热量利用率较高,焊后不需清渣,因此提高了生产率。CO_2 气体保护焊的生产率是焊条电弧焊的 2～4 倍。

(3) 操作性能好。CO_2 气体保护焊电弧是明弧,可清楚看到焊接过程。无熔渣。适合全位置焊接。

（4）焊接质量较好。焊缝含氢量低，采用合金钢焊丝易于保证焊缝性能。电弧在气流压缩下燃烧，热量集中，因而焊接热影响区较小，变形和产生裂纹的倾向性小。

CO_2 气体保护焊的缺点是：

（1）飞溅率较大，因此焊缝表面成形较差。

（2）很难用交流电源进行焊接，焊接设备比较复杂。

（3）不能焊接容易氧化的有色金属。

CO_2 气体保护焊通常用于焊接低碳钢、低合金结构钢。除了适用于焊接结构的生产外，还适用于耐磨零件的堆焊、铸钢件的补焊等。

1.5　等离子弧焊

1.5.1　等离子弧的产生机制

等离子弧是一种被压缩的钨极氩弧，具有很高的能量密度（$10^5 \sim 10^6$ W/cm^2）、温度（24000～50000K）及电弧力。如图 4-1-24 所示，在钨极与水冷喷嘴之间或钨极与工件之间加一高电压，经高频振荡使气体电离成自由电弧，该电弧受到机械压缩、热压缩及电磁压缩等几个作用后形成等离子弧。

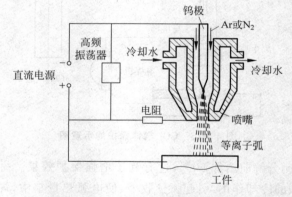

图 4-1-24　等离子弧产生原理示意图

电弧经过有一定孔径的水冷喷嘴通道，使电弧截面受到拘束，不能自由扩展，此作用称为机械压缩效应（作用）。当通入一定压力和流量的氩气或氮气时，冷气流均匀地包围着电弧，使电弧外围受到强烈冷却，迫使带电粒子流（离子和电子）往弧柱中心集中，弧柱被进一步压缩，此作用称为热压缩效应。定向运动的电子、离子流就是相互平行的载流导体，在弧柱电流本身产生的磁场作用下，产生的电磁力使弧柱进一步收缩，此作用称为电磁压缩效应。

电弧经过以上 3 种压缩效应后，能量高度集中在直径很小的弧柱中，弧柱中的气体被充分电离成等离子体，故称为等离子弧。当喷嘴直径很小、气体流量及电流强度较大时，等离子弧自喷嘴喷出的速度很高，具有很大的冲击力，这种等离子弧称为刚性弧，主要用于切割金属；如果等离子弧调节温度较低、冲击力较小，该等离子弧称为柔性弧，主要用于焊接。

1.5.2　等离子弧焊的特点

等离子弧焊接相对于钨极氩弧焊而言,具有以下优点:

(1) 等离子电弧的电离度较高,电流较小时仍很稳定,可焊微型精密零件及更薄的金属(最小可焊厚度为 0.01mm)。

(2) 电弧能量密度大,熔透能力强,在不开坡口、不加填充焊丝的情况下可一次焊透 10～12mm 厚的钢板,能一次焊透双面成形。此外,等离子弧焊的焊接速度快,薄板焊接变形小,厚板焊接时热影响区窄。

(3) 电弧方向性强,挺度好,稳定性好,电弧容易控制。

(4) 钨极内缩在喷嘴内部,不会与工件接触,可以避免焊缝金属产生夹钨现象,焊缝质量高。

等离子弧焊接的缺点为:

(1) 焊接时需要保护气和等离子气两股气流,使焊接过程控制和焊枪结构复杂化。

(2) 焊接过程中,需控制的工艺参数较多,对焊接操作人员的技术要求较高,尤其是程序化控制的自动等离子弧焊接。

(3) 设备复杂,气体消耗量大,只适于室内焊接。

1.5.3　等离子弧焊的应用

目前等离子弧焊在生产中已广泛应用,特别是国防工业及尖端技术所用的铜合金、合金钢、钨、钛等金属的焊接,如钛合金导弹壳体、微型继电器、电容器的外壳封焊以及飞机上的一些薄壁容器等。

复习思考题

4-1-1　何为焊接热影响区? 写出低碳钢焊接所产生的熔合区的高温组织和室温组织。

4-1-2　焊接接头中力学性能最差的区域在哪里? 为什么?

4-1-3　产生焊接应力与变形的原因是什么? 如何防止和减小变形? 焊接应力是否一定要消除? 消除的方法是什么?

4-1-4　图 4-1-25 为一焊接件,在图上标出 4 道焊缝的合理焊接顺序,并简述理由。

4-1-5　焊芯的作用是什么? 焊条药皮有哪些作用?

4-1-6　写出下列焊条型号或牌号的含义:

E4303,E5015,J422,J507

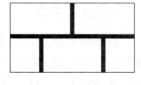

图 4-1-25　4-1-4 题图

4-1-7　焊条的选用原则是什么?

4-1-8　和手工电弧焊相比,埋弧自动焊有何特点? 应用范围如何?

4-1-9　列表比较 3 种常用的气体保护焊方法(即钨极氩弧焊、熔化极氩弧焊和 CO_2 气体保护焊)的原理、特点和应用。

4-1-10　CO_2 气体保护效果怎样? 为什么 CO_2 气体保护容易产生飞溅?

4-1-11　CO_2 气体保护焊可以焊接有色金属吗? 为什么?

4-1-12　等离子弧是怎样产生的? 等离子弧焊有什么特点?

第2章

其他常用焊接方法

2.1 电阻焊

电阻焊是将被焊工件压紧在两电极之间,并加以电流,利用电流流经工件接触面及邻近区域所产生的电阻热效应将工件加热到熔化或塑性状态,以形成金属结合的一种焊接方法。

根据焦耳-楞次定律,有:

$$Q = I^2Rt$$

式中,Q 为电阻焊时所产生的电阻热(J);I 为焊接电流(A);R 为工件的总电阻(包括工件电阻和接触电阻,Ω);t 为通电时间(s)。

由于工件的总电阻很小,要在很短的通电时间内(0.01 秒到几秒)产生高热量,必须采用很大的焊接电流(几千到几万安培)。

与其他焊接方法相比,电阻焊的主要特点是:低电压(几伏到十几伏),高电流,焊接时间短,因此生产率高;接头在压力下焊合,不需要填充金属及焊接材料;但电阻焊设备较复杂,耗电量大,对接头形式和可焊厚度有一定的限制。

电阻焊可分为点焊、缝焊和对焊 3 种形式。

2.1.1 点焊

点焊的原理及过程如图 4-2-1 所示。点焊时将两个被焊工件装配成搭接接头(点焊接头形式如图 4-2-2 所示),夹持在上、下两柱状电极之间并施加压紧力 P;然后通以焊接电流至被焊处金属呈高塑性或熔化状态,形成一个透镜形状的液态熔池;熔化金属在电极压力下冷却结晶形成熔核;断电后,应继续保持或加大压力,使熔核在压力下凝固结晶,形成组织致密的焊点。电极与工件接触处产生的热量会被导热性好的铜电极(或铜合金)及冷却水带走,因此温升有限,不会焊合。

焊完一个点后,进行下一个点的焊接时,有一部分电

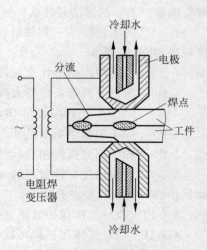

图 4-2-1 点焊示意图

流会流经已经焊好的焊点,称为分流现象。分流将使焊接处电流减小,影响焊接质量,因此两个相邻焊点之间应有一定的距离。工件厚度越大、材料导电性越好,分流现象越严重,因此应加大点距。

点焊接头形式多采用搭接接头和翻边接头。可焊材料多为低碳钢、不锈钢、铜合金和铝合金等。点焊由于焊点间有一定的间距,所以只用于没有密封性要求的薄板搭接结构和金属网、交叉钢筋结构件等的焊接。

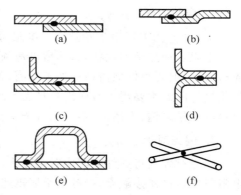

图 4-2-2　点焊接头形式

2.1.2　缝焊

如果把柱状电极换成圆盘状电极,电极紧压焊件并转动,焊件在圆盘状电极之间连续送进,再配合脉冲式通电就能形成一个连续并重叠的焊点,形成焊缝,这就是缝焊,又叫滚焊,如图 4-2-3 所示。缝焊时焊点相互重叠超过 50%,主要用于有密封要求或接头强度要求较高的薄板搭接结构件的焊接,如油箱、水箱以及壳体和安装边等,一般板厚≤2mm,焊接速度为 0.5~3m/min。

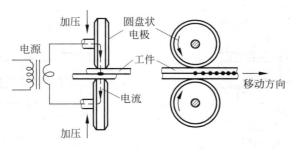

图 4-2-3　缝焊示意图

2.1.3　对焊

图 4-2-4 为对焊示意图。利用电阻热将两工件沿整个端面同时焊接起来的一类电阻焊方法称为对焊,包括电阻对焊和闪光对焊。对焊接头形式如图 4-2-5 所示。

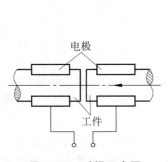

图 4-2-4　对焊示意图

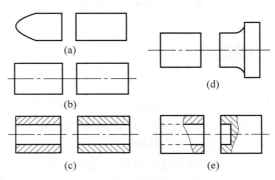

图 4-2-5　对焊接头形式

1. 电阻对焊

图 4-2-6 为电阻对焊示意图。电阻对焊是将焊件装配成对接接头,使其端面紧密接触,利用电阻热加热至塑性状态,然后迅速顶锻完成焊接的方法。电阻对焊操作简便,接头比较光滑,但焊前要很好地清理和加工端面,否则端面加热不均匀,容易产生氧化物夹杂,影响焊件质量。因此主要用于截面简单且面积小于 $250mm^2$ 的棒材、板条和厚壁管材的接长,所用材料可以是碳钢、不锈钢、铝及铝合金。

2. 闪光对焊

闪光对焊是将焊件装配成对接接头,接通电源后使其端面逐渐移近达到局部接触,利用电阻热加热这些接触点,接触点金属迅速达到熔化、蒸发、爆破,以火花的形式从接触处飞射出来,形成闪光。经多次闪光加热后,端面金属熔化直至在一定深度范围内达到预热温度时,迅速顶锻完成焊接,如图 4-2-7 所示。

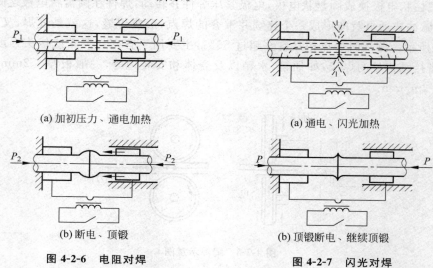

(a) 加初压力、通电加热　　　　　　　(a) 通电、闪光加热

(b) 断电、顶锻　　　　　　　　　　　(b) 顶锻断电、继续顶锻

图 4-2-6　电阻对焊　　　　　　　　　图 4-2-7　闪光对焊

闪光对焊对端面加工要求较低,并且经闪光焊后端面被清理,因此接头夹渣少、质量较好、强度高,常用于重要零件的焊接。闪光对焊的缺点是金属损耗较大,闪光火花容易沾污其他设备,接头处焊后有毛刺需要清理、加工。闪光对焊广泛用于碳钢、合金钢、有色金属的管、棒、板、型材之间的对焊或异类金属之间的对焊。

2.2　摩擦焊

摩擦焊是利用焊件接触端面相对运动中相互摩擦所产生的热,使端部达到热塑性状态,然后迅速顶锻完成焊接的一种压焊方法。焊接时不加填充金属、不需要焊剂、不用保护气体,全部焊接过程只需几秒钟。

图 4-2-8 为摩擦焊机示意图。将焊件分别夹紧在旋转夹头和移动夹头上并施加一定的预压力,使焊件端面紧密接触。其中一焊件随旋转夹头作高速旋转使两个焊件端面之间剧烈摩擦,并产生大量的热。待两焊件端面被加热至塑性状态并开始局部熔化时,旋转夹头停

止转动并增加轴向压力,两焊件端面在压力作用下熔为一体,得到致密的接头组织。

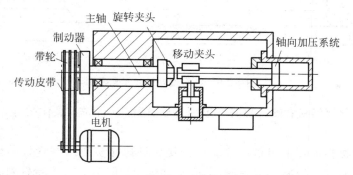

图 4-2-8　摩擦焊机示意图

摩擦焊技术的主要优点如下:

(1) 接头质量好且稳定。焊接过程由机器控制,参数设定后容易监控,重复性好。焊接过程不发生熔化,属固相热压焊。接头为锻造组织,因此焊缝不会出现气孔、偏析和夹杂、裂纹等铸造组织缺陷。焊接接头强度远大于熔焊、钎焊的强度,达到甚至超过母材的强度。

(2) 效率高。对焊件准备通常要求不高,焊接设备容易自动化,可在流水线上生产。每件焊接时间一般只需零点几秒至几十秒,是其他焊接方法(如熔焊、钎焊)不能比的。

(3) 节能、节材、低耗。所需功率仅为传统焊接工艺的 $1/15 \sim 1/5$,不需焊条、焊剂、钎料、保护气体,不需添加金属,也不需消耗电极。

(4) 焊接性好。特别适合异种材料的焊接,如钢和紫铜、钢和铝、钢和黄铜等。

(5) 环保、无污染。焊接过程不产生烟尘或有害气体,不产生飞溅,没有弧光和火花,没有放射线。

摩擦焊的缺点为:

(1) 靠工件旋转实现,焊接非圆截面较困难,盘状工件及薄壁管件由于不易夹持也很难焊接。

(2) 受焊机主轴电机功率的限制,目前摩擦焊可焊接的最大截面为 20000mm^2。

(3) 摩擦焊机一次性投资费用大,适于大批量生产。

2.3　钎焊

1. 钎焊的原理

钎焊是采用熔点比母材低的金属作钎料,将焊件加热到高于钎料熔点、低于母材熔点的温度,使钎料填充接头间隙,与母材产生相互扩散,冷却后实现连接焊接的方法。

图 4-2-9 为钎料的填充过程示意图。首先在焊接接头处安置钎料并加热;钎料熔化,通过毛细作用被吸入搭接间隙中,液态钎料润湿焊件金属并在焊件表面铺展;钎料组分向焊件材料内扩散,同时焊件材料的原子也向钎料中扩散,最后致密地填满接头间隙。

钎焊过程中一般都需要使用钎剂,其主要作用是:清除被焊金属表面的氧化膜及其他杂质,改善钎料流入间隙的性能(即润湿性),保护钎料及工件不被氧化。软钎焊时用的钎剂

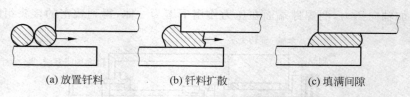

(a) 放置钎料　　　　　(b) 钎料扩散　　　　　(c) 填满间隙

图 4-2-9　钎料填充过程示意图

一般为松香或氯化锌溶液；硬钎焊时一般用硼砂、硼酸、氟化物、氯化物等，具体由钎料种类决定。

钎焊构件的接头形式采用搭接或套件镶接。钎焊接头要求有良好的配合和适当的间隙。间隙太小影响钎料的流入和润湿，不能全部焊合；间隙太大浪费钎料，降低接头强度，因此间隙一般取 0.05～0.2mm。

2. 钎焊的特点

（1）钎焊工艺的加热温度比较低，因此钎焊以后焊件的变形小，容易保证焊件的尺寸精度。同时，对于焊件母材的组织及性能的影响也比较小。

（2）钎焊工艺适用于各种金属材料、异种金属、金属与非金属的连接。

（3）可以一次完成多个零件或多条焊缝的钎焊，生产率较高。

（4）可以钎焊极薄或极细的零件，以及粗细、薄厚相差很大的零件。

（5）钎焊的缺点是：钎焊接头的耐热能力比较差，接头强度比较低，钎焊时表面清理及焊件装配质量的要求比较高。

3. 钎焊的分类

通常按照钎料的熔点不同，将钎焊分为软钎焊和硬钎焊两种。

（1）软钎焊：钎料的熔点低于 450℃ 的钎焊为软钎焊。软钎焊的接头强度低，只适用于受力很小且工作温度低的工件，如电器产品、电子导线、导电接头、低温热交换器等。软钎焊常用钎料为锡铅钎料，最常用的加热方法为烙铁加热。

（2）硬钎焊：钎料熔点在 450℃ 以上的钎焊为硬钎焊。硬钎焊的接头强度较高，工作温度也较高，可用于受力部件的连接，如天线、雷达、自行车架等的连接。硬钎焊常用钎料为银基钎料、铜基钎料、铝基钎料和镍基钎料，常用的加热方法有火焰加热、炉内加热、盐浴加热、高频加热和电阻加热。

2.4　电渣焊

电渣焊是利用电流通过液态熔渣时所产生的电阻热将电极和焊件熔化形成焊缝的一种熔焊方法，根据电极形式的不同可分为丝极电渣焊、板极电渣焊、熔嘴电渣焊和管极电渣焊等。

丝极电渣焊的焊接过程如图 4-2-10 所示。电源的一端接电极，另一端接被焊工件，两个工件相距 25～35mm。电流经由具有一定导电性的熔渣（渣池）从电极流入工件。由于熔渣电阻较大，电流通过时会产生大量的热，将渣池加热到 1700～2000℃，高温的渣池再把热量传给电极和工件,使电极和工件部分熔化。由于液态金属的密度较大,故下沉形成金属熔池,而熔渣始终浮于金属熔池的上方。在整个焊接过程中,焊缝处于垂直立焊位置,焊丝不断被送进,渣池和熔池不断升高,而熔池底部金属由冷却滑块强迫冷却凝固后形成焊缝。为保证焊接过程的稳定,焊丝在渣池内与熔池金属表面保持一定距离而不产生电弧。

电渣焊的优点是生产效率高、焊缝金属缺陷少、劳动条件好,是重型机械制造中重要的焊接方法之一;缺点是输入的热量大,接头在高温下停留时间长,焊缝金属呈粗大结晶的铸态组织,冲击韧性低,焊件在焊后一般需要进行正火和回火热处理。

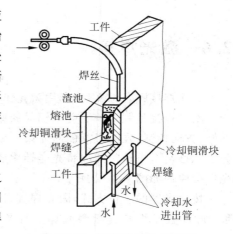

图 4-2-10　丝极电渣焊示意图

电渣焊适用于焊接≥20mm 的厚大截面工件,如厚壁压力容器、大型铸-焊结构、锻-焊结构或厚板拼焊,还可用于堆焊轧辊、高炉料钟等大型工件。电渣焊可焊接低碳钢、低合金钢、中碳钢、部分不锈钢和纯铝等。

2.5　真空电子束焊接

电子束焊接是利用聚集的高速电子流轰击工件表面,使部分动能转变为热能,将被焊金属熔化、冷凝、结晶而形成焊缝的一种焊接方法。

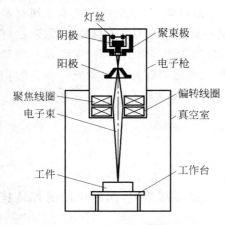

图 4-2-11　真空电子束焊接原理示意图

随着原子能、导弹和航空航天技术的发展,大量应用了锆、钽、钛、铌、钼、铂、镍及其合金。这些金属对焊接质量要求很高,且采用一般的气体保护焊不能得到满意的结果。直到 1956 年真空电子束焊接研制成功,才顺利地解决了这一问题。图 4-2-11 所示为真空电子束焊的示意图。在真空室内,从炽热的阴极发射出的电子,被高压静电场加速,并经磁场聚集成能量高度集中的电子束。电子束以极高的速度轰击焊件表面,电子的动能转变为热能而使焊件熔化。

真空电子束焊的特点是:电子束能量密度很高,焊缝深而窄,焊件热影响区、焊接变形极小;焊接质量高,焊接速度快;焊接过程控制灵活,适应性强;大多数金属都可以采用真空电子束焊,包括熔点、导热性等性能相差很大的异种金属和合金的焊接;大功率焊接可单道焊透 200mm 的钢板,也可以用很小的功率焊接微小的焊件。目前,真空电子束焊的应用范围正在日益扩大。但由于其设备结构复杂,造价高,使用与维护技术要求严格,且焊件尺寸受到真空室的限制,对焊件的清理与装配要求高,因而真空电子束焊的应用受到了一定的限制,目前一般用于有特殊要求构件的焊接。

2.6 激光焊接

激光焊接顾名思义,是利用激光作为热源的一种焊接方式。

激光焊接是利用原子受激辐射的原理,使工作物质(激光材料)受激而产生的一种单色性好、方向性强、强度很高的激光束。聚焦后的激光束最高能量密度可达 10^{13} W/cm^2,在千分之几秒甚至更短时间内将光能转化成热能,温度可达 10000℃以上,用来焊接和切割。激光焊接原理如图 4-2-12 所示。

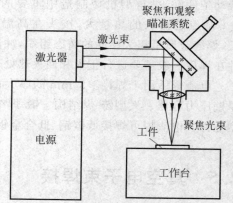

图 4-2-12 激光焊接示意图

按激光器的工作方式,激光焊接可分为以下两种:脉冲激光焊和连续激光焊。前者主要用于单点固定连续和薄件材料的焊接;后者主要用于大厚件的焊接和切割。

与其他传统焊接技术相比,激光焊接的主要优点是:

(1)焊接速度快,深度大,变形小。

(2)能在室温或特殊条件下进行焊接,如可对焊缝附近有受热、易燃、受热易裂、受热易爆的构件施焊。焊接设备装置简单。

(3)激光束可聚焦在很小的区域,可焊接小型且间隔相近的部件。

(4)可以焊接一般焊接方法难以焊接的材料,如高熔点金属等,甚至可用于非金属材料的焊接,如陶瓷、有机玻璃。焊后无需热处理,适合于某些对热输入敏感的材料的焊接。

激光焊(主要是脉冲激光点焊)可用于焊接铝、铜、银、不锈钢、钽、镍、锆、铌以及一些难熔的金属,它特别适于焊接微型、精密、排列非常密集和热敏感的焊件。但激光焊设备的功率较小,可焊接厚度受到一定限制,而且其操作与维修的技术要求较高。

2.7 超声波焊接

随着科学技术的发展和新能源的应用,焊接技术也在不断发展,出现了新的焊接技术——超声波焊接。

超声波焊接是利用超声频率的机械振动能量和静压力共同作用,来连接同质或异质零件的特殊压力焊接方法。超声波焊接与电阻焊相似,但超声波焊接时对焊件不加热、不通电。因此缝焊区和近焊区的金属组织性能变化极小,接头强度高且稳定性好。对高热导率的材料(如 Ag、Cu、Al 等)的焊接很容易。可以进行同种和异种材料焊接,特别适合于超薄件(如可焊接厚度为 0.002mm 的金箔及铝箔)、细丝以及微型器件的焊接,也可以用于焊接厚薄相差悬殊以及多层箔片等特殊焊件。由于是固态焊接,没有高温氧化、污染和损伤微电子器件,所以最适合用于半导体硅片与金属丝(Au、Ag、Al、Pt、Ta 等)的精密焊接。超声波焊接前对工件表面清洗的要求不高。

2.8　爆炸焊接

爆炸焊是利用炸药产生的冲击力造成焊件迅速碰撞,使两金属焊件的待焊表面实现连接的方法,如图 4-2-13 所示。

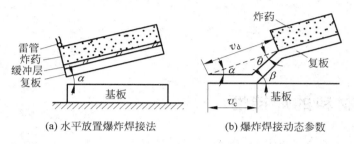

(a) 水平放置爆炸焊接法　　　(b) 爆炸焊接动态参数

图 4-2-13　爆炸焊示意图

爆炸焊的特点是:适合于复合面的连接,可焊面积为 $6.5cm^2 \sim 28m^2$;可焊接的金属材料种类较多,设备简单,操作简便;但爆炸焊都在野外进行,机械化程度低,劳动条件差,焊接时发出很大的气浪和噪声,必须特别重视安全防护。

目前,爆炸焊主要用于复合双金属平板、管、棒材(如双硬度防弹板,耐腐蚀、抗高温的双金属、三金属管及异型管等),异种金属过渡接头(如电气化铁道的铜-钢路轨、汇流排铝-铜过渡接头等),特殊接头(如热交换器的管子-管板连接、管子插塞等)的焊接。

复习思考题

4-2-1　厚薄不同的钢板或三块薄板搭接能否用点焊进行焊接?点焊对工件厚度有什么要求?对铜或铜合金板材能否进行点焊?为什么?

4-2-2　两种不同种类的金属可以用摩擦焊焊接吗?

4-2-3　钎焊和熔化焊的实质差别是什么?钎焊的主要使用范围有哪些?

4-2-4　钎焊与熔化焊相比有何特点?钎焊常用钎料有哪几种?

4-2-5　电子束焊接和激光焊接的热源是什么?焊接过程有什么特点?各自的适用范围是什么?

第3章

常用金属材料的焊接

3.1　金属材料的焊接性

3.1.1　金属焊接性的概念

焊接性是指金属材料在一定的焊接工艺条件下（焊接方法、焊接材料、焊接工艺参数和结构形式等）获得优质焊接接头的难易程度，包括工艺焊接性和使用焊接性。

工艺焊接性是指某种金属在一定焊接条件下，能否获得优质致密、无缺陷焊接接头的能力。使用焊接性是指焊接接头或整体结构满足技术条件所规定的各种使用性能的程度。

3.1.2　金属焊接性的评定

1. 碳当量法

碳当量法是根据钢中的合金元素（包括碳）对焊接热影响区淬硬性的影响程度来评估钢材焊接时可能产生裂纹和硬化倾向的方法，合金元素按其影响程度换算成碳的相对含量。国际焊接学会推荐的碳当量公式为

$$w_{C当量} = \left(w_C + \frac{w_{Mn}}{6} + \frac{w_{Cr} + w_{Mo} + w_V}{5} + \frac{w_{Ni} + w_{Cu}}{15} \right) \times 100\%$$

式中，w_C、w_{Mn} 等为碳、锰等相应成分的质量分数（%）。

（1）当 $w_{C当量} < 0.4\%$ 时，塑性好，一般没有淬硬倾向，焊接性良好，通常不需预热。

（2）当 $w_{C当量} = 0.4\% \sim 0.6\%$ 时，钢材的塑性下降，淬硬倾向增加，焊接性较差，一般需要预热和采取其他工艺措施。

（3）当 $w_{C当量} > 0.6\%$ 时，淬硬倾向和冷裂倾向大，焊接性差，需采取较高的预热温度和其他严格的工艺措施。

2. 焊接性试验法

焊接性试验是评价金属焊接性最为准确的方法。例如，焊接裂纹试验、接头力学性能试验及接头腐蚀性试验等。现以图 4-3-1 所示的刚性固定对接抗裂试验来说明焊接性试验的方法：

（1）预制一厚度大于 40mm 的方形刚性底板，边长取 300mm（自动焊时取 400mm）。

（2）将待试验材料原厚度按图示尺寸切割成两块长方形试板，按规定开坡口。

（3）将试件组对，四周固定在刚性底板上，按实际的焊接工艺规范焊接待试焊缝。

（4）焊完后将试件置于室温下 24h，先检查焊缝表面及热影响区表面有无裂纹，最后沿垂直焊缝方向切取厚度为 15mm 的金相磨片两块，检查有无裂纹来判断该试件材料的焊接性。根据试验结果制定或调整焊接工艺规范。

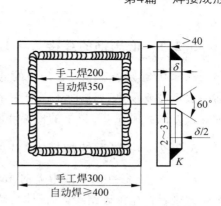

图 4-3-1 刚性固定对接抗裂试验

各种金属材料的焊接性如表 4-3-1 所示。

表 4-3-1 各种金属材料的焊接性

金属材料	焊接方法												
	熔焊							压焊					钎焊
	焊条电弧焊	埋弧焊	二氧化碳焊	氩弧焊	电渣焊	气焊	电子束焊	点焊、缝焊	对焊	摩擦焊	超声波焊	爆炸焊	
铸铁	A	C	C	B	B	A	B	D	D	D	D	D	C
铸钢	A	A	A	A	A	A	A	D	B	B	C	D	B
低碳钢	A	A	A	A	A	A	A	A	A	A	B	A	A
低合金钢	A	A	A	A	A	A	A	A	A	A	B	A	A
高碳钢	A	B	B	B	B	A	A	B	A	A	C	B	C
不锈钢	A	B	B	A	B	A	A	A	A	A	B	A	A
耐热合金	A	B	C	A	D	B	A	B	C	D	C	D	A
高镍合金	A	B	B	A	D	B	A	A	C	C	C	A	A
铜合金	A	C	C	A	D	B	B	C	A	A	A	A	A
铝	C	C	D	A	D	A	A	A	A	A	A	A	A
硬铝	D	D	D	B	D	C	A	A	A	A	A	A	A
镁及镁合金	D	D	D	A	D	D	A	B	C	A	A	A	A
钛及钛合金	D	D	D	A	D	D	A	B	C	D	A	A	B
锆	D	D	D	A	D	D	A	C	C	D	A	A	C
钼	D	D	D	B	D	D	A	C	C	D	A	A	D

注：A—焊接性良好；B—焊接性较好；C—焊接性较差；D—焊接性不好。

3.2 碳钢的焊接

碳钢焊接性的好坏，主要表现在产生裂纹和气孔的难易程度上。钢的化学成分，特别是碳的含量，决定了钢材的焊接性。随着钢中含碳量的增大，碳钢的焊接性逐渐变差。

3.2.1　低碳钢的焊接

$w_C<0.25\%$（$w_{C当量}<0.4\%$）的低碳钢没有淬硬倾向、冷裂纹倾向小、焊接性优良。焊前一般不需要预热，焊接时不需要采用特殊的工艺措施就能获得优质的焊接接头，适合于各种焊接方法。但在 0℃ 以下的低温环境中焊接厚件时，应预热焊件。

3.2.2　中碳钢的焊接

$w_C=0.25\%\sim0.6\%$ 的中碳钢（$w_{C当量}>0.4\%$）焊接性较差：焊缝金属容易产生热裂，热影响区则易产生淬硬组织（马氏体），甚至导致冷裂。因此，焊前必须预热至 $150\sim250℃$；焊后应缓慢冷却以防止产生冷裂纹。中碳钢的焊接通常使用焊条电弧焊方法，采用细焊条、小电流、开坡口、多层焊的方式，尽量防止含碳量高的母材过多地熔入焊缝。

3.2.3　高碳钢的焊接

$w_C>0.6\%$ 的高碳钢（$w_{C当量}>0.6\%$）导热性差，塑性差，热影响区淬硬倾向及焊缝产生裂纹、气孔的倾向严重，焊接性很差，应采用更高的预热温度和更严格的工艺措施（包括焊接材料的选配）才可进行焊接。实际上，这类钢一般不用来制作焊接结构，只用于修补。

3.3　合金结构钢的焊接

3.3.1　低合金结构钢的焊接

低合金结构钢的碳含量都很低，加入少量的合金元素后，强度显著提高，塑韧性也很好，其焊接性随强度等级的提高而变差。

强度≤400MPa 的低合金结构钢（$w_{C当量}<0.4\%$）焊接性良好，其焊接工艺和焊接材料的选择与低碳钢基本相同，一般不需采取特殊的工艺措施。只有焊件较厚、结构刚度较大和环境温度较低时，才进行焊前预热，以免产生裂纹。

强度级别≥450MPa 的低合金结构钢（$w_{C当量}>0.4\%$）存在淬硬和冷裂问题，其焊接性与中碳钢相当，焊接时需要采取一些工艺措施，如焊前预热（预热温度约150℃）因此降低冷却速度，从而避免出现淬硬组织；适当调节焊接工艺参数，以控制热影响区的冷却速度不宜过快，保证焊接接头获得优良性能；焊后进行退火热处理能消除残余应力，避免冷裂。

低合金结构钢含碳量较低，对硫、磷控制较严，手工电弧焊、埋弧焊、气体保护焊和电渣焊均可用于此类钢的焊接，以手工电弧焊和埋弧焊较常用。选择焊接材料时，通常从等强度原则出发，为了提高抗裂性，尽量选用碱性焊条和碱性焊剂，对于不要求焊缝和母材等强度的焊件，亦可选择强度级别略低的焊接材料，以提高塑性、避免冷裂。

3.3.2　不锈钢的焊接

不锈钢分为奥氏体不锈钢、铁素体不锈钢、马氏体不锈钢。应用最广是的是镍-铬奥氏体不锈钢，如 1Cr18Ni9Ti 等，这类钢的焊接性能良好。

奥氏体不锈钢焊接性能良好,焊接时一般不需特殊工艺措施。需要注意的是:焊条电弧焊时采用与母材化学成分相同的焊条;氩弧焊和埋弧焊时选用的焊丝应保证焊缝化学成分与母材相同。奥氏体不锈钢焊接时如果焊接材料选择不当和工艺不合理,容易产生晶间腐蚀和热裂纹。为防止腐蚀,应选择合适的母材和焊接材料,采取小电流、快速焊、强制冷却等措施;为防止热裂纹,应严格控制硫、磷含量。

铁素体不锈钢焊接的主要问题是晶间的过热长大和裂纹,可进行焊前预热并采用小电流、大焊速进行焊接。

马氏体不锈钢的焊接性能较差,可进行焊前预热和焊后热处理。

不锈钢焊接多采用氩弧焊、焊条电弧焊和埋弧焊等。

3.4 铸铁的补焊

铸铁含碳量高,杂质多,塑性低,焊接时易产生白口及淬硬组织,易产生裂纹,因此只用焊接来修补铸铁件缺陷和修理局部损坏的零件。补焊方法主要根据对焊后的要求(如焊缝的强度、颜色、致密性,焊后是否进行机加工等)、铸件的结构情况(大小、壁厚、复杂程度、刚度等)及缺陷情况来选择,手工电弧焊和气焊是最常用的铸铁补焊方法。按焊前是否预热,铸铁的补焊可分为热焊法和冷焊法两大类。

1. 热焊法

热焊法是焊前将工件整体或局部加热到 600～700℃、焊接中保持 400℃以上、焊后缓冷的方法。热焊法可防止工件产生白口组织和裂纹,焊接质量较好,焊后可进行机械加工。但热焊法成本较高,生产率低,焊工劳动条件差,一般用于焊补形状复杂而焊后需要加工的重要铸件,如床头箱、气缸体等。

2. 冷焊法

补焊前工件不预热或预热温度在 400℃以下的焊接方法称为冷焊法。常用焊条电弧焊进行铸铁冷焊,依靠焊条来调整焊缝的化学成分以防止白口组织和裂纹的产生。焊接时应尽量采用小电流、短电弧、窄焊缝、短焊道等工艺,并在焊后立即用锤轻击焊缝以松弛焊接应力,防止焊后开裂。冷焊法方便灵活,生产率高,成本低,劳动条件好,尤其是不受焊缝位置的限制,但焊接处切削加工性能较差。

铸铁常用的焊接方法有焊条电弧焊、气焊、CO_2 气体保护焊、气体火焰钎焊以及气体火焰粉末喷焊,具体见表 4-3-2。

表 4-3-2　铸铁的补焊方法

补焊方法		焊接材料的选用	焊缝特点
手工电弧焊	热焊及半热焊	Z208、Z248	强度、硬度、颜色与母材相同或相近,可加工
	冷焊	Z100、Z116、Z308、Z408、Z607、J507、J427、J422	强度、硬度、颜色与母材不同,加工性较差

补焊方法		焊接材料的选用	焊缝特点
气焊	热焊	铸铁焊丝	强度、硬度、颜色与母材相同,可加工
	加热感应区法		
钎焊		黄铜焊丝	强度、硬度、颜色与母材不同,可加工
CO_2 气体保护焊		H08Mn2Si	强度、硬度、颜色与母材不同,不易加工
电渣焊		铸铁屑	强度、硬度、颜色与母材相同,可加工,适用于大尺寸缺陷的补焊

3.5 铝、铜及其合金的焊接

3.5.1 铝及铝合金的焊接

1. 铝及铝合金的焊接特点

(1) 铝在空气中及焊接时极易氧化,生成的氧化铝(Al_2O_3)熔点高,非常稳定,不易去除。

(2) 铝及铝合金的热导率和比热容约为碳素钢和低合金钢的 2 倍,铝的热导率则是奥氏体不锈钢的十几倍,因此焊接时需要更高的线能量,应使用大功率或能量集中的热源,有时还要求预热。

(3) 铝及铝合金的线膨胀系数约为碳素钢和低合金钢的 2 倍,因此凝固时的体积收缩率较大,焊件的变形和应力较大,因此,需采取预防焊接变形的措施。

(4) 铝及其合金的固态和液态色泽不易区别,焊接操作时难以控制熔池温度。高温铝强度很低,焊接时易引起接头处金属塌陷或下漏。

(5) 铝及铝合金液态能溶解大量的氢,固态几乎不溶解。所以在熔池凝固和快速冷却的过程中,氢来不及溢出,极易形成氢气孔。

2. 铝及铝合金的焊接方法

铝及铝合金具体的焊接方法见表 4-3-3。

表 4-3-3　部分铝及铝合金的相对焊接性

焊接方法	焊接性及适用范围							说　明
	工业纯铝	铝-锰合金	铝-镁合金		铝-铜合金	使用厚度/mm		
	1070 1100	3003 3004	5083 5056	5052 5454	2014 2024	推荐	可用	
TIG 焊 (手工、自动)	很好	很好	很好	很好	很差	1~10	0.9~25	填丝或不填丝,厚板需预热,交流电源
MIG 焊 (手工、自动)	很好	很好	很好	很好	较差	≥8	≥4	焊丝为电极,厚板需预热和保温,直流反接
脉冲 MIG 焊 (手工、自动)	很好	很好	很好	很好	较差	≥2	1.6~8	适用于薄板焊接

续表

焊接方法	焊接性及适用范围							说　明
	工业纯铝	铝-锰合金	铝-镁合金		铝-铜合金	使用厚度/mm		
	1070 1100	3003 3004	5083 5056	5052 5454	2014 2024	推荐	可用	
气焊	很好	很好	很差	较差	很差	0.5～10	0.3～25	适用于薄板焊接
焊条电弧焊	较好	较好	很差	较差	很差	3～8	—	直流反接,需预热,操作性差
电阻焊	较好	较好	很好	很好	较好	0.7～3	0.1～4	需要电流大
等离子弧焊	很好	很好	很好	很好	较差	1～10	—	焊缝晶粒小,抗气孔性能好
电子束焊	很好	很好	很好	很好	较好	3～75	≥3	焊接质量好,适用于厚板

3.5.2　铜及铜合金的焊接

1. 铜及铜合金的焊接特点

(1)导热性强(纯铜的热导率约为低碳钢的 8 倍),因此要求强热源,否则容易产生焊不透等缺陷。对于厚而大的工件焊前需预热。

(2)膨胀系数大,液固转变时的收缩也大。因此焊接时易产生较大的焊接应力和变形,而且裂纹倾向大。

(3)液态时易氧化生成 Cu_2O,其结晶时和铜形成低熔点的共晶体,这也是产生裂纹的原因之一。

(4)液态时吸气性强,特别容易吸收氢,若凝固时析出不充分则容易生成气孔。

(5)铜的电阻极小,故不适于采用电阻焊。

2. 铜及铜合金的焊接方法

可用气焊、氩弧焊、钎焊等方法进行焊接,其中氩弧焊是焊接紫铜和青铜最理想的方法,黄铜焊接则常采用气焊。

为保证焊接质量,在焊接铜及铜合金时还应采取以下措施:

(1)为了防止 Cu_2O 的产生,可在焊接材料中加入脱氧剂,如铜焊粉等。

(2)清除焊件和焊丝上的油污、锈、水分、尘土等,减少氢的来源,避免气孔的形成。

(3)厚板焊接时应在焊前预热,焊后锤击焊缝,以减小残余应力。

复习思考题

4-3-1　什么是金属材料的焊接性?工艺焊接性与使用焊接性有什么不同?

4-3-2　为什么说用碳当量法判断钢材的焊接性只是一种近似的方法?

4-3-3　凡是能够获得优质焊接接头的金属焊接性都很好,这种说法对吗?为什么?

4-3-4　下列金属材料焊接时主要问题是什么？常用什么焊接方法和焊接材料？

普通低合金钢、中碳钢、珠光体耐热钢、奥氏体不锈钢

4-3-5　铸铁补焊时容易出现哪些焊接缺陷？焊接铸铁的方法有哪些？焊接时应注意什么问题？

4-3-6　奥氏体不锈钢焊接的主要问题是什么？焊接时有哪些防护措施？

4-3-7　铝、铜及其合金焊接时常采用哪些焊接方法？哪种方法最好？为什么？

焊接结构工艺性

　　焊接结构的设计,除考虑结构的使用性能、环境要求和国家的技术标准与规范外,还应考虑结构的工艺性和现场的实际情况,力求生产率高、成本低,满足经济性的要求。焊接结构工艺一般包括焊接结构材料选择、焊接方法选择、焊缝布置和焊接接头设计等方面的内容。

4.1　焊接结构件材料的选择

　　在满足焊接件使用性能的前提下,应尽量选用焊接性好的材料。

1. 应尽可能选择焊接性良好的材料

　　一般在保证满足焊接结构使用要求的前提下,应尽可能选择焊接性良好的材料。低碳钢和 $w_{C当量}<0.4\%$ 的低合金钢,都具有良好的焊接性,在设计焊接结构时应尽量选用;强度等级较低的低合金钢,其焊接性和低碳钢一样,条件允许时,应优先选用;强度等级较高的低合金钢,其焊接性差些,但采用合适的焊接材料与工艺也能获得满意的接头,设计强度要求高的重要结构可采用。

　　沸腾钢因含氧量较高,组织成分不均匀,有较显著的区域偏析、疏松和夹杂,焊接时易产生裂纹,因此不宜选用;镇静钢因脱氧完全,组织致密,质量较好,重要的焊接结构应选用这种钢材。

2. 尽量少用异种金属的焊接

　　因为异种钢几乎不能用熔化焊的方法获得满意的接头,若必须采用异种金属焊接,须尽量选择化学成分、物理性能相近的材料。

3. 尽量选用各种型材

　　如工字钢、槽钢、角钢等,不仅能减少焊缝数量和简化焊接工艺,而且能增加结构件的强度和刚性。

4.2　焊接方法的选择

　　焊接方法的选择应充分考虑材料的焊接性、焊件厚度、焊缝位置、生产批量及焊接质量等因素。在保证获得优质焊接接头的前提下,优先选择常用的焊接方法,若生产批量较大,还需考虑有高的生产率和低廉的成本,具体见表 4-4-1。

表 4-4-1　常用焊接方法的选择

焊接方法	主要接头形式	焊接位置	材料选择	应　用
手工电弧焊	对接、角接、搭接、T 形接	全位置	碳钢、低合金钢、铸铁、铜及铜合金,铝及铝合金	各类中小型结构
埋弧自动焊		平焊	碳钢,合金钢	成批生产、中厚板长直焊缝和较大直径环焊缝
氩弧焊		全位置	铝、铜、镁、钛及其合金,耐热钢,不锈钢	致密、耐蚀、耐热的焊件
CO_2 气体保护焊			碳钢、低合金钢、不锈钢	
等离子弧焊	对接、搭接		耐热钢,不锈钢,铜、镍、钛及其合金	一般焊接方法难以焊接的金属和合金
电渣焊	对接	立焊	碳钢、低合金钢、铸铁、不锈钢	大厚铸、锻件的焊接
点焊	搭接	全位置	碳钢、低合金钢、不锈钢、铝及铝合金	焊接薄板壳体
缝焊				焊接薄壁容器和管道
对焊	对接	平焊		杆状零件的焊接
摩擦焊			各类同种金属和异种金属	圆形截面零件的焊接
钎焊	搭接		碳钢、合金钢、铸铁、非铁合金	强度要求不高,其他焊接方法难以焊接的焊件

4.3　焊接接头及坡口形式设计

1. 接头形式的选择

　　焊接碳钢和低合金钢的基本接头形式有对接、搭接、角接和 T 形接 4 种。接头形式的选择是根据结构的形状、强度要求、工件厚度、焊接材料消耗量及其他焊接工艺决定的。常用接头形式及其基本尺寸如图 4-4-1 所示。

　　(1) 对接接头

　　如图 4-4-1(a)所示,对接接头是最常见的一种接头形式,它具有应力分布均匀、焊接质量容易保证、节省材料等优点,但对焊前准备和装配质量要求较高。按照坡口形式的不同,可分为 I 形对接接头(不开坡口)、Y 形坡口接头、U 形坡口接头、双 Y 形坡口接头和双 U 形坡口接头等。一般厚度≤6mm时,采用不开坡口而留一定间隙的双面焊;中等厚度及大厚度构件的对接焊,为了保证焊透,必须开坡口。Ｙ形坡口便于加工,但焊后构件容易发生变形;双Ｙ形坡口由于焊缝截面对称,焊后工件的变形及内应力比Ｙ形坡口小,在相同板厚条件下,双Ｙ形坡口比Ｙ形坡口要减少1/2填充金属量。U形及双U形坡口,焊缝填充金属量更少,焊后变形也很小,但这种坡口加工困难,一般用于重要结构。

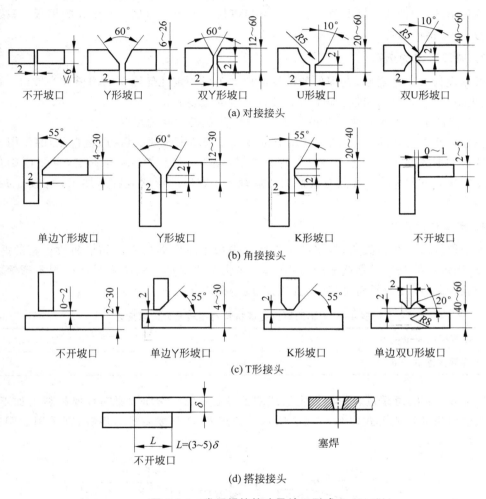

(a) 对接接头

(b) 角接接头

(c) T形接头

(d) 搭接接头

图 4-4-1　常用焊接接头及坡口形式

（2）角接接头

如图 4-4-1(b)所示,根据坡口形式不同,角接接头分为不开坡口、Ｙ形坡口、Ｋ形坡口及卷边等几种形式。通常厚度≤2mm 的角接接头可采用卷边形式;厚度在 2~8mm 的角接接头,往往不开坡口;大厚度而又必须焊透的角接接头及重要构件角接接头,则应开坡口,坡口形式同样要根据工件厚度、结构形式及承载情况而定。

（3）Ｔ形接头

根据焊件厚度和承载情况,Ｔ形接头可分为不开坡口、单边Ｙ形坡口和 Ｋ 形坡口等几种形式,如图 4-4-1(c)所示。Ｔ形接头焊缝大多数情况只能承受较小剪切应力或仅作为非承载焊缝,因此厚度≤30mm 时可以不开坡口。对于要求载荷的 T 形接头,为了保证焊透,应根据工件厚度、接头强度及焊后变形的要求来确定所开坡口形式。

（4）搭接接头

搭接接头因两焊件不在同一平面,受力时焊缝处易产生应力集中和附加弯曲应力降低了接头强度,但对装配要求不高,一般用在不重要的结构中。搭接接头分为不开坡口搭接和塞焊两种形式,如图 4-4-1(d)所示。不开坡口搭接一般用于厚度≤12mm 的钢板,搭接部分长度为 3～5 倍的板厚。

2. 坡口形式的选择

根据设计或工艺需要,在焊件的待焊部位加工成一定几何形状的沟槽称为坡口,可以用机械、火焰或电弧等方式进行加工。开坡口的目的主要有:

（1）保证电弧能深入到焊缝根部使其焊透,并获得良好的焊缝。

（2）对于合金钢,坡口还能起到调节母材金属和填充金属比例（即熔合比）的作用。

坡口的形式和尺寸主要由板厚、焊接方式、焊接位置和工艺等决定,主要原则如下:①焊缝中填充的材料少;②具有良好的可焊性;③坡口的形状应容易加工;④便于控制焊接变形。

3. 接头过渡形式

为获得优质的焊接接头,焊接结构件最好采用等厚度的材料。如果两块板料的厚度差别较大,则焊后接头处容易造成应力集中,且接头两边受热不均匀容易产生焊不透等缺陷。根据经验,不同厚度的板料对接时允许的厚度差见表 4-4-2。

表 4-4-2　不同厚度金属材料对接时允许的厚度差　　mm

较薄板的厚度	2～5	6～8	9～12	≥12
允许厚度差 $\delta_1 - \delta$	1	2	3	4

如果 $\delta_1 - \delta$ 的值超过表中的规定值或双面超过 $2(\delta_1 - \delta)$ 时,要在较厚板料上加工出单面或双面斜边的过渡形式,如图 4-4-2 所示。角接及 T 形接头受力焊缝,则采用如图 4-4-3所示的过渡形式。

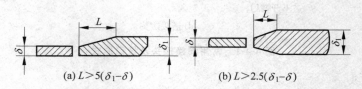

(a) $L > 5(\delta_1 - \delta)$　　　　(b) $L > 2.5(\delta_1 - \delta)$

图 4-4-2　不同厚度金属材料对接时的过渡形式

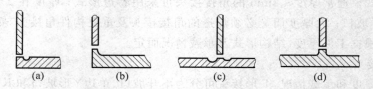

(a)　　　　(b)　　　　(c)　　　　(d)

图 4-4-3　不同厚度金属材料角接及 T 形接头的过渡形式

4.4　焊缝的布置

1. 焊缝形式

按焊缝的空间位置可分为平焊、立焊、横焊、仰焊 4 种,如图 4-4-4 所示。平焊的操作容易,劳动条件好,生产率高,质量易于保证,应尽量把焊缝放在平焊的位置上施焊。在进行立焊、横焊和仰焊时,由于重力的作用,被熔化的金属会向下滴落而造成施焊困难,因此应尽量避免。

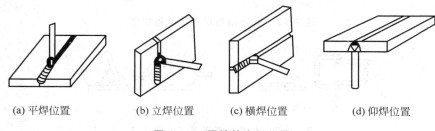

(a) 平焊位置　　(b) 立焊位置　　(c) 横焊位置　　(d) 仰焊位置

图 4-4-4　焊缝的空间位置

2. 焊缝布置

（1）焊缝应尽量处于平焊位置

平焊容易操作,劳动条件好,生产率高,焊缝质量容易得到保证。应尽量设置平焊缝,避免仰焊缝,减少立焊缝。

（2）尽量减少焊缝数量

减少焊缝数量可减小焊接加热,减小焊接应力和变形,同时减少焊接材料的消耗,降低成本,提高生产率。尽量选用轧制型材,以减少备料工作量和焊缝数量,形状复杂部位可采用冲压件、铸钢件等以减少焊缝数量。如图 4-4-5 所示,是采用型材和冲压件减少焊缝数量的实例。

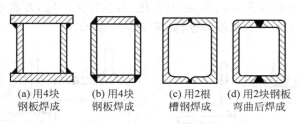

(a) 用4块　　(b) 用4块　　(c) 用2根　　(d) 用2块钢板
钢板焊成　　钢板焊成　　槽钢焊成　　弯曲后焊成

图 4-4-5　减少焊缝数量

（3）焊缝布置要便于施焊

焊接时焊缝布置要留有足够的操作空间,使焊接工具能自如地进行操作。焊接时尽量少翻转,以提高生产率。图 4-4-6(a)所示的焊接结构,焊条电弧焊时焊条无法伸入内侧焊缝,应修改成图(b)所示的结构。图 4-4-7 所示的焊接结构,点焊与缝焊应考虑电极伸入是否方便;图 4-4-8 所示结构,自动焊结构的设计应使接头处施焊时容易存放焊剂;图 4-4-9

所示为气体保护焊焊缝的布置。

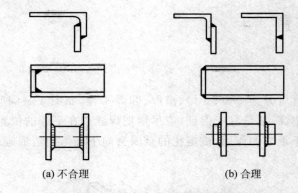

(a) 不合理   (b) 合理

图 4-4-6 焊条电弧焊焊缝位置布置

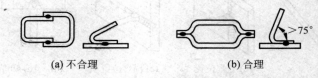

(a) 不合理   (b) 合理

图 4-4-7 点焊和缝焊焊缝位置布置

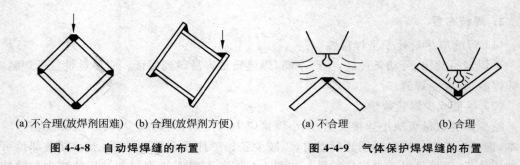

(a) 不合理(放焊剂困难) (b) 合理(放焊剂方便)   (a) 不合理   (b) 合理

图 4-4-8 自动焊焊缝的布置   图 4-4-9 气体保护焊焊缝的布置

（4）焊缝布置应尽可能分散，避免密集或交叉

焊缝密集或交叉会使接头处过热、组织恶化、力学性能下降，并将增大焊接应力。一般两条焊缝的间距要大于 3 倍的钢板厚度，如图 4-4-10 所示。

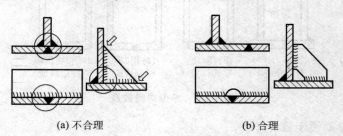

(a) 不合理   (b) 合理

图 4-4-10 焊缝分散布置设计

（5）焊缝布置应尽量对称

焊缝对称布置可使各条焊缝产生的焊接变形相互抵消，这对减少梁、柱类结构的弯曲变形有明显效果，如图 4-4-11 所示。

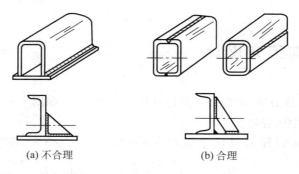

(a) 不合理　　　　　　(b) 合理

图 4-4-11　焊缝应尽量对称布置

（6）焊缝布置应尽量避开最大应力位置或应力集中位置

焊接接头往往是焊接结构的薄弱环节，存在残余应力和焊接缺陷，因此，焊缝应避开应力较大位置和集中位置。如图 4-4-12 所示，焊接钢梁焊缝不应在梁的中间，应增加一条焊缝；压力容器一般不用无折边封头，应改用碟形封头；构件截面有急剧变化的位置或尖锐棱角部位应避免布置焊缝。

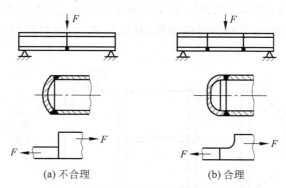

(a) 不合理　　　　　　(b) 合理

图 4-4-12　焊缝应尽量避开最大应力或应力集中处

（7）焊缝布置应避开机械加工表面

某些焊接构件的一些部位需先机械加工再焊接，如焊接轮毂、管配件、传动支架等，则焊缝位置应尽量远离已加工表面，以避免或减少焊接应力与变形对已加工表面精度的影响。如果焊接结构要求整体焊后再进行切削加工，则焊后一般要先进行消除应力处理，然后再进行切削加工；在机加工要求较高的表面上，尽量不要设置焊缝，如图 4-4-13 所示。

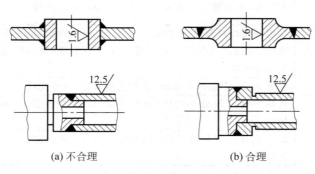

(a) 不合理　　　　　　(b) 合理

图 4-4-13　焊缝布置应避开机械加工表面

4.5 焊接结构工艺设计

下面以一中压容器为例,对焊接工艺设计作一简单介绍,如图 4-4-14 所示。

（1）结构名称:中压容器。

（2）材料:16MnA（原材料尺寸为 1200mm×5000mm）。

（3）件厚:筒身 12mm,封头 14mm,人孔圈 20mm,管接头 7mm。

（4）生产类型:小批量生产。

（5）工艺设计要点:筒身用钢板冷卷,按实际尺寸,可分为 3 节。为避免焊缝密集,筒身纵焊缝可相互错开 180°;封头应采用热压成形,与筒身连接处

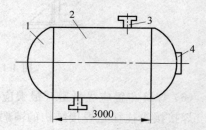

图 4-4-14 中压力容器外形示意图
1—封头;2—筒身;3—管接头;4—人孔圈

应有 30～50mm 的直段,使焊缝躲开转角应力集中位置,工艺图如图 4-4-15 所示。根据各条焊缝的不同情况,可选用不同的焊接方法、接头形式、焊接材料与工艺,具体工艺设计见表 4-4-3。

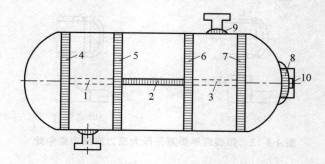

图 4-4-15 中压力容器工艺图

表 4-4-3 中压力容器焊接工艺设计

序号	焊缝名称	焊接方法与焊接工艺	焊接材料
1	筒身纵缝 1、2、3	因容器质量要求高,又小批生产,采用埋弧焊双面焊,先内后外,不开坡口。材料为 16MnR,应在室内焊接	焊丝:H08MnA 焊剂:431 焊条:J507
2	筒身环缝 4、5、6、7	采用埋弧焊双面焊,顺序焊 4、5、6 焊缝,先内后外,不开坡口。7 焊缝装配后先在内部用手弧焊封底,再用埋弧焊焊外环缝	焊丝:H08MnA 焊剂:431 焊条:J507
3	管接头焊接 9	管壁 7mm,手弧焊双面焊,装配后角焊缝,不开坡口	焊条:J507
4	人孔圈纵缝 10	板厚 20mm,焊缝短（100mm）,手弧焊,平焊位置,丫形坡口	焊条:J507
5	人孔圈环缝 8	处于立焊位置的圆角焊缝,采用手弧焊,单面坡口,双面焊	焊条:J507

复习思考题

4-4-1　在设计焊接结构时，如何选择焊接材料和焊接方法？

4-4-2　为什么对接和搭接这两种接头形式中常选用对接？

4-4-3　焊接结构工艺性的内容包括哪些方面？

4-4-4　焊缝布置的一般设计原则是什么？

4-4-5　图 4-4-16 中焊缝布置是否合理？不合理的请加以改正。

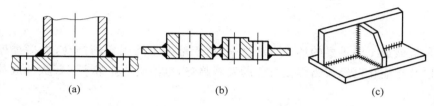

(a)　　　　　　　　(b)　　　　　　　　(c)

图 4-4-16　4-4-5 题图

4-4-6　图 4-4-17 中所示的焊接结构有何缺点？应如何改进？

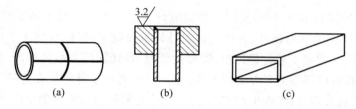

(a)　　　　　　　　(b)　　　　　　　　(c)

图 4-4-17　4-4-6 题图

第5章

焊接过程自动化

焊接是机械加工中重要的加工方法之一,由于诸多发展因素的推动,焊接过程自动化、机器人化以及智能化已经成为焊接行业的发展趋势,也给制造业带来了巨大的改革。

5.1 计算机辅助焊接技术

计算机辅助焊接技术(CAW)是以计算机软件为主的焊接新技术重要组成部分,可以完成焊接和接头的计算机辅助设计、焊接工艺设计计算及辅助设计、焊接工艺过程计算机辅助管理、焊接过程模拟、焊接工艺过程控制、焊接性预测、焊接缺陷及故障诊断、焊接生产过程自动化、信息处理、教育培训等诸多方面的工作。图 4-5-1 列出了计算机在焊接工程应用的主要方面,图中焊接信息数据库、焊接生产文档管理、生产过程计划与管理的应用已相当普遍。

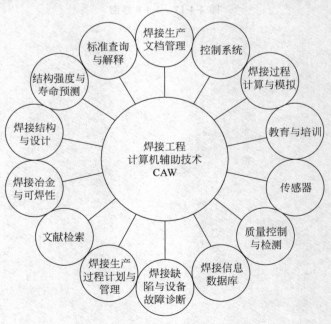

图 4-5-1 计算机辅助焊接技术示意图

　　计算机辅助焊接技术促进了生产过程管理的规范化,大大提高了生产效率,缩短了生产周期,提高了产品质量,降低了成本。近年来,计算机辅助焊接技术正朝着智能化的方向发展。

5.2　焊接机器人

　　焊接机器人是机器人与焊接技术的结合,是自动化焊接生产系统的基本单元。焊接机器人常与其他设备一起组成机器人柔性作业系统,如弧焊机器人工作站等。

　　焊接机器人不仅可以模仿人的操作,而且比人更能适应各种复杂的焊接环境,其优点为:稳定和提高焊接质量,保证其均匀性;提高生产效率,可 24h 连续生产;可在恶劣环境下长期工作,改善工人的劳动条件;可实现小批量产品焊接自动化。随着制造业的发展,焊接机器人的性能也不断地提高,并逐步向智能化方向发展。

　　目前在焊接生产中使用的机器人主要有:点焊机器人、弧焊机器人、切割机器人和喷涂机器人等。

1. 点焊机器人

　　点焊机器人约占中国机器人总数的 46％,主要用在汽车、农机、摩托车等行业。

　　按焊钳与变压器的结合方式,点焊机器人有分离式、内藏式和一体式 3 种,如图 4-5-2 所示。分离式点焊机器人的焊钳与点焊变压器通过二次电缆相连,所需变压器容量大,影响机器人的运动范围和灵活性;内藏式点焊机器人二次电缆的缩短,变压器容量可减小,但结构较复杂;一体式点焊机器人焊钳和电焊变压器安装在一起,共同固定在机器人手臂末端,省掉了粗大的电缆,节省了能量,但造价较高。

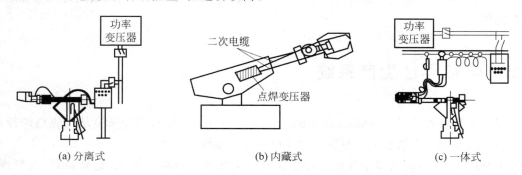

(a) 分离式　　　　　　　　(b) 内藏式　　　　　　　　(c) 一体式

图 4-5-2　点焊机器人的 3 种形式

　　选择点焊机器人时应注意:点焊机器人的工作空间应大于所需工作空间;点焊速度与生产线速度相匹配;按工件形状、焊缝位置等选择焊钳;选用内存量大、示教功能全、控制精度高的机器人。

2. 弧焊机器人

　　弧焊机器人的应用范围更广,在通用机械、金属结构、航天航空、汽车车辆及造船等行业都有应用。一般的弧焊机器人都配有焊缝自动跟踪(如电弧传感器、激光视觉传感器)和熔池形状控制系统等,可根据环境的变化进行一定范围的适应性调整。

图 4-5-3 所示为典型的完整配套的弧焊机器人系统。该系统由操作机、工件变位器、控制盒、焊接设备和控制柜 5 部分组成,相当于一个焊接中心或焊接工作站,具有机座可移动、多自由度、多工位轮番焊接等功能。

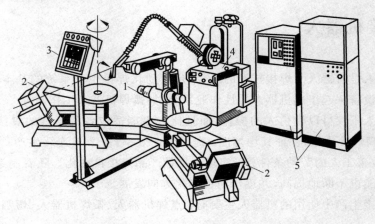

图 4-5-3 弧焊机器人系统
1—操作机;2—工件变位器;3—控制盒;4—焊接设备;5—控制柜

选择弧焊机器人时,应注意其是否满足弧焊工艺所需自由度、根据产品结构和工艺需要及技术要求选择弧焊机器人的结构参数、示教再现型弧焊机器人的重复轨迹精度、焊接电源与送丝机构参数与弧焊机器人相符合等问题。

焊接机器人目前正朝着能自动检测厚度、工件形状、焊缝轨迹和位置、坡口的尺寸和形式、对缝的间隙,自动设定焊接规范参数、焊枪运动点位或轨迹、填丝或送丝速度、焊钳摆动方式,实时检测是否形成所需要的焊点和焊缝、是否有内部或外部焊接缺陷及排除等智能化方向发展。

5.3 焊接柔性生产系统

焊接柔性生产系统(welding flexible manufacturing system,WFMS)是在成熟焊接机器人技术的基础上发展起来的更为先进的自动化焊接加工系统。

典型的 WFMS 应由多个既相互独立又有一定联系的焊接机器人、运输系统、物料库、FMS 控制器及安全装置组成。每个焊接机器人可以独立作业,也可以按一定的工艺流程进行流水作业,完成对整个工件的焊接。系统控制中心有各焊接单元的状态显示及运送小车、物料的状态信息显示等。

图 4-5-4 所示为轿车车身自动化装焊生产线,它由主装焊线 1、左侧层装焊线 2、右侧层装焊线 3 和底侧层装焊线 4 组成。该生产线包括 72 台工业机器人和计算机控制系统,自动化程度很高并具有较大柔性,可进行多种轿车车身的焊接装配生产。

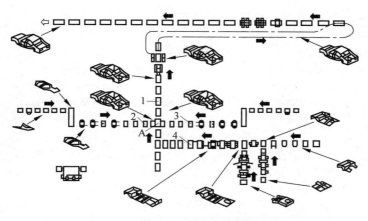

图 4-5-4　轿车车身自动化焊装生产线

1—主装焊线；2—左侧层装焊线；3—右侧层装焊线；4—底侧层装焊线

复习思考题

4-5-1　什么是焊接机器人？它由哪些基本单元构成？

4-5-2　预测焊接成形技术未来的发展趋势。

第5篇

切 削 加 工

切削加工是使用切削工具(包括刀具、磨具和磨料),在工具和工件的相对运动中,把工件上多余的材料层切除,使工件获得规定的几何参数(形状、尺寸、位置)和表面质量的加工方法。

切削加工可分为机械加工(简称机工)和钳工两部分。

机工是通过工人操纵机床来完成切削加工,主要加工方法有车、钻、刨、铣、磨及齿轮加工等,所用机床相应为车床、钻床、刨床、铣床、磨床及齿轮加工机床等。

钳工一般是通过工人手持工具来进行加工。钳工常用的加工方法有錾、锯、锉、刮、研、钻孔、铰孔、攻螺纹(攻丝)和套螺纹(套扣)等。为了减轻劳动强度和提高生产效率,钳工中的某些工作已逐渐被机工代替,实现了机械化。在某些场合下,钳工加工是非常经济和方便的,如在机器的装配和修理中某些配件的锉修、导轨面的刮研、笨重机件上的攻丝等。因此,钳工有其独特的价值,尤其在装配和修理等工作中占有一定的地位。

目前绝大多数零件的质量还要靠切削加工的方法来保证。因此,如何正确地进行切削加工以保证产品质量、提高生产效率和降低成本,就有着重要的意义。

第1章

金属切削加工的基础知识

1.1　切削运动和切削要素

1.1.1　零件表面的形成和切削运动

零件表面的形状虽然很多,但分析起来,无外乎是由平面、外圆面、内圆面(孔)及成形面所组成。因此,只要能对这几种表面进行加工,就基本上能完成所有零件的加工。

外圆面和孔可认为是以某一直线为母线,以圆为轨迹作旋转运动所形成的表面。

平面是以一直线为母线,以另一直线为轨迹作平移运动所形成的表面。

成形面可认为是以曲线为母线,以圆或直线为轨迹作旋转或平移运动所形成的表面。

上述几种表面可分别用图 5-1-1 所示相应的加工方法来获得。由图可知,要对这些表面进行加工,刀具与工件之间必须有一定的相对运动,即切削运动。切削运动的形式有旋转、往复直行、连续、间歇运动。根据这些运动在切削过程中所起作用的不同,切削运动分为主运动和进给运动。

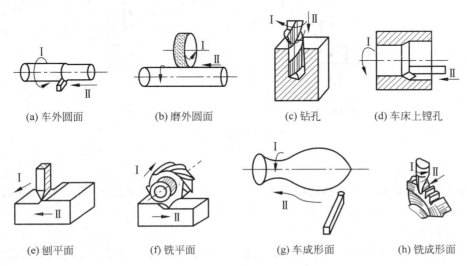

| (a) 车外圆面 | (b) 磨外圆面 | (c) 钻孔 | (d) 车床上镗孔 |

| (e) 刨平面 | (f) 铣平面 | (g) 车成形面 | (h) 铣成形面 |

图 5-1-1　几种主要加工方式的切削运动

Ⅰ—主运动；Ⅱ—进给运动

主运动是使刀具从工件上切下切屑形成一定几何表面所必需的相对运动,是切削运动中速度最大、消耗功率最大的运动。主运动(见图 5-1-1 中运动Ⅰ)可由工件或刀具来实现,可以是旋转运动,也可以是直线运动,如车削中工件的旋转,钻孔、铣削、磨削中刀具的旋转,刨削时刀具的直线往复运动等。

进给运动是配合主运动使工件上的未加工部分不断投入被切削,从而加工出完整表面所需的运动(见图 5-1-1 中运动Ⅱ),它为实现连续切削提供条件。如车削中车刀沿工件轴线方向的直线运动,钻削中钻头沿轴线方向的直线运动,刨削平面时工件的横向间歇直线移动。

在切削加工中,主运动只有一个,进给运动可以是一个或几个。主运动和进给运动可以分别由刀具和工件完成,也可以由刀具单独完成。

在切削加工过程中,随着切削运动的进行,在被加工的工件上形成 3 个不断变化着的表面,如图 5-1-2 所示:

(1)待加工表面,工件上即将被切除的表面。

(2)已加工表面,工件上切去多余材料层后形成的新的工件表面。

(3)加工表面,又称过渡表面,加工时主切削刃正在切削的表面,它处于已加工表面和待加工表面之间。

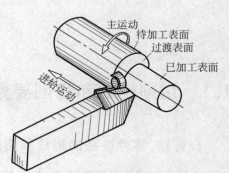

图 5-1-2　车削时工件上的 3 个表面

1.1.2　切削要素

切削要素包括切削用量和切削层参数,如图 5-1-3 所示。

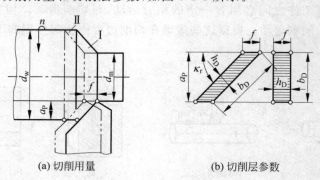

(a) 切削用量　　　　　　　　　(b) 切削层参数

图 5-1-3　切削要素

1. 切削用量

切削加工中,切削用量是指切削速度 v_c、进给量 f(或进给速度 v_f)和背吃刀量 a_p,三者又称为切削用量三要素,是切削前调整机床运动的依据。

(1)切削速度 v_c

切削速度(m/s 或 m/min)是切削刃上任一选定点相对于工件的主运动的瞬时速度。

当主运动为旋转运动时,其切削速度为其最大的线速度,即

$$v_c = \pi dn/1000$$

式中，d 为工件或刀具的最大直径（mm）；n 为工件或刀具的转速（r/s 或 r/min）。

当主运动为直线往复运动时，则取其平均速度为切削速度，即

$$v_c = 2Ln_r/1000$$

式中，L 为工件或刀具往复行程的长度（mm）；n_r 为往复频率（str/s 或 str/min（str 为行程））。

（2）进给量

由于运动形式的不同，进给量的描述和度量方法也不尽相同。

对于单齿刀具，如车刀、刨刀等，进给量（mm/r 或 mm/str）是工件或刀具每转一周或走每一行程，刀具在进给运动方向上相对工件的位移。

对于多齿刀具，如铣刀、钻头、拉刀等，进给量是以每个刀齿相对于工件在进给方向上的位移，即每齿进给量 f_z（mm/z）进行描述的，有时也用进给运动的瞬时速度（称进给速度 v_f，m/s 或 m/min）表示。此时，进给量 f、进给速度 v_f 和每齿进给量 f_z 之间的关系为

$$v_f = nf = nzf_z$$

式中，n 为工件或刀具的转速（r/s 或 r/min）；z 为刀具的齿数。

（3）背吃刀量 a_p

背吃刀量（mm）是待加工表面与已加工表面间的垂直距离。如车外圆时的背吃刀量为

$$a_p = (d_w - d_m)/2$$

式中，d_w 为工件上待加工表面的直径（mm）；d_m 为工件上已加工表面的直径（mm）。

2. 切削层参数

切削刃在前、后相邻两加工表面（见图 5-1-3 中 Ⅰ、Ⅱ 表面）之间从工件上切下的材料层的截面尺寸参数，称为切削层参数。切削层参数通常规定在与主运动方向相垂直的平面（基面）内观察和度量，它包括切削层公称宽度、切削层公称厚度、切削层公称横截面积。

（1）切削层公称厚度 h_D

切削层公称厚度（简称切削厚度，mm）是指即工件上前、后相邻两加工表面之间垂直距离，即

$$h_D = f\sin\kappa_r$$

（2）切削层公称宽度 b_D

切削层公称宽度（简称切削宽度，mm）是主切削刃的作用线上两个极点间的直线距离，即

$$b_D = a_p/\sin\kappa_r$$

（3）切削层公称横截面积 A_D

切削层公称横截面积（简称切削面积，mm²）是切削层在与主运动方向相垂直的平面（基面）内度量的横截面积。

$$A_D = h_D b_D$$

因 A_D 不包括残留面积，而且在各种加工方法中 A_D 与进给量和背吃刀量的关系不同，故 A_D 不等于 f 和 a_p 的积。只有在车削加工中，当残留面积很小时才能近似地认为它们相

等，即

$$A_D \approx f a_p$$

1.2 刀具材料及结构

切削过程中，直接完成切削工作的是刀具。无论哪种刀具，一般都由切削部分和夹持部分（即刀体）组成。夹持部分是用来将刀具夹持在机床上的部分，要求它能保证刀具正确的工作位置，传递所需要的运动和动力，并且夹固可靠，装卸方便。切削部分是刀具上直接参加切削工作的部分，刀具切削性能的优劣取决于切削部分的材料、角度和结构。

1.2.1 刀具材料

1. 对刀具材料的基本要求

刀具材料一般是指刀具切削部分的材料。切削过程中，刀具要承受高温、较大压力、摩擦、冲击和振动的作用，因此，刀具的材料需具备以下基本性能：

（1）高的硬度，常温下的硬度一般在 60HRC 以上，以便切入工件。

（2）足够的强度和韧性，以承受切削力和冲击。

（3）良好的导热性和热硬性。良好的导热性可迅速地散去切削热，降低刀具的工作温度。热硬性是指材料在高温下仍能保持其较高硬度的性能，又称为红硬性。

（4）较好的耐磨性，以抵抗切削过程中的磨损，延长刃部的耐用度。

（5）良好的工艺性，以便制造出各种刃部。刃部的工艺性包括锻造、轧制、焊接、切削加工、磨削和热处理性能等。

2. 常用刀具材料

在切削加工中，常用的刀具材料有碳素工具钢、合金工具钢、高速钢、硬质合金和陶瓷等其他材料。常用刀具材料的牌号、性能和应用范围见表 5-1-1。当前，在生产中常用的刃部材料主要是高速钢和硬质合金两类，陶瓷刃部主要用于精加工。

表 5-1-1　常用刀具材料的牌号、性能和应用范围

种类		常用牌号	硬度	抗弯强度/MPa	耐热温度/℃	工艺性能	应用范围
工具钢	碳素工具钢	T08、T10A、T12A	60～64HRC	$2.5 \times 10^3 \sim 2.8 \times 10^3$	200～250	可冷、热加工，热处理性能好	只适用于制造手动工具，如锉刀、丝锥、板牙、刮刀、凿子和手工锯条等
	合金工具钢	9SiCr、CrWMn	60～65HRC	$2.5 \times 10^3 \sim 2.8 \times 10^3$	250～300		用来制造手动或低速机动刀具，如丝锥、板牙、铰刀和拉刀等
高速钢		W18Cr4V、W6Mo5Cr4V2	62～69HRC	$3.4 \times 10^3 \sim 4.5 \times 10^3$	540～600		用于制造各种形状复杂的刀具，如钻头、铣刀、拉刀、齿轮刀具和成形刀具等

种类		常用牌号	硬度	抗弯强度 /MPa	耐热温度 /℃	工艺性能	应用范围
硬质合金	钨钴类	YG3、K20(YG6)、K30(YG8)	89～92HRC	$0.9 \times 10^3 \sim$ 1.5×10^3	800～1000	只能粉末压制烧结成形，磨削后即可使用，不能热处理	一般做成刀片固定在刀体上使用。K类用于加工铸铁、有色金属与非金属材料；P类用于加工钢件；M类既适用于加工脆性材料，又适用于加工塑性材料
	钨钛钴类	P30(YT5)、P10(YT15)、P01(YT130)					
	钨钛钽类	M10(YW1)、M20(YW2)					
陶瓷材料		AM、AMF	91～94HRC	$0.44 \times 10^3 \sim$ 0.83×10^3	>1200	冷压烧结而成	用于铸铁、钢、有色金属的精加工和半精加工

1）碳素工具钢与合金工具钢

碳素工具钢是碳含量为 0.7%～1.2%的优质碳素钢，刃磨锋利，价廉，但热硬性差，热处理变形大。

合金工具钢是在碳含量 0.85%～1.5%的优质碳素钢的基础上，加入总量不超过 5%的少量铬（Cr）、钨（W）、锰（Mn）、硅（Si）等元素形成的，适当地提高了耐热性和减小了热处理变形。

2）高速钢与硬质合金

高速钢是含钨（W）、钼（Mo）、铬（Cr）、钒（V）等元素较多的合金工具钢，又称锋钢、白钢。高速钢的强度高，韧性好，制造工艺性好，易刃磨，可在有冲击、振动的场合应用，可用于加工有色金属、结构钢、铸铁、高温合金等材料。

高速钢具有高于碳素工具钢和合金工具钢的硬度和耐热性，有优于硬质合金的强度、韧性和工艺性，但其硬度、耐磨性和耐热性却低于硬质合金。

硬质合金是用高硬度、高熔点的金属碳化物（WC、TiC）等粉末作基体，以金属钴（Co）、镍（Ni）等作黏结剂，经高温烧结而成的粉末冶金制品。硬质合金的硬度高，耐磨性和耐热性好，允许的切削速度也很高，但工艺性不如高速钢。

切削用硬质合金依据排屑形式和加工对象可分为以下 3 类。

（1）K 类硬质合金：由 WC 和 Co 组成，也称钨钴类硬质合金，其韧性较好，但切削塑性材料时耐磨性较差。

（2）P 类硬质合金：由 WC、TiC 和 Co 组成，也称钨钛钴类硬质合金，其硬度和耐热性优于 K 类硬质合金，但韧性较差，切削韧性材料时较耐磨。

（3）M 类硬质合金：它是在 WC、TiC、Co 的基础上再加入碳化钽（TaC）或碳化铌（NbC）而成，其综合性能好。它既可用于加工铸铁和有色金属，又可用于加工钢料，还可用于加工高温合金和不锈钢等难加工材料，有通用硬质合金之称。

3）其他刀具材料

（1）陶瓷材料：用于制作刀具的陶瓷材料主要分氧化铝（Al_2O_3）系和氮化硅（Si_3N_4）系两大类。陶瓷刀片硬度高，耐磨性好，耐热性好，允许的切削速度较高，价廉，但性脆，易崩刃。

（2）人造金刚石：硬度极高，耐热性较好，分为单晶金刚石和聚晶金刚石。单晶微粒主要制成砂轮或作研磨剂用；聚晶金刚石的大晶粒常用于制造刃部，可用于加工硬质合金、陶瓷、高硅铝合金等高硬度、高耐磨材料，还可用于有色金属的高速精细切削。金刚石不是碳的稳定状态，不宜加工铁族元素，因为金刚石中的碳原子和铁族元素的亲和力大，刀具寿命短。

（3）立方氮化硼（CBN）：它是人工合成的又一种高硬度材料，其硬度（8000HV）仅次于金刚石，但其耐热性和化学稳定性都远高于金刚石，非铁族难加工材料和铁族材料的加工都可以用它。

1.2.2　刀具角度

切削刀具的种类虽然很多，但它们切削部分的结构要素和几何角度有着许多共同的特征。图 5-1-4 所示为各种多齿刀具或复杂刀具，就其一个刀齿而言，都相当于一把车刀的刀头。

下面从车刀入手，进行分析和研究。

1. 车刀切削部分的组成

外圆车刀的刃部是由一尖两刃三刀面组成的，如图 5-1-5 所示。

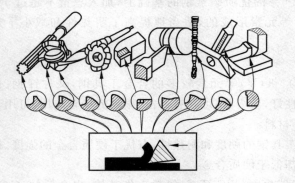

图 5-1-4　刀具的切削部分

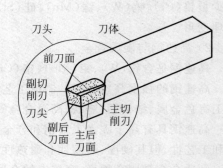

图 5-1-5　外圆车刀

（1）前刀面。切削时切屑流出所经过的刀具上的表面。

（2）主后刀面。切削时与工件的加工表面相对的刀具上的表面。

（3）副后刀面。切削时与工件的已加工表面相对的刀具上的表面。

（4）主切削刃。前刀面与主后刀面相交形成的切削刃，它担负主要的切削工作，简称主刀刃。

（5）副切削刃。副后刀面与前刀面相交形成的切削刃，起着不很明显的切削作用，简称副刀刃。

（6）刀尖。主切削刃和副切削刃相交的地方，一般是一小段过渡圆弧或直线，并非绝对尖锐，所以称为过渡刃，如图 5-1-6 所示。

2. 车刀切削部分的主要角度

车刀切削部分的角度对切削加工至关重要。根据其工作状态的不同，描述车刀切削部分的角度所需的相关的参考系也有所不同，一般分静态参考系和工作参考系。

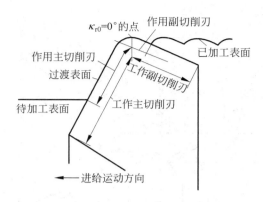

图 5-1-6 切削刃与刀尖

静态参考系主要用于定义刀具的设计、制造、刃磨和测量。在静态参考系中测得的角度称为标注角度。工作参考系是指切削加工时由于刀具的安装和切削运动影响所形成的实际参考系,在这个参考系中所形成的角度称为工作角度。静态参考系和工作参考系的区别在于工作参考系以实际合成的主运动方向、进给运动方向取代了静态参考系理论上的主运动方向、进给运动方向。

1) 刀具静态正交平面参考系

刀具静态正交平面参考系如图 5-1-7 所示,由以下部分组成:

(1) 基面 P_r:通过主切削刃上任一指定点,并与该点理论上的主运动方向垂直的平面。

(2) 切削平面 P_s:通过主切削刃上指定点,与主切削刃相切并垂直于该点基面的平面。

(3) 正交平面 P_o:通过主切削刃上指定点,同时垂直于该点基面和切削平面的平面。

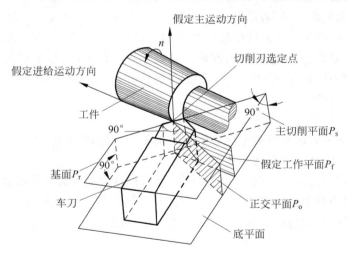

图 5-1-7 刀具静态参考系

2) 车刀的标注角度

刀具的标注角度是指刀具设计图样上标注出的角度,它是刀具制造、刃磨和测量的依据,并保证刀具在实际使用时获得所需的切削角度。车刀的标注角度主要有前角 γ_o、后角 α_o、主偏角 κ_r、副偏角 κ_r'、刃倾角 λ_s,如图 5-1-8 所示。

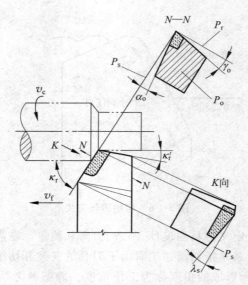

图 5-1-8 刀具的主要角度

（1）前角 γ_o。

前角是在正交平面内测量的前刀面与基面之间的夹角，反映了前刀面的倾斜程度，且有正、负之分，前刀面在基面之下时前角为正值，前刀面在基面之上时前角为负值，与基面重合时为零。

前角影响着切削刃的锋利程度。前角越大，刀刃越锋利，切削越轻松。但前角过大时会降低刃部的强度、散热条件，使刃部易磨损，甚至崩刃。

前角值常根据工件材料、刃部材料和加工性质来选择。一般加工强度较低、韧性好的塑性材料时，取较大的前角；加工脆性材料或粗加工时，为保证刀刃强度，取较小的前角。精加工时，为提高表面质量，可取较大的前角。工艺系统刚性差时，应取较大前角。用硬质合金刀具加工一般钢时，取 $\gamma_o=10°\sim20°$；加工灰铸铁时，取 $\gamma_o=8°\sim12°$。高速钢刀具允许选用较大的前角（$15°\sim20°$）。

（2）后角 α_o。

后角是在正交平面内测量的主后刀面与切削平面之间的夹角。它只能为正值，其目的是减小后刀面与工件加工表面之间的摩擦。

当前角一定，后角大时，摩擦小，刃部锋利，但后角过大会降低刃部的强度和耐用度。一般粗加工、强力切削及承受冲击载荷或工件材料较强硬时，取较小后角，一般为 $6°\sim8°$；精加工或工件材料较软、塑性较大时，后角取值较大，一般为 $8°\sim12°$。

（3）楔角 β_o。

楔角是在正交平面内测量的前刀面与主后刀面的夹角。它只能为正值。当前角取正值时，楔角与前角、后角之和为 $90°$，所以它的大小决定了主切削刃的强度。

（4）主偏角 κ_r

主偏角是在基面内测量的主切削刃在基面上的投影与进给运动方向的夹角。

主偏角主要影响着主切削刃参与工作的长度，影响刀具的寿命及切削层截面的形状，并与副偏角一起影响着已加工表面的粗糙度（见图 5-1-9）。主偏角减小，主切削刃的工作长度增加,则单位长度上的负荷减小,散热好,增加了刀具的耐用度,但易顶弯细长工件,影响加工精度。

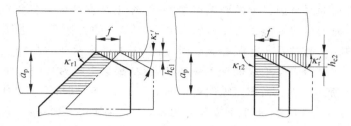

图 5-1-9　主偏角对已加工表面粗糙度的影响

一般车刀常用的主偏角有 45°、75°、90°。当车刀强力切削时,主偏角取 75°;工艺系统刚性较差时,宜取较大的主偏角,如车削细长轴时取 90°。当加工高硬高强材料,如淬硬钢、冷硬铸铁、高硅铸铁时,主偏角宜取较小值(10°~30°)。

（5）副偏角 κ_r'

副偏角是在基面内测量的副切削刃在基面上的投影与进给运动反方向的夹角。

副偏角可以减小副后刀面与已加工表面间的摩擦作用,并与主偏角一起影响着已加工表面的残留面积的大小,导致表面粗糙度受影响(见图 5-1-10)。

一般副偏角取值为 5°~15°。粗加工时取较大值,精加工时取较小值;工件强度、硬度较高或刀具作断续切削时,宜取较小值,以增加刀尖强度。

（6）刃倾角 λ_s

刃倾角是在切削平面内测量的主切削刃与基面之间的夹角。刃倾角有正、负值之分,如图 5-1-11 所示,在主切削刃上,刀尖为最高点时刃倾角为正值,刀尖为最低点时刃倾角为负值,主切削刃与基面平行时刃倾角为零。

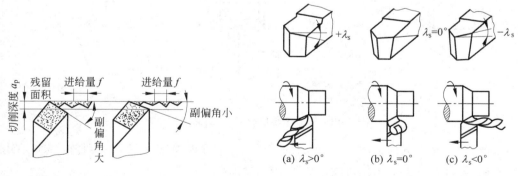

图 5-1-10　副偏角对已加工表面
残留面积的影响

图 5-1-11　刃倾角及其对排屑方向的影响

刃倾角主要影响刀尖的强度和切屑流出方向。负刃倾角的刀头强度高,散热条件也好,使切屑流向已加工表面,导致已加工表面的粗糙度变大;正刃倾角刀头强度较弱,使切屑流向待加工表面。

因此,粗加工时刃倾角常取负值,以增大刀头强度;精加工时常取零或正值,以保护已加工表面。一般车刀的刃倾角取值为 -5°~5°。

3）刀具的工作角度

在工作状态中确定的刀具角度称为刀具的工作角度，它反映了刀具的实际工作状态。一般情况下，进给运动对合成运动的影响可忽略，并在正常安装的条件下（如车刀刀尖与工件回转轴线等高、刀柄纵向轴线垂直于进给方向等），车刀的工作角度近似于静止参考系中的角度。但在切断、车螺纹及车非圆柱表面时，就要考虑进给运动的影响。

安装车刀时，如果刀尖高于或低于工件回转轴线，都会引起刀具的工作角度与标注角度不同，如图 5-1-12 所示。如：当车刀纵向进给时，若刀尖安装得高于工件中心，则工作前角 γ_{oc} 大于标注前角 γ_o，工作后角 α_{oc} 小于标注后角 α_o；反之，则 $\gamma_{oc} < \gamma_o$，$\alpha_{oc} > \alpha_o$。镗孔时的情况正好与此相反。

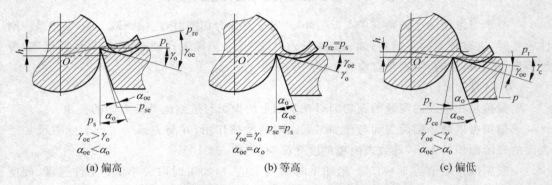

图 5-1-12　车刀安装高度对前角和后角的影响

安装车刀时，如果车刀刀杆中心线与进给方向不垂直时，也会引起工作主、副偏角与标注主、副偏角的不同，如图 5-1-13 所示。

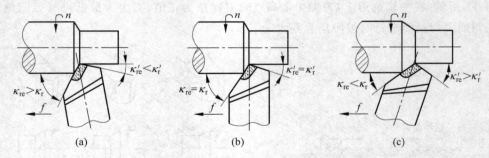

图 5-1-13　车刀安装偏斜对主、副偏角的影响

因此，在正常安装的条件下，如车刀的刀尖与工件的回转轴线等高、刀杆的纵向轴线与进给方向垂直时，车刀的工作角度近似等于标注角度。

1.2.3　刀具的结构

刀具结构形式很多，就车刀而言，有整体式、焊接式、机夹重磨式和机夹可转位式等，如图 5-1-14 所示。

整体式刀具是比较传统的一种刀具，其结构简单，制造、使用灵活方便，但是对贵重材质消耗较大。

焊接式刀具结构简单、紧凑、刚性好，制造方便，应用十分普遍，但其硬质合金刀片在经

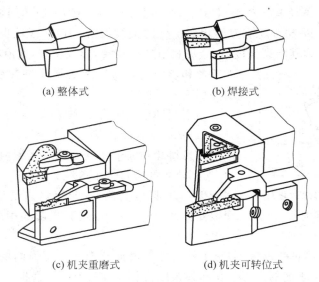

(a) 整体式　　　　　　　　(b) 焊接式

(c) 机夹重磨式　　　　　　(d) 机夹可转位式

图 5-1-14　车刀结构

过高温焊接和刃磨后会产生内应力,影响刀具的可加工性和耐用度。

机夹重磨式刀具的主要特点是刀片与刀杆是两个可拆开的独立组件,工作时靠夹紧组件紧固在一起,从而避免了焊接式的缺陷,提高了刀具的切削性能,并使刀杆能多次使用。

机夹可转位式车刀由刀杆、刀片、刀垫及夹紧机构等组成。其刀片是压制而成的具有一定几何参数、断屑槽和装夹孔的硬质合金的多边形刀片,用机械紧固的方法装夹在特制的刀杆上,多用于自动、数控机床。使用中,当刀片上一个切削刃用钝后,松开夹紧机构,转位换成另一个切削刃,夹紧后即可继续进行切削。刀片转位不影响加工尺寸,减少了换刀、对刀等辅助操作时间。机夹可转位式刀具有利于推广使用新型材料刀片,刀片和刀杆可以标准化,有利于刀具的管理,提高经济效益。

1.3　金属切削过程

金属切削过程的研究,对于切削加工技术的发展和进步,保证加工质量,降低生产成本,提高生产率,都有着十分重要的意义。因为切削过程中的许多物理现象,如切削力、切削热、刀具磨损以及加工表面质量等,都是以切屑形成过程为基础的,而生产实践中出现的许多问题,如振动、卷屑和断屑等,都同切削过程有着密切的关系。本课程仅对这些现象和规律作简单的分析和讨论。

1.3.1　切屑的形成及其种类

1. 切屑形成过程

切削金属形成切屑的过程是一个类似于金属材料受挤压作用产生塑性变形进而产生剪切滑移的变形过程。它不同于生活中劈柴时的楔胀过程,也不同于切菜时的剪切过程。

切屑的形成过程如图 5-1-15 所示。切削塑性金属时,被切削层金属受到刀具前刀面的挤压作用,在 OA 处迫使其产生弹性变形,当剪切应力在 AOM 处达到金属材料屈服强度时,产生塑性变形。随着刀具前刀面相对工件的继续推挤,AOM 区域也不断前移,应力继续加大,当切应力达到其断裂强度时,金属材料层被挤裂,形成切屑,并沿前刀面流出。切屑的变形和形成过程实际上经历了弹性变形、塑性变形、挤裂和切离 4 个阶段。

切削塑性金属时有 3 个变形区:

(1) AOM 区域为第Ⅰ变形区,该区域是切削层金属产生剪切滑移和大量塑性变形的区域,切削过程中的切削力、切削热主要来自这个区域。

(2) OE 区域为第Ⅱ变形区,它是切屑与前刀面间的摩擦变形区,该区域的状况直接影响积屑瘤的形成和刀具前刀面的磨损。

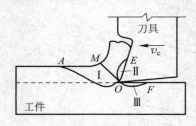

图 5-1-15　切屑形成过程及切削变形区

(3) OF 区域为第Ⅲ变形区,它是工件已加工表面与刀具后刀面间的摩擦区域,该区域的状况对工件已加工表面的变形强化和残余应力及刀具后刀面的磨损影响较大。

2. 切屑的种类

由于工件材料的不同,切削条件各异,因而切削过程中切屑的变形程度不同,所产生的切屑形状也是多种多样的。切屑的形状一般可分为带状切屑、节状切屑和崩碎切屑 3 种,如图 5-1-16 所示。

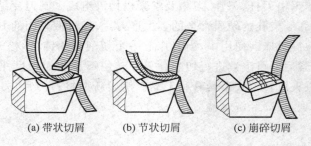

(a) 带状切屑　　　(b) 节状切屑　　　(c) 崩碎切屑

图 5-1-16　切屑的种类

(1) 带状切屑

加工塑性金属时,在较大的前角、较小的切削厚度和较高的切削速度条件下,常易得到带状切屑。该类切屑内表面是光滑的,外表面呈细小锯齿状。形成带状切屑时,切削较平稳,已加工表面较光滑。但切屑连绵不断时,一方面不安全,另一方面可能划伤已加工表面,所以需有断屑措施。

(2) 节状切屑

节状切屑,又称挤裂切屑。粗加工中等硬度的塑性材料时,在较小的前角、较低的切削速度、较大的切削厚度的工况下,常产生节状切屑。该类切屑的外表面呈粗大锯齿形,内表面有裂纹。形成节状切屑时,切削波动大,已加工表面较粗糙。其形成过程是典型的切削过程,即金属层经过弹性变形、塑性变形、挤裂和分离等阶段。

(3) 崩碎切屑

加工青铜、铸铁等脆性材料时,在较小的前角、较大的切削厚度的工况下,常产生崩碎切屑。因为工件材料的塑性很小,切削层金属发生弹性变形后,一般不经过塑性变形就被挤裂、崩碎,形成无规则的碎块状切屑。产生崩碎切屑时,切削力都集中在主切削刃和刀尖附近,刀尖易磨损,并易产生振动,影响已加工表面质量。

由此可见,加工塑性金属时,带状切屑与节状切屑这两种切屑类型可以随切削条件的变化而相互改变。例如,在形成节状切屑工况条件下,如进一步加大前角、提高切削速度或减小切削厚度,就可得到带状切屑,使加工的表面较为光洁。

1.3.2 积屑瘤

1. 积屑瘤的形成

在一定范围的切削速度下切削塑性金属时,由于切屑和前刀面的剧烈摩擦,使切屑底部的一部分金属因一定的温度和压力作用被阻滞,继而黏结在工作刃附近,形成积屑瘤,如图 5-1-17 所示。

积屑瘤形成后不断长大,达到一定高度后,当摩擦力超过切屑内部的结合力时又会破裂,被不断流动的切屑带走或嵌附在工件已加工表面,影响其表面粗糙度。

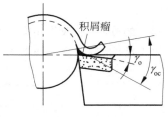

图 5-1-17　积屑瘤

2. 积屑瘤对切削加工的影响

积屑瘤的硬度因在切削过程中的塑性变形而被强化,比被切材料高得多,因而可以代替切削刃进行切削,起到保护切削刃的作用。同时,由于积屑瘤增大了刀具的工作前角,使切削变得轻快,所以粗加工时希望其存在。然而,积屑瘤时小时大,时有时无,易引起振动,且会导致尺寸精度下降,影响已加工表面粗糙度,因此,精加工时必须防止产生积屑瘤。

3. 积屑瘤的控制

积屑瘤的产生及其成长与工件材料的力学性能、切削区的温度有关。塑性越好,加工硬化倾向越强,越易产生积屑瘤;切削区的温度和压力较低时,不会产生积屑瘤;温度太高时,由于材料变软,也不易产生积屑瘤。切削过程中产生的热是随切削速度的提高而增加的,所以影响积屑瘤产生的主要因素是工件材料的塑性和切削速度。所以要在精加工时防止积屑瘤的产生,可采取的控制措施有:

(1) 正确选用切削速度,使切削速度避开产生积屑瘤的区域。如一般精车、精铣采用高速切削,拉削、铰削时均用低速切削。

(2) 增大刀具前角,减小切削厚度,以减小刀具前刀面与切屑之间的摩擦。

(3) 选用适当的切削液,既可有效地降低切削区的温度,又能减小切屑底层材料与刀具前刀面间的摩擦。

(4) 适当提高工件材料硬度,如对塑性好的工件进行正火或调质处理,以提高其强度和硬度,减小加工硬化倾向。

1.3.3 切削力和切削功率

刀具切削工件时所需克服的力称为切削力,它包括工件材料的变形抗力、刀具与工件的摩擦力以及刀具与切屑的摩擦力。切削力是设计工艺系统(即使用机床、刀具、夹具)的主要依据,其大小直接影响切削热、已加工表面的质量和刀具的耐用度。

为便于测定和研究切削力,适应工艺设计的需要,常常研究的是切削力在一定方向上的分力。

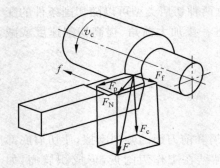

图 5-1-18　切削力及其分力

1. 切削力的分解

以车削外圆为例,将切削力 F 分解为 3 个相互垂直的分力,如图 5-1-18 所示。

(1)主切削力 F_c:切削力 F 在主运动方向上的分力,大小占切削力的 $80\% \sim 90\%$,是计算机床动力、主传动系统零件和刀具强度及刚度的主要依据。

(2)进给力 F_f:又称轴向力或进给抗力,是切削力 F 在进给运动方向上的分力,是设计和校验进给机构所必需的数据。

(3)背向力 F_p:又称吃刀抗力,是切削力在工件径向上的分力,一般作用在工件刚度较弱的方向上,易使工件产生弯曲变形或引起振动,影响加工精度,如图 5-1-19 所示。

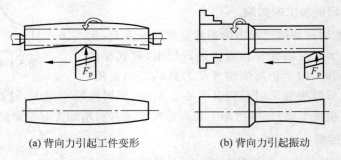

(a) 背向力引起工件变形　　　　　(b) 背向力引起振动

图 5-1-19　背向力对加工精度的影响

切削力 F 与 3 个方向的分力的关系为

$$F = \sqrt{F_c^2 + F_f^2 + F_p^2}$$

2. 切削力的影响因素

切削力的影响因素有很多,如工件材料、切削用量、刀具几何参数、切削液和刀具材料等。

(1)工件材料的强度、硬度越高,切削力 F 越大。切削脆性材料时,由于其塑性变形比较小,所以其切削力相对较小。

(2)切削用量中,背吃刀量 a_p 和进给量 f 增大,都会使切削力增大,但两者的影响程度不同。a_p 增大时,切削力 F 成正比增大;f 增大时,切削力 F 的增大幅度小于正比。因此,单纯从切削力 F 考虑,加大 f 比加大 a_p 有利。切削速度 v_c 只在切削塑性材料时使切削力下降,因为随着 v_c 的增大,切削温度升高,变形减小,切削力 F 下降。

(3)刀具几何参数中,增大前角 γ_o,切削塑性材料时,变形减小,切削力 F 下降;增大主偏角 κ_r 和刃倾角 λ_s,均会使背向力 F_p 减小,进给力 F_f 增大。

另外,使用润滑作用强的切削液可使切削力减小;刀具材料与工件材料间的摩擦系数小的,切削力小。如:在其他切削条件完全相同的条件下,用陶瓷刀具切削比用硬质合金刀具切削的切削力小,用高速钢刀具进行切削的切削力大于前两者。

3. 切削功率

消耗在切削过程中的功率称为切削功率。

切削力 F 的 3 个分力中,背向力 F_p 消耗的功率为零,进给力 F_f 消耗的功率很小,一般可不计,所以切削功率 P_m 可计算为

$$P_m = 10^{-3} F_c v_c \quad (kW)$$

式中,F_c 为主切削力(N);v_c 为切削速度(m/s 或 m/min)。

根据 P_m 选择机床电动机时,考虑到机床的传动效率,机床电动机的功率 P_E 为

$$P_E \geqslant P_m/\eta \quad (kW)$$

式中,η 为机床传动效率,一般为 $0.75 \sim 0.85$。

1.3.4　切削热的产生与传导

1. 切削热的产生、传出及对加工的影响

在切削过程中,由于绝大部分的切削功都转变成热量,所以有大量的热产生,这些热称为切削热。切削热的主要来源有三种,如图 5-1-20 所示:

(1) 切屑变形所产生的热量,是切削热的主要来源;

(2) 切屑与刀具前刀面之间的摩擦所产生的热量;

(3) 工件与刀具后刀面之间的摩擦所产生的热量。

随着刀具材料、工件材料、切削条件的不同,3 个热源的发热量亦不相同。切削热产生以后,由切屑、工件、刀具及周围的介质(如空气)传出,各部分传出的比例取决于工件材料、切削速度、刀具材料及刀具几何形状等。实验结果表明,车削时的切削热主要是由切屑传出的。用高速钢车刀及与之相适应的切削速度切削钢料时,切削热传出的比例是:切屑传出的热为 $50\% \sim 86\%$;工件传出的热为 $10\% \sim 40\%$;刀具传出的热为 $3\% \sim 9\%$;周围介质传出的热约为 1%。

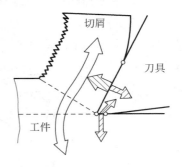

图 5-1-20　切削热的来源

传入切屑及介质中的热量越多,对加工越有利。传入刀具的热量虽不是很多,但由于刀具切削部分体积很小,因此刀具的温度可达到很高(高速切削时可达到 1000℃ 以上)。温度升高以后,会加速刀具的磨损。传入工件的热,可能使工件变形,产生形状和尺寸误差。在切削加工中,如何设法减少切削热的产生、改善散热条件以及减小高温对刀具和工件的不良影响,有着重大的意义。

2. 切削温度及其影响因素

切削温度一般是指切削区的平均温度。切削温度的高低,除了可用仪器进行测定外,还可以通过观察切屑的颜色大致估计出来。例如切削碳钢时,随着切削温度的升高,切屑的颜色也发生相应的变化,淡黄色约 200℃,蓝色约 320℃。

切削温度的高低取决于切削热的产生和传出情况,它受切削用量、工件材料、刀具材料及几何形状等因素的影响。

切削速度增加时,单位时间产生的切削热随之增加,对温度的影响最大。进给量和背吃

刀量增加时,切削力增大,摩擦也大,所以切削热会增加。但是在切削面积相同的条件下,增加进给量与增加背吃刀量相比,后者可使切削温度低些。原因是当增加背吃刀量时,切削刃参加切削的长度随之增加,这将有利于热的传出。

工件材料的强度及硬度越高,切削中消耗的功越大,产生的切削热越多。切钢时发热多,切铸铁时发热少,因为钢在切削时产生塑性变形所需的功大。

导热性好的工件材料和刀具材料,可以降低切削温度。主偏角减小时,切削刃参加切削的长度增加,传热条件好,可降低切削温度。前角的大小直接影响切削过程中的变形和摩擦,前角大时,产生的切削热少,切削温度低。但当前角过大时,会使刀具的传热条件变差,反而不利于切削温度的降低。

1.3.5 刀具磨损和刀具耐用度

一把刀具使用一段时间以后,它的切削刃变钝,以致无法再使用。对于可重磨刀具,磨钝以后经过重新刃磨,切削刃恢复锋利,仍可继续使用。经过反复刃磨,使得刀具的切削部分无法继续使用,应完全报废。刀具从开始切削到完全报废,实际切削时间的总和称为刀具寿命。

1. 刀具磨损的形式与过程

刀具正常磨损时,按其发生的部位不同可分为 3 种形式,即后刀面磨损、前刀面磨损、前刀面与后刀面同时磨损(见图 5-1-21,图中 VB 代表后刀面磨损尺寸)。

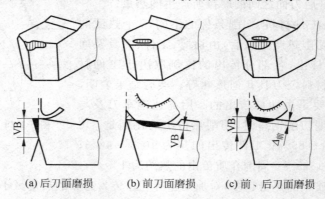

(a) 后刀面磨损 (b) 前刀面磨损 (c) 前、后刀面磨损

图 5-1-21　刀具磨损的形式

刀具的磨损过程如图 5-1-22 所示,可分为三个阶段:第一阶段(OA 段)为初期磨损阶段;第二阶段(AB 段)称为正常磨损阶段;第三阶段(BC 段)称为急剧磨损阶段。

经验表明,在刀具正常磨损阶段的后期、急剧磨损阶段之前,卸下刀具重磨为最好。这样既可以保证加工质量,又能充分利用刀具材料。

2. 影响刀具磨损的因素

如前所述,增大切削量时切削温度随之增高,

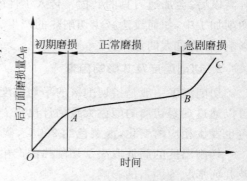

图 5-1-22　刀具磨损过程

将加速刀具磨损。在切削用量中,切削速度对刀具磨损影响最大。

3. 刀具耐用度

刀具的磨损限度,通常用后刀面的磨损程度作标准。但是,生产中不可能用经常测量后刀面磨损的方法来判断刀具是否已经达到容许的磨损限度,而常是按刀具进行切削的时间来判断。刃磨后的刀具自开始切削直到磨损量达到磨钝标准所经历的实际切削时间,称为刀具耐用度,以 T 表示。粗加工时,多以切削时间(min)表示刀具耐用度。例如,目前硬质合金焊接车刀的耐用度大致为 60min,高速钢钻头的耐用度为 80～120min,硬质合金端铣刀的耐用度为 120～180min,齿轮刀具的耐用度为 200～300min。精加工时,常以走刀次数或加工零件个数表示刀具的耐用度。

1.3.6　切削液的选用

在切削过程中,切削液具有冷却、润滑、洗涤和防锈等主要作用。此外,切削液通过降低切削温度,抑制积屑瘤的生长,减小前刀面与切屑、后刀面与工件加工表面之间的摩擦力,增加刀具耐用度,改善表面质量,提高了产品质量和生产率。切削液可将切削中产生的细小切屑、磨削中的磨屑冲刷带走,防止废物塞进机床的运动部件之间,损坏机床,或者黏附在工件上划伤已加工表面。在切削液中加入各种防锈剂,如亚硝酸钠、苯甲酸钠等,可使金属表面与腐蚀介质隔开,起到防锈的作用。

常用的切削液主要有水基切削液和油基切削液。水基切削液比热容大,流动性好,主要起冷却作用,也有一定的润滑、防锈作用,如乳化液、肥皂水等;油基切削液又称为切削油,其主要成分是矿物油,主要起润滑作用,也有一定的冷却作用。

切削液通常根据加工性质、工件材料和刀具材料等来选用。

粗加工时,主要为冷却切削温度、减小摩擦力,应选用冷却作用好的切削液,如低浓度的乳化液等;精加工时,主要希望提高表面质量和精度,提高刀具耐用度,应选用有良好润滑性的切削液,如切削油或高浓度的乳化液等。

通常,加工一般钢材时,选用乳化液或硫化切削油;加工脆性材料(如铸铁、青铜、黄铜)时,不用切削液,但在低速精刨床身、攻螺纹时,用煤油润滑效果很好。

高速钢刀具应根据加工性质和工件材料选用合适的切削液;硬质合金刀具一般不用切削液。

1.3.7　工件材料的切削加工性

工件材料的切削加工性是指该材料在一定条件下被切削加工成合格零件的难易程度。它具有一定的相对性,具体的加工条件和要求不同,切削加工性也不同,所以,在不同的情况下要用不同的指标来衡量。常用一定刀具耐用度下的切削速度 v_T 或相对加工性 K_r 两项指标表示。

一定刀具耐用度下的刃削速度 v_T,即刀具耐用度为 T(min)时,切削该材料所允许的最大切削速度。v_T 越高,材料的切削加工性越好。若取刀具耐用度 $T=60$min,则 v_T 记作 v_{60}。难加工的材料,也有取 v_{30} 使用的。

相对加工性 K_r,即各种材料的 v_{60} 与正火态的 45 钢 v_{60}(记作$(v_{60})_j$)之比值:

$$K_r = v_{60}/(v_{60})_j$$

常用材料的相对加工性分 8 级,见表 5-1-2。

表 5-1-2　常用材料相对加工性分级

加工性等级	材料名称及种类		相对加工性 K_r	代表性材料
1	很易切削材料	一般有色金属	>3.0	铜-铅合金、铝-铜合金、铝-镁合金
2	容易切削材料	易切削钢	2.5～3	退火 15Cr 钢,σ_b=380～450MPa; 自动机钢,σ_b=400～500MPa
3		较易切削钢	1.6～2.5	正火 30 钢,σ_b=450～560MPa
4	普通材料	一般钢、铸铁	1.0～1.6	45 钢、灰铸铁
5		稍难切削材料	0.65～1.0	调质 2Cr13 钢,σ_b=850MPa; 85 钢,σ_b=900MPa
6	难加工材料	较难切削材料	0.5～0.65	调质 45Cr 钢,σ_b=1050MPa; 调质 65Mn 钢,σ_b=950～1000MPa
7		难切削材料	0.15～0.5	50CrV 调质、1Cr18Ni9Ti、某些钛合金
8		很难切削材料	<0.15	某些钛合金、铸造镍基高温合金

　　直接影响工件材料切削加工性的主要因素是其物理、力学性能。通常,工件材料的强度、硬度越高,则切削力越大,切削温度越高,刀具磨损越快,切削加工性越差;工件材料的塑性、韧性大,则断屑困难,不易获得好的表面质量,所以切削性也差;工件材料导热性差,切削温度易高,刀具易磨损,切削加工性也不好。

　　材料的使用要求经常与其切削加工性发生矛盾,如在碳素钢中加入一定的合金元素,如 Si、Mn、Cr、Ni、Mo、W、V、Ti 等,使钢的力学性能提高,但加工性也随之变差。在保证零件使用性能的前提下,可通过下列主要途径来改善工件材料的切削加工性。

　　(1) 通过改变材料的力学性能来改善其切削加工性。具体有:①适当的热处理改变力学性能,如高碳钢球化退火后可降低其硬度,低碳钢正火可降低其塑性,铸铁退火可降低其表层硬度,这些都能使其切削加工较易进行;②用其他辅助性的加工改变力学性能,如低碳钢冷拔后可降低其塑性,这也能改善材料的切削加工性。

　　(2) 根据生产批量的大小,可通过适当调整材料的化学成分来改善其切削加工性。如在钢中添加硫、铅等,可使其切削加工性显著改善(这种钢称为易切削钢)。

复习思考题

5-1-1　请说明车削的切削用量,包括名称、定义、代号和单位。

5-1-2　何为切削层、切削层公称宽度、切削层公称横截面积和切削层公称厚度?

5-1-3　对刀具材料的性能有哪些基本要求?

5-1-4　高速钢和硬质合金在性能上的主要区别是什么? 各适合制造何种刀具?

5-1-5　简述车刀前角、后角、主偏角、副偏角和刃倾角的定义和作用。

5-1-6　何为积屑瘤? 它是如何形成的? 对切削加工有哪些影响?

5-1-7　试分析车外圆时各切削分力的作用和影响。

5-1-8　切削热对切削加工有什么影响？

5-1-9　何为刀具耐用度？粗、精加工时各以什么来表示刀具耐用度？

5-1-10　常用的切削液有哪几种？各自的作用和适用范围有哪些？

5-1-11　什么是工件材料的切削加工性？常用的衡量指标有哪些？

5-1-12　改善工件材料切削加工性的主要途径有哪些？

第2章

金属切削机床的基本知识

金属切削机床是对工程材料进行切削加工的机器。它是制造机器的机器,所以又称为工作母机或工具机,习惯上简称为机床。

2.1 机床的类型和基本构造

2.1.1 切削机床的类型

1. 机床的分类

目前中国金属切削机床的分类方法主要是按加工性质和所用切削刀具进行分类的,共分为 11 大类。金属切削机床按其工作原理可划分为:车床、钻床、镗床、刨插床、铣床、磨床、拉床、齿轮加工机床、螺纹加工机床、锯床和其他机床。

同一类金属切削机床中,按加工精度不同,可分为普通机床、精密机床和高精度机床 3 个等级;按使用范围可细分为通用机床和专用机床;按自动化程度可分为手动机床、机动机床、半自动机床和自动化机床;按尺寸和质量大小可分为一般机床和重型机床等。

2. 金属切削机床的型号

为了简明地表示出机床的名称、主要规格和特性,以便对机床有一个清晰的概念,需要对每种机床赋予一定的型号。中国机床型号按国家标准 GB/T 15375—1994《金属切削机床型号编制方法》编制,构成如图 5-2-1 所示。机床型号由基本部分和辅助部分组成,中间用"/"隔开。"/"前部分统一管理,"/"后部分纳入型号与否由企业自定。

图 5-2-1 中,△表示数字;○表示大写汉语拼音或英文字母;括号中表示可选项,当无内容时不表示,有内容时则不带括号;●表示大写汉语拼音字母或阿拉伯数字,或两者兼有之。

(1) 机床的类代号

中国的机床共分为 11 大类,如有分类则在其类代号前加数字表示,如第二分类磨床在 M 前加"2",即 2M。机床的类代号和分类代号见表 5-2-1。

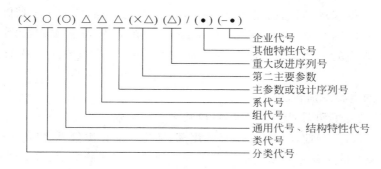

图 5-2-1 金属切削机床的型号

表 5-2-1 机床类代号和分类代号

类	车床	钻床	镗床	磨床			齿轮加工机床	螺纹加工机床	铣床	刨插床	拉床	锯床	其他机床
代号	C	Z	T	M	2M	3M	Y	S	X	B	L	G	Q
读音	车	钻	镗	磨	二磨	三磨	牙	丝	铣	刨	拉	割	其

（2）机床的通用特性代号

当某类型机床除有普通形式外，还具有表 5-2-2 中所列的通用特性时，则在类代号之后，用大写的汉语拼音表示。例如，精密车床，在"C"后面加"M"。

表 5-2-2 机床通用特性代号

通用特性	高精度	精密	自动	半自动	数控	加工中心自动换刀	仿形	轻型	加重型	简式或经济型	柔性加工单元	数显	高速
代号	G	M	Z	B	K	H	F	Q	C	J	R	X	S
读音	高	密	自	半	控	换	仿	轻	重	简	柔	显	速

（3）机床的组、系代号

每类机床按其用途、性能、结构等分为若干组，如车床分为 10 组，用阿拉伯数字 0～9 表示。每组又可分为若干系（系别），如"落地及卧式车床组"中有 6 个系别，用阿伯数字 0～5 表示。在机床型号中，第一位数字代表组别，第二位数字代表系别。

（4）机床的主参数和第二主参数

型号中的主参数用折算值（一般为机床主参数实际数值的 1/10 或 1/100）表示，位于组、系代号之后，它反映了机床的主要技术规格，尺寸单位为 mm。如 C6150 车床，主参数折算值为 50，折算系数为 1/10，即主参数（床身上零件最大回转直径）为 500mm。

第二主参数在主参数后面，用"×"分开，如 C2150×6 表示最大棒料直径为 500mm 的卧式六轴自动车床。

（5）机床重大改进的序列号

当机床的结构、性能有重大改进和提高时，按其设计改进的次序，分别用大写英文字母 A、B、C、D 表示，附在机床型号的末尾，以示区别。如 C6140A 是 C6140 型车床经过第一次重大改进的车床。

目前，工厂中使用较为普遍的几种老型号机床，是按 1959 年前公布的《机床型号编制办法》编定的。按规定,以前已定的型号现在不改变。例如,C620—1 型卧式车床,型号中的代号及数字含义为:C——类代号,车床;6——组代号,卧式车床;20——主参数代号,机床主轴中心高的 1/10,即主轴中心高为 200mm;1——重大改进序号,第一次重大改进。

新、老型号的主要差别有以下几点:

(1) 老型号没有组和系的区别,只用一位数字表示组别。

(2) 老型号的通用特性代号加在型号的尾部,新型号加在类代号之后。

(3) 新、老型号的主参数表示方法有所不同。如普通车床的主参数,老型号用中心高表示型号,而新型号则用最大零件回转直径表示。

(4) 老型号的重大改进序号用数字 1、2、3 表示,新型号则用大写英文字母 A、B、C 等表示机床的改进次序。

2.1.2 切削机床的基本构造

各类机床的外形、布局和构造各不相同,但归纳起来,它们都是由如下几个主要部分组成的:

(1) 动力源,为机床的执行机构提供动力和运动(即电动机)。

(2) 执行机构,用来装夹刀具或工件并沿轨迹完成一定形式的运动,如车床的卡盘、立式铣床的主轴等。

(3) 传动部件,将动力源(或某个执行机构)的运动和动力传给执行机构(或另一个执行机构),使该执行机构获得一定速度和方向的运动,如主传动部件。

(4) 控制系统,对机床运动进行控制,准确协调各运动。

(5) 支撑系统,用来支撑和连接机床的各零部件,是机床的基础构件,如床身、底座、立柱等。

2.2 机床的传动

机床的传动,有机械、液压、气动、电气等多种传动形式,这里主要介绍最常见的机械传动和液压传动。

2.2.1 机床的机械传动

1. 机床上常用的传动副及其传动关系

机床上用来传递运动和动力的装置称为传动副。常用的传动副及其传动关系的介绍如下所述。

(1) 带传动

带传动(除同步齿形带外)是利用传动带与带轮之间的摩擦作用,将主动带轮的转动传到从动带轮。带传动有平带传动、V 带传动、多楔带传动和同步齿形带传动等。在机床的传动中,一般常用 V 带传动。

从图 5-2-2 可知,如果不考虑传动带与带轮之间的相对滑动,带轮的圆周速度 v_1、v_2 和传动带速度 $v_帯$ 的大小是相同的,即

$$v_1 = v_2 = v_帯$$

因为

$$v_1 = \pi d_1 n_1, \quad v_2 = \pi d_2 n_2$$

所以

$$i = n_2/n_1 = d_1/d_2$$

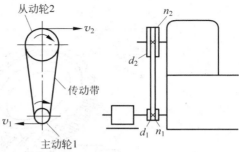

图 5-2-2　带传动

式中,d_1、d_2 分别为主动、从动带轮的直径(mm);n_1、n_2 分别为主动、从动带轮的转速(r/min);i 为传动比,这里指从动轮(轴)与主动轮(轴)的转速之比。

由上式可知,带传动的传动比等于主动带轮直径与从动带轮直径之比;或在带传动中,带轮转速与其直径成反比。

如果考虑传动带与带轮之间的滑动,则其传动比为

$$i = n_2/n_1 = \varepsilon \cdot d_1/d_2$$

式中,ε 为滑动系数,约为 0.98。

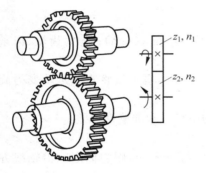

图 5-2-3　齿轮传动

带传动的优点是传动平稳;轴间距离较大;结构简单,制造和维护方便;过载时打滑,不致引起机器损坏。但带传动不能保证准确的传动比,且摩擦损失大,传动效率较低。

(2) 齿轮传动

齿轮传动是目前机床中应用最多的一种传动方式。这种传动种类很多,如直齿、斜齿、人字齿、圆弧齿等,其中最常用的是直齿圆柱齿轮传动,如图 5-2-3 所示。

若 z_1、n_1 分别代表主动轮的齿数和转速,z_2、n_2 分别代表从动轮的齿数和转速,则

$$z_1 n_1 = z_2 n_2$$

故传动比为

$$i = n_2/n_1 = z_1/z_2$$

由上式可知,齿轮传动的传动比等于主动齿轮与从动齿轮齿数之比;或齿轮传动中,齿轮转速与其齿数成反比。

齿轮传动的优点是结构紧凑,传动准确,可传动较大的圆周力,传动效率高。缺点是制造比较复杂;当精度不高时传动不平稳,有噪声;线速度不能过高,通常小于 $12 \sim 15 \text{m/s}$。

(3) 蜗杆传动

蜗杆传动如图 5-2-4 所示,蜗杆为主动件,将其转动传给蜗轮。这种传动方式只能是蜗杆带动蜗轮转,反之则不可能。

若蜗杆的螺纹头数为 k,转速为 n_1,蜗轮的齿数为 z,转速为 n_2,则其传动比为

$$i = n_2/n_1 = k/z$$

蜗杆传动的优点是可以获得较大的降速比(因为 k 比 z 小很多),而且传动平稳,噪声

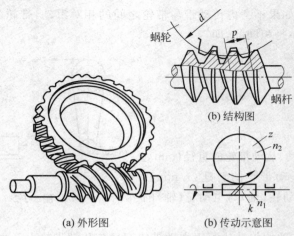

(a) 外形图　　　　　(b) 传动示意图

图 5-2-4　蜗杆传动

小,结构紧凑。但传动效率比齿轮传动低,需要有良好的润滑条件。

(4) 齿轮齿条传动

齿轮齿条传动如图 5-2-5 所示,若齿轮按箭头所指方向旋转,则齿条向左作直线移动,其移动速度为

$$v = pzn/60 = \pi mzn/60$$

式中,z 为齿轮齿数;n 为齿轮转速(r/min);p 为齿条齿距,$p = \pi m$(mm);m 为齿轮、齿条模数(mm)。

齿轮齿条传动可以将旋转运动变成直线运动(齿轮为主动),也可以将直线运动变为旋转运动(齿条为主动)。

齿轮齿条传动的效率较高,但制造精度不高时传动的平稳性和准确性较差。

(5) 螺杆传动(也称丝杠螺母传动)

螺杆传动如图 5-2-6 所示,通常螺杆(又称丝杠)旋转,螺母不转,则它们之间沿轴线方向相对移动的速度为

$$v = nP/60 \quad \text{(mm/s)}$$

式中,n 为螺杆转速(r/min);P 为单头螺杆螺距(mm)。

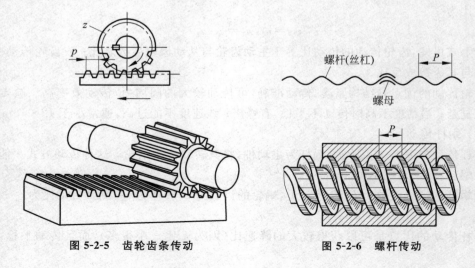

图 5-2-5　齿轮齿条传动　　　　　图 5-2-6　螺杆传动

用多头螺杆传动时,速度为

$$v = knP/60 \text{(mm/s)}$$

式中,k 为螺杆螺纹头数。

螺杆传动一般是将旋转运动变为直线运动。其优点是传动平稳,噪声小,可以达到较高的传动精度,但传动效率较低。

2. 传动链及其传动比

传动链是指实现从首端件向末端件传递运动的一系列传动件的总和,它是由若干传动副按一定方法依次组合起来的。为了便于分析传动链中的传动关系,可以把各传动件进行简化,用规定的一些简图符号(见表 5-2-3)表示组成传动图,如图 5-2-7 所示。传动链也可以用传动结构式来表示。传动结构式的基本形式为

$$- \text{I} - \begin{Bmatrix} i_1 \\ i_2 \\ \vdots \\ i_m \end{Bmatrix} - \text{II} - \begin{Bmatrix} i_{m+1} \\ i_{m+2} \\ \vdots \\ i_n \end{Bmatrix} - \text{III} - \cdots$$

式中,罗马数字 I,II,III…表示传动轴,通常从首端件开始按运动传递顺序依次编写;i_1,i_2,…,i_{m+1},i_{m+2},…,i_n 表示传动链中可能出现的传动比。

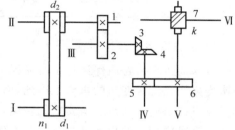

如图 5-2-7 所示,运动自轴 I 输入,转速为 n_1,经带轮 d_1、传动带和带轮 d_2 传至轴 II。再经圆柱齿轮 1、2 传到轴 III,经锥齿轮 3、4 传到轴 IV,经圆柱齿轮 5、6 传到轴 V,最后经蜗杆 k 及蜗轮 7 传至轴 VI,并把运动输出。

图 5-2-7 传动链图

若已知 n_1、d_1、d_2、z_1、z_2、z_3、z_4、z_5、z_6、k 及 z_7 的具体数值,则可确定传动链中任意一轴的转速。例如求轴 VI 的转速 n_{VI},可按下式计算:

$$n_{VI} = n_1 i_{总} = n_1 i_1 i_2 i_3 i_4 i_5 = n_1 \cdot \frac{d_1}{d_2} \cdot \varepsilon \cdot \frac{z_1}{z_2} \cdot \frac{z_3}{z_4} \cdot \frac{z_5}{z_6} \cdot \frac{k}{z_7}$$

式中,$i_1 \sim i_5$ 为传动链中相应传动副的传动比;$i_{总}$ 为传动链的总传动比,$i_{总} = i_1 i_2 i_3 i_4 i_5$,即传动链的总传动比等于传动链中各传动副传动比的乘积。

表 5-2-3 常用传动件的简图符号

名　　称	图　形	符　　号	名　　称	图　形	符　　号
轴			滑动轴承		
滚动轴承			止推轴承		
双向摩擦离合器			双向滑动齿轮		

名　称	图　形	符　号	名　称	图　形	符　号
螺杆传动 （整体螺母）			螺杆传动 （开合螺母）		
平带传动			V带传动		
齿轮传动			蜗杆传动		
齿轮齿条 传动			锥齿轮 传动		

3. 机床常用的变速机构

机床的传动装置应保证加工时能得到最有利的切削速度。实际上，计算出来的理论切削速度只能在无级变速的机床上得到，而在一般的机床上，只能从机床现有的若干转速中通过变速机构来选取接近于所要求的转速。

变换机床转速的机构是由一些基本变速机构组成。基本变速机构是多种多样的，其中滑动齿轮变速机构和离合器式变速机构是最常用的两种。

（1）滑动齿轮变速机构（见图 5-2-8(a)）

带长键的从动轴Ⅱ上装有三联滑动齿轮 z_2、z_4 和 z_6，通过手柄可使它分别与固定在主动轴Ⅰ上的齿轮 z_1、z_3 和 z_5 相啮合。轴Ⅱ可得到 3 种转速，其传动比为

$$i_1 = \frac{z_1}{z_2}, \quad i_2 = \frac{z_3}{z_4}, \quad i_3 = \frac{z_5}{z_6}$$

这种变速机构的传动路线可用传动链的形式表示如下：

$$-\,\mathrm{I}\left\{ \begin{array}{c} \dfrac{z_1}{z_2} \\[4pt] \dfrac{z_3}{z_4} \\[4pt] \dfrac{z_5}{z_6} \end{array} \right\}\,\mathrm{II}-$$

（2）离合器式齿轮变速机构（见图 5-2-8(b)）

从动轴Ⅱ两端套有齿轮 z_2 和 z_4，它们可以分别与固定在主动轴Ⅰ上的齿轮 z_1 和 z_3 相啮合。轴Ⅱ的中部带有键 3，并装有牙嵌式离合器 4。当由手柄 5 左移或右移离合器时，可使离合器的爪 1 或爪 2 与齿轮 z_2 或 z_4 相啮合，轴Ⅱ可得到两种不同的转速，其传动比为

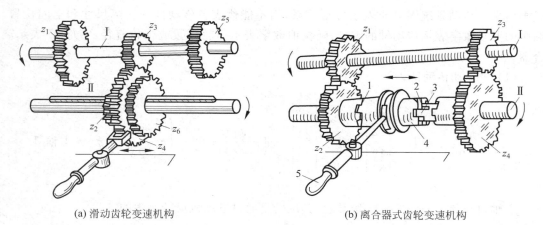

(a) 滑动齿轮变速机构　　　　　　　(b) 离合器式齿轮变速机构

图 5-2-8　变速机构

1,2—离合器的爪；3—键；4—牙嵌式离合器；5—手柄

$$i_1 = \frac{z_1}{z_2}, \quad i_2 = \frac{z_3}{z_4}$$

其传动链为

$$- \text{I} - \left\{ \begin{array}{c} \dfrac{z_1}{z_2} \\[2mm] \dfrac{z_3}{z_4} \end{array} \right\} \text{II} -$$

4. 卧式车床传动简介

图 5-2-9 为 C616 型（相当于新编型号 C6132）卧式车床的传动系统图，它用规定的简图符号表示出了整个机床的传动链。图中各传动件按照运动传递的先后顺序，以展开图的形

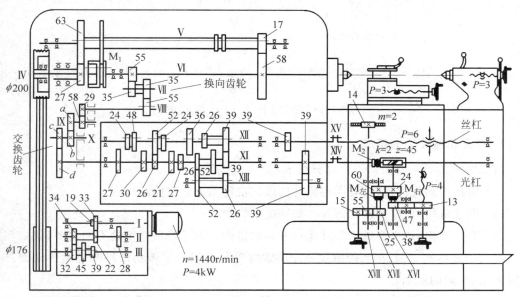

图 5-2-9　C616 型卧式车床传动系统

式画出来。传动系统图只能表示传动关系,而不能代表各传动件的实际尺寸和空间位置。图中的罗马数字表示传动轴的编号,阿拉伯数字表示齿轮齿数或带轮直径,字母 M 表示离合器。

（1）主运动传动链

$$\text{电动机}\ (1440\text{r/min})-\text{I}-\begin{Bmatrix}\dfrac{33}{22}\\[2mm]\dfrac{19}{34}\end{Bmatrix}-\text{II}-\begin{Bmatrix}\dfrac{34}{32}\\[2mm]\dfrac{28}{39}\\[2mm]\dfrac{22}{45}\end{Bmatrix}-\text{III}-\dfrac{\phi176}{\phi200}-\text{IV}-\begin{Bmatrix}\text{M}\\[2mm]\dfrac{27}{63}-\text{V}-\dfrac{17}{58}\end{Bmatrix}-\text{主轴 VI}$$

主轴可获得 $2\times3\times2=12$ 级转速,其反转是通过电动机反转实现的。

（2）进给运动传动链

$$\text{主轴 VI}-\begin{Bmatrix}\dfrac{55}{55}\\[2mm]\dfrac{55}{35}\cdot\dfrac{35}{55}\end{Bmatrix}-\text{VIII}-\dfrac{29}{58}-\text{IX}-\dfrac{a}{b}\cdot\dfrac{c}{d}-\text{XI}-$$

$$\text{（变向机构）}\qquad\qquad\qquad\text{（交换齿轮）}$$

$$\begin{Bmatrix}\dfrac{27}{24}\\[2mm]\dfrac{21}{24}\\[2mm]\dfrac{27}{36}\\[2mm]\dfrac{30}{48}\\[2mm]\dfrac{26}{52}\end{Bmatrix}-\text{XII}-\begin{Bmatrix}\dfrac{39}{39}\cdot\dfrac{52}{26}\\[2mm]\dfrac{26}{52}\cdot\dfrac{52}{26}\\[2mm]\dfrac{39}{39}\cdot\dfrac{26}{52}\\[2mm]\dfrac{26}{52}\cdot\dfrac{26}{52}\end{Bmatrix}-\text{XIII}-\dfrac{39}{39}-\text{XIV}-\text{光杠}-\dfrac{2}{45}-\text{XVI}-$$

$$\text{（倍增机构）}$$

$$\begin{Bmatrix}\dfrac{24}{60}-\text{XVII}-\text{M}_左-\dfrac{25}{55}-\text{XVIII}-\text{齿轮、齿条}(z=14、m=2)-\text{纵向进给}\\[3mm]\text{M}_右-\dfrac{38}{47}\cdot\dfrac{47}{13}-\text{横向进给丝杠}(P=4)-\text{横向进给}\end{Bmatrix}$$

5. 机床机械传动的组成

机床机械传动主要由以下几部分组成:

（1）定比传动机构,指具有固定传动比或固定传动关系的传动机构。

（2）变速机构,指改变机床部件运动速度的机构。

（3）换向机构,是变换机床部件运动方向的机构。为了满足加工的不同需要(例如车螺纹时刀具的进给和返回、车右旋螺纹和左旋螺纹等),机床的主传动部件和进给传动部件往往需要正、反向的运动。

（4）操纵机构,是用来实现机床运动部件变速、换向、启动、停止、制动及调整的机构。机床上常见的操纵机构包括手柄、手轮、杠杆、凸轮、齿轮齿条、拨叉、滑块及按钮等。

（5）箱体及其他装置。箱体用以支承和连接各机构，并保证它们相互位置的精度。为了保证传动机构的正常工作，还要设有开停装置、制动装置、润滑与密封装置等。

6. 机械传动的优、缺点

机械传动与液压传动、电气传动相比较，其主要优点如下：

（1）传动比准确，适用于定比传动。

（2）实现回转运动的结构简单，并能传递较大的扭矩。

（3）故障容易发现，便于维修。

但是，机械传动一般情况下不够平稳；制造精度不高时，振动和噪声较大；实现无级变速的机构较复杂，成本高。因此，机械传动主要用于速度不太高的有级变速传动中。

2.2.2　机床的液压传动

1. 外圆磨床液压传动简介

液压传动的复杂程度，因工作目的等要求不同，其差别很大。为了在短时间内掌握它们的基本概念，现举一简单例子进行说明。图 5-2-10 为磨床工作台液压系统工作原理图。液压泵 4 在电动机（图 5-2-10 中未画出）的带动下旋转，油液由油箱 1 经过滤器 2 被吸入液压泵，由液压泵输入的压力油通过手动换向阀 9、节流阀 13、换向阀 15 进入液压缸 18 的左腔，推动活塞 17 和工作台 19 向右移动，液压缸 18 右腔的油液经换向阀 15 排回油箱。工作台行至终点时，其上的挡块 21 拨动换向阀杆 16 将换向阀 15 转换成如图 5-2-10（b）所示的状

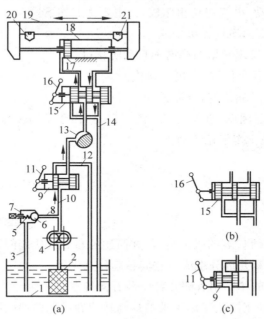

图 5-2-10　磨床工作台液压传动系统工作原理图

1—油箱；2—过滤器；3,12,14—回油管；4—液压泵；5—弹簧；6—钢球；7—溢流阀；8,10—压力油管；9—手动换向阀；11,16—换向阀杆；13—节流阀；15—换向阀；17—活塞；18—液压缸；19—工作台；20—左挡块；21—右挡块

态,则压力油进入液压缸 18 的右腔,推动活塞 17 和工作台 19 向左移动,液压缸 18 左腔的油液经换向阀 15 排回油箱。当工作台右移至终点时,挡块 20 拨回转向阀杆到图 5-2-10(a)所示位置,工作台再次右移。工作台 19 的移动速度由节流阀 13 来调节。当节流阀开大时,进入液压缸 18 的油液增多,工作台移动速度增大;当节流阀关小时,工作台的移动速度减小。液压泵 4 输出的压力油除了进入节流阀 13 以外,其余的打开溢流阀 7 流回油箱。如果将手动换向阀 9 转换成如图 5-2-10(c)所示的状态,液压泵输出的油液经手动换向阀 9 流回油箱,这时工作台停止运动,液压系统处于卸荷状态。

2. 机床液压传动的组成

机床液压传动主要由以下几部分组成。

(1)动力元件——液压泵,其作用是将电动机输入的机械能转换为液体的压力能,是能量转换装置(能源)。

(2)执行机构——液压缸或油马达,其作用是把液压泵输入的液体压力能转变为工作部件的机械能,它也是一种能量转换装置(液动机)。

(3)控制元件——各种阀,其作用是控制和调节油液的压力、流量(速度)及流动方向。

(4)辅助装置——油箱、油管、过滤器、压力表等,其作用是创造必要条件,以保证液压系统正常工作。

(5)工作介质——液压油,它是传递能量的介质。

3. 液压传动的优、缺点

液压传动与机械传动、电气传动相比较,其主要优点如下:

(1)易于在较大范围内实现无级变速。

(2)传动平稳,便于实现频繁的换向和自动防止过载。

(3)便于采用电-液联合控制,实现自动化。

(4)机件在油中工作,润滑好,寿命长。

由于液压传动有上述优点,所以应用广泛。但是,由于油有一定的可压缩性,并有泄漏现象,所以液压传动不适于作定比传动。

复习思考题

5-2-1　指出 C6140 所代表的机床类型,并简述各参数所代表的意义。

5-2-2　机床主要由哪几部分组成?它们各起什么作用?

5-2-3　机床上常用的传动副有哪几种?各有何特点?

5-2-4　试计算 C616 型卧式车床主轴的最高转速和最低转速(见图 5-2-9)。

5-2-5　根据图 5-2-11 的传动系统图,试列出其传动链,并求:(1)主轴 V 有几级转速?(2)主轴 V 的最高转速和最低转速各是多少?

5-2-6　机床机械传动主要由哪几部分组成?有何优、缺点?

5-2-7　机床液压传动主要由哪几部分组成?有何优、缺点?

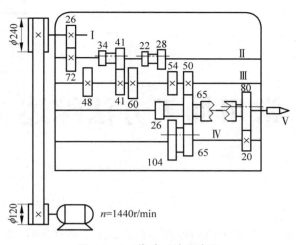

图 5-2-11　传动系统示意图

第3章

常用加工方法综述

机器零件的大小不一，形状和结构各异，加工方法也多种多样，其中常用的有车削、钻削、镗削、刨削、拉削、铣削和磨削等。尽管它们在基本原理方面有许多共同之处，但由于所用机床和刀具不同，切削运动形式各异，所以它们有着各自的工艺特点及应用。

3.1 车床及其加工

在车床上使用车刀对工件进行切削加工（车削），是轴、套类和盘类零件回转表面加工的主要工序。车床的通用性好，是应用最广泛的切削机床，约占机床总数的 50%。车削加工的经济精度一般为 IT7～IT11，甚至可达 IT6；表面粗糙度 Ra 可达 0.8～12.5μm。

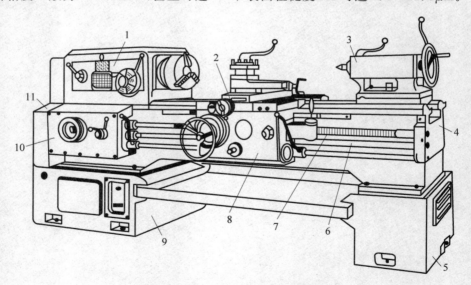

图 5-3-1　卧式车床

1—主轴箱；2—刀架；3—尾架；4—床身；5,9—床腿；6—光杠；
7—丝杠；8—溜板箱；10—进给箱；11—挂轮架

3.1.1 车床的种类和用途

车床的种类和规格很多,根据用途和结构主要分为:

(1) 卧式车床(见图 5-3-1),它是应用最广的车床。

(2) 立式车床(见图 5-3-2),主要用于加工径向尺寸大、轴向尺寸较小的大型、重型的盘套类、壳体类工件。

(3) 转塔车床,适用于在成批生产中加工内、外圆有同轴度要求的较复杂的工件。

(4) 自动车床和半自动车床,能自动完成预定的工作循环,适用于在成批大量生产中加工形状不太复杂的小型零件。

(5) 仿形车床,能按照样板或样件的轮廓自动车削出形状和尺寸相同的工件,适于在大批量生产中加工圆锥形、阶梯形及成形回转面工件。

(6) 专门化车床,是为某类特定零件的加工而专门设计制造的,如凸轮轴车床、曲轴车床等。

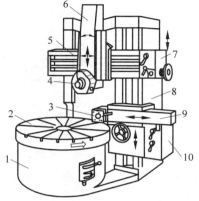

图 5-3-2 立式车床

1—底座(主轴箱);2—工作台;3—方刀架;4—转塔;5—横梁;6—垂直刀架;7—垂直刀架进给箱;8—立柱;9—侧刀架;10—侧刀架进给箱

3.1.2 车床的组成

以 C6140A 型卧式车床为例(见图 5-3-1)说明车床的组成,其主要部件有:主轴箱、刀架、尾架、床身、光杠、丝杠、溜板箱、进给箱、挂轮架等。卧式车床常用的夹具有卡盘、花盘、拨盘、顶尖、鸡心夹头、心轴、中心架和跟刀架等。

3.1.3 车削的应用及其工艺特点

在车床上使用不同的车刀或其他刀具,可以加工各种回转表面,如内外圆柱面、内外圆锥面、螺纹、沟槽、端面和成形面等,加工精度可达 IT7~IT8,表面粗糙度 Ra 值为 $0.8~1.6\mu m$。车削常用来加工单一轴线的零件,如直轴和一般盘、套类零件等。在车床上可完成的车削工艺如图 5-3-3 所示。

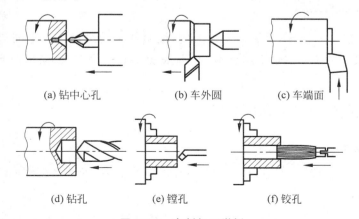

| (a) 钻中心孔 | (b) 车外圆 | (c) 车端面 |
| (d) 钻孔 | (e) 镗孔 | (f) 铰孔 |

图 5-3-3 车削加工举例

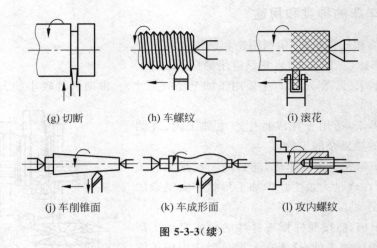

(g) 切断　　　　　(h) 车螺纹　　　　　(i) 滚花

(j) 车削锥面　　　　(k) 车成形面　　　　(l) 攻内螺纹

图 5-3-3（续）

　　车削加工过程连续、平稳，易于保证工件各回转表面的同轴度及工件端面与轴线的垂直度，且精细车削特别适用于磨削加工性不好、易堵塞砂轮气孔的铝及铝合金等有色金属工件的精密加工。

3.2　铣床及其加工

　　铣削是在铣床上利用铣刀的旋转作主运动、工件的移动作进给运动来切削工件的加工方法。铣削加工的尺寸精度可达 IT8～IT9，表面粗糙度值 Ra 为 1.6～6.3 μm。

3.2.1　铣床的种类和用途

　　铣床的种类很多，最常用的是万能卧式铣床（见图 5-3-4）和立式铣床（见图 5-3-5），主要用于加工单件小批生产的中小型零件。此外，还有主要加工工具、模具用的工具铣床，加工大型零件用的龙门铣床，数控铣床等。铣床的工作量仅次于车床。

3.2.2　铣床的组成

　　以 X6132 万能卧式铣床（见图 5-3-4）为例，说明铣床的组成。其主轴与工作台面平行呈水平布置，主要部件有：主轴变速机构、主轴、横梁、刀杆、吊架、纵向工作台、横向工作台、转台、升降台、床身等。

3.2.3　铣削的应用及其工艺特点

1. 铣削的应用

铣削常用于加工各种平面、沟槽、齿轮、齿条和成形面等，如图 5-3-6 所示。

2. 铣削方式

铣平面的方法有端铣法和周铣法两种，在卧式铣床或立式铣床上均可进行。端铣法

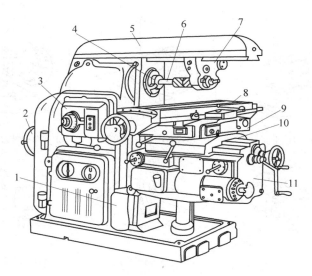

图 5-3-4　X6132 万能卧式铣床

1—床身；2—电动机；3—主轴变速机构；4—主轴；5—横梁；6—刀杆；7—吊架；

8—纵向工作台；9—转台；10—横向工作台；11—升降台

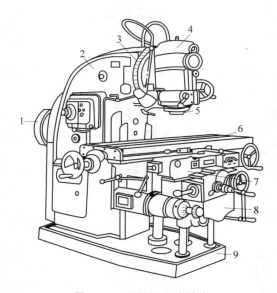

图 5-3-5　X5032 立式铣床

1—电动机；2—床身；3—主轴头架旋转刻度；4—主轴头架；5—主轴；6—工作台；

7—横向工作台；8—升降台；9—底座

是用面铣刀铣端面的方法，如图 5-3-7(a)所示。周铣法是用圆柱铣刀铣平面的方法，如图 5-3-7(b)所示。端铣法的刀具系统刚度好，可镶装硬质合金刀片，同时参与铣削的刀齿多，切削平稳，加工质量好，可采用高速铣削，还可利用修光刃提高已加工表面质量，生产率高，目前铣平面大多采用端铣法，而用周铣法少。但是，周铣法可在同一刀杆上安装几把刀具同时加工几个表面，适应性广，常用多种形式的铣刀铣削沟槽、齿形和成形面等。

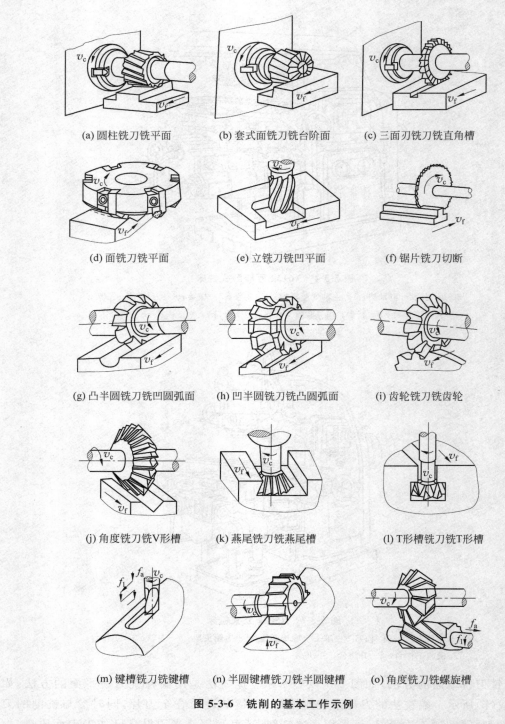

(a) 圆柱铣刀铣平面　　(b) 套式面铣刀铣台阶面　　(c) 三面刃铣刀铣直角槽

(d) 面铣刀铣平面　　(e) 立铣刀铣凹平面　　(f) 锯片铣刀切断

(g) 凸半圆铣刀铣凹圆弧面　　(h) 凹半圆铣刀铣凸圆弧面　　(i) 齿轮铣刀铣齿轮

(j) 角度铣刀铣V形槽　　(k) 燕尾铣刀铣燕尾槽　　(l) T形槽铣刀铣T形槽

(m) 键槽铣刀铣键槽　　(n) 半圆键槽铣刀铣半圆键槽　　(o) 角度铣刀铣螺旋槽

图 5-3-6　铣削的基本工作示例

　　根据刀齿的旋转方向在切削刃与工件的接触处是否与工件的进给方向相同,周铣法又分为逆铣和顺铣,如图 5-3-8 所示。方向相同时为顺铣;方向相反时为逆铣。顺铣时,铣刀将工件压向工作台,每齿的切深由厚到薄,顺铣可提高刀具耐用度、工件表面质量,增加工件

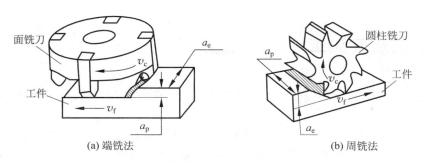

图 5-3-7　端铣法与周铣法

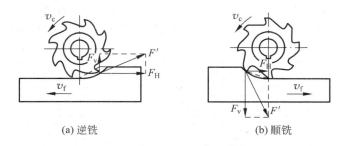

图 5-3-8　逆铣和顺铣

夹持的稳定，但是，由于工作台的丝杠与螺母间间隙的存在，切深变化所引起的水平切削分力的变化会使工作台窜动，影响工件表面质量。逆铣时，铣削力上抬工件，每齿的切削都要经历挤压、滑行、由薄到厚的切入，刀齿磨损大，表面粗糙，但水平分力避免了铣削时的窜动（见图 5-3-9）。所以，逆铣适宜粗加工或铣削硬度较高及带有黑皮的工件（如铸件或锻件），顺铣宜用于精加工，以降低工件的表面粗糙度值。

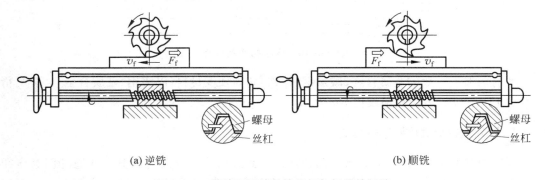

图 5-3-9　逆铣和顺铣时的丝杠与螺母的间隙

3. 铣削的工艺特点

铣刀是典型的多齿刀具，同时参与切削的刃长、齿多，散热条件较好，可以大进给、高转速切削，加工精度和生产率高。在大批量生产中，铣平面已逐渐取代了刨平面，特别是有色金属材料的平面加工，几乎全部都用铣削。成批生产大件时，则多铣、刨兼用，即粗铣、精刨。但是，铣削是断续切削，切入和切出时产生的冲击易产生振动，这会加速刀具的磨损，使铣削过程不平稳，影响加工质量。

3.3 磨床及其加工

　　磨削是用磨具以较高的线速度对工件表面进行切削加工的方法,是一种精度高、表面粗糙度值低的精加工方法。

　　在磨削过程中,磨具以砂轮为主。砂轮可以看做是具有很多微小刀齿(即磨粒)的铣刀,磨粒对工件的作用包括滑擦、刻划和形成切屑 3 个阶段,如图 5-3-10 所示。磨粒刚与工件接触时,切削厚度小,磨粒只是在工件上滑擦,工件接触面上只有弹性变形和少量摩擦热;随着切削厚度逐渐加大,磨粒挤压切入工件表层,使工件表面产生塑性变形出现沟痕,并产生大量的摩擦热;当切削厚度增加到某一临界值时,磨粒前面的材料层产生明显的剪切滑移,形成切屑。

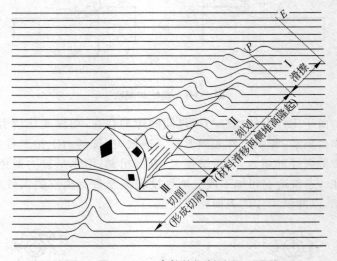

图 5-3-10　磨粒的切削过程

　　磨削能加工一般的金属材料(碳素钢、铸铁)和高硬度材料(淬火钢、硬质合金)。磨削精度可达 IT5～IT6,表面粗糙度值 Ra 为 $0.1～0.8\mu m$。

3.3.1　磨床的种类和用途

　　磨床的种类很多,有外圆磨床、内圆磨床、平面磨床等。外圆磨床分为普通外圆磨床和万能外圆磨床,均可用来磨削外圆柱面、小锥度的外圆锥面、台阶面、端面;内圆磨床主要用于磨削内圆柱面、内圆锥面及端面等;平面磨床主要用于磨削工件上的平面。

3.3.2　磨床的组成

　　以 M1432A 型万能外圆磨床为例,介绍磨床的组成(见图 5-3-11)。万能外圆磨床的主要部件有:床身、工作台、砂轮架、内部液压传动系统、工作台、头架等。磨床工作台的往复运动采用液压传动,运转平稳,能在较大的范围内实现无级变速,操作简便。

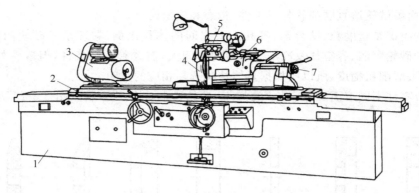

图 5-3-11　M1432A 万能外圆磨床

1—床身；2—工作台；3—头架；4—砂轮；5—内圆磨头；6—砂轮架；7—尾架

3.3.3　砂轮

砂轮是磨削刃具，它是由磨料加结合剂烧制而成的多孔隙物体，如图 5-3-12 所示。砂轮的特性取决于磨料、粒度、结合剂、硬度、组织、形状和尺寸及制造工艺。

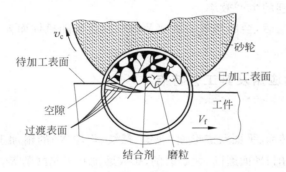

图 5-3-12　砂轮及磨削示意图

磨料是砂轮的主要成分，常用的磨料有刚玉类、碳化硅类及超硬磨料类。刚玉类中，棕色氧化铝适宜磨削碳素钢、合金钢与青铜；白色氧化铝适宜磨削淬硬的高碳钢、合金钢、高速钢、成形零件。碳化硅类中，黑色碳化硅适宜磨削铸铁、黄铜、耐火材料与其他非金属材料；绿色碳化硅适宜磨削硬质合金、宝石及光学玻璃。超硬磨料类有人造金刚石和立方氮化硼，主要适宜于高性能高速钢、不锈钢、耐热钢及其他难加工材料（如硬质合金、大理石、陶瓷等）的磨削。

粒度用来表示磨料颗粒的大小，它对工件的表面粗糙度和生产效率有重要影响。磨削软材料时选用颗粒较粗的砂轮，以提高生产效率；精磨选用颗粒较细的砂轮，以减小加工表面粗糙度。砂轮与工件接触面积大时，选用颗粒较粗的砂轮，防止烧伤工件。

结合剂是将磨粒粘在一起固结成磨具的物质，它决定了磨具的强度、硬度、抗冲击性、耐热性及抗腐蚀能力。常用的结合剂有陶瓷结合剂（V）、树脂结合剂（B）、橡胶结合剂（R）等，其中陶瓷结合剂应用最多。

砂轮硬度是指砂轮表面的磨粒在外力作用下脱落的难易程度，它反映了磨粒固结的牢固程度。一般磨削硬材料工件，或砂轮与工件接触面较大，或导热性差的工件时，应选择较软的砂轮,而硬砂轮适宜磨削软材料工件、精磨和成形磨。

　　砂轮的组织是指磨粒、结合剂、气孔三者之间的体积比例,它表示了砂轮的疏密程度。组织疏松的砂轮容屑、容空气及冷却润滑液的空间大,能改善切削条件,但砂轮外形不易保持,且会增大磨削粗糙度,所以应根据具体情况选择相应的组织。

　　为适应零件不同表面形状、尺寸的加工,砂轮常制成各种形状。图 5-3-13 为国产砂轮的常见形状。

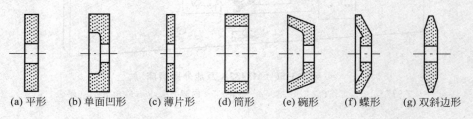

(a) 平形　　(b) 单面凹形　　(c) 薄片形　　(d) 筒形　　(e) 碗形　　(f) 蝶形　　(g) 双斜边形

图 5-3-13　砂轮的形状

　　砂轮与其他刃具相比本身具有自锐性,即:当磨粒的锋刃磨钝后,磨粒在增大切削力的作用下会自行破碎或脱落,从而产生新的锋刃继续进行工作,始终保持砂轮锋利状态的性能。自锐性保证了磨削的生产效率。

　　砂轮工作一段时间后,会因切屑的堵塞及磨粒脱落的随机性而失去外形精度,需用金刚石对砂轮进行修整。

3.3.4　磨削的应用及其工艺特点

1. 磨削的应用

　　磨削主要用于回转面、平面及成形面(花键、螺纹、齿轮等)的精加工。磨削加工方式一般分为外圆磨削、内圆磨削、平面磨削、无心磨削、螺纹磨削和齿轮磨削等,如图 5-3-14 所示。

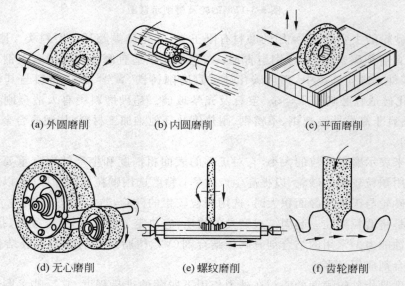

(a) 外圆磨削　　　　　　(b) 内圆磨削　　　　　　(c) 平面磨削

(d) 无心磨削　　　　　　(e) 螺纹磨削　　　　　　(f) 齿轮磨削

图 5-3-14　磨削加工方式

2. 磨削方法

1）外圆磨床上磨外圆

外圆磨床上磨削外圆常根据进给方式的不同分为纵磨法、横磨法、综合磨法和深磨法4 种。

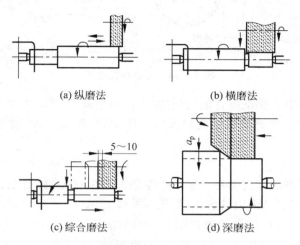

(a) 纵磨法　　　　　　　　　　(b) 横磨法

(c) 综合磨法　　　　　　　　　(d) 深磨法

图 5-3-15　外圆磨削方法

（1）纵磨法（见图 5-3-15（a））

纵磨法磨削时，工件旋转的同时与工作台一起作往复纵向进给，工件每往复一次（或每单行程完成），砂轮横向进给一次，磨削余量在多次往复行程中磨去。最后还要作几次无横向进给的纵向光磨行程，直到磨削火花消失为止，以消除由于径向磨削力的作用在机床加工系统中产生的弹性变形。纵磨切深小，切削力小，散热条件好，精度较高，但生产效率低，广泛应用于单件小批生产的较长外圆表面。

（2）横磨法（见图 5-3-15（b））

横磨法磨削时，工件只作旋转运动，砂轮旋转的同时以慢速作连续的横向进给运动至磨去全部余量。横向磨削中，工件与砂轮接触面积大，切削力大，散热条件差，生产效率高，但加工精度低，适用于成批大量生产的刚性较好不太宽的外圆表面。

（3）综合磨法（见图 5-3-15（c））

先用横磨法分段粗磨工件，留 0.01～0.03mm 余量，相邻两段重叠 5～10mm，然后用纵向精磨至尺寸。综合磨法综合了横磨法和纵磨法的优点。

（4）深磨法（见图 5-3-15（d））

在一次纵向进给中磨去全部磨削余量。深磨法生产率较高，但砂轮修整复杂，并且要求工件的结构必须保证砂轮有足够的切入和切出长度。

2）无心外圆磨床上磨外圆

无心外圆磨削如图 5-3-16 所示，在磨削时，工件放在磨削用砂轮与用摩擦系数较大的橡胶结合剂制作的磨粒较粗的导轮用砂轮之间的托板上，工件不用顶尖支承（所以称为无心磨削），靠导轮的摩擦力带动旋转，同时导轮的轴线相对于水平放置的砂轮和工件的轴线倾斜一个角度（1°～5°），可使工件获得一定的轴向进给速度。

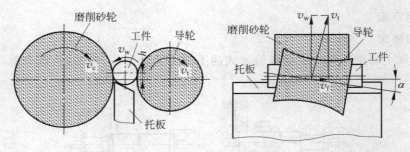

图 5-3-16 无心外圆磨削

无心外圆磨削有利于保证工件的直线性,生产效率高,易实现自动化;但要求工件的外圆表面必须是连续的。主要适用于成批大量生产的销、轴类零件,特别适合于磨削细长的光轴。

3) 内圆磨削

内圆磨削分为纵磨法和横磨法。鉴于砂轮轴的刚度很差,横磨法仅用于磨削短孔及内成形面,所以多数情况下是采用纵磨法,如图 5-3-17 所示。

内圆磨削时,砂轮直径受内孔直径限制,内圆磨头一般只能采用悬臂式单支承,线速度低,刚性差,易产生振动、变形和磨损,冷却和排屑困难,所以生产效率及表面粗糙度均低于外圆磨削。

内圆磨削可以磨削淬硬的孔,可保证孔本身的尺寸精度和表面质量,提高孔的位置精度和轴线的直线度,可灵活运用同一个砂轮磨削不同直径的孔,所以内圆磨削比铰孔和拉孔适应性更大,但生产效率比铰孔低,比拉孔更低。

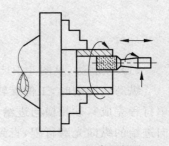

图 5-3-17 纵磨圆柱孔

4) 平面磨削

常见的平面磨削有两种,周磨法和端磨法。

(1) 周磨法

周磨法磨削时,砂轮与工件接触面积小,散热、排屑条件好,但刚性小,磨削用量较小,生产率低,适用于精磨。

(2) 端磨法

端磨法磨削时,砂轮伸出短,刚性好,磨削用量较大,生产率高,但砂轮与工件接触面积大,散热、排屑条件差,加工质量低,适用于粗磨或半精磨。

3. 磨削的工艺特点

磨削加工可获得很高的加工精度和很低的表面粗糙度,工艺范围较广泛,可对很多材料进行加工,尤其是高硬度材料。磨削的背向力大,且磨削温度高,应注意采用切削液。

3.4 钻床、镗床及其加工

孔是组成零件的基本表面之一,钻床和镗床是加工孔的主要设备。

3.4.1 钻床及其加工

1. 钻床的种类和用途

钻床是用钻头在实体工件上加工孔的机床。钻孔时,钻头的旋转运动是主运动,钻头的轴向移动是进给运动。钻孔属于粗加工,尺寸精度为 IT11~IT14,表面粗糙度值 Ra 为 $12.5~50\mu m$。

常用的钻床有台式钻床(见图 5-3-18(a))、立式钻床(见图 5-3-18(b))和摇臂钻床(见图 5-3-18(c))。

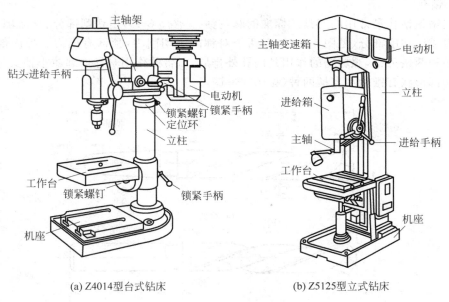

(a) Z4014型台式钻床   (b) Z5125型立式钻床

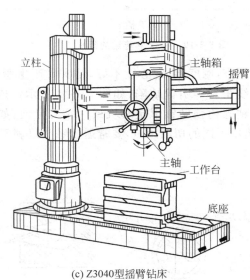

(c) Z3040型摇臂钻床

图 5-3-18 钻床

台式钻床简称台钻,是放在台桌上使用的小型钻床,一般钻孔直径不超过 12mm。台钻主轴的进给是由手控制的,主要用于加工小型工件上的小孔。

立式钻床简称立钻,主要由主轴、主轴变速箱、进给箱、立柱、工作台和机座等组成。主轴进给可以手动,也可以自动,主要用于加工中小型工件上的小孔。

摇臂钻床主要由底座、立柱、摇臂、主轴箱等组成,工件或夹具可安装在底座或工作台上不动,摇臂可绕立柱回转,通过调整在摇臂上水平移动的主轴箱找准被加工孔的位置。摇臂钻床广泛应用于单件和中、小批加工大、中型零件。

2. 钻削的应用及其工艺特点

(1) 钻孔

麻花钻是钻孔最常用的刀具。标准的麻花钻(见图 5-3-19)由切削部分、导向部分、颈部和柄部组成。切削部分(见图 5-3-20)有两个对称的主切削刃,顶部有横刃。导向部分有两条螺旋槽和两条刃带,螺旋槽的作用是向孔外排屑,刃带的作用是导向和减小钻头与孔壁的摩擦。柄部形状有锥柄和直柄两种(见图 5-3-19)。

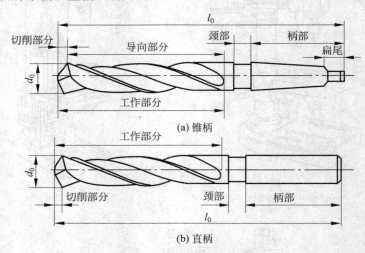

图 5-3-19　标准麻花钻的组成

钻孔时轴向抗力大,排屑困难,刚度差,定心性不好,钻头易产生弯曲甚至折断,还会产生孔不圆、孔径扩大或孔的轴线歪斜等引偏缺陷,如图 5-3-21 所示。这就要求钻头在刃磨时尽量使两个主切削刃对称,钻孔前预钻锥形定心坑或用钻套导向,如图 5-3-22 所示。钻孔时应根据工件材料的不同选用不同的切削用量,要常退出钻头以利于排屑,并加注切削液进行冷却。

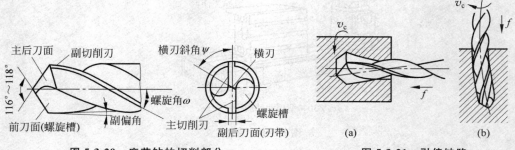

图 5-3-20　麻花钻的切削部分　　　　　图 5-3-21　引偏缺陷

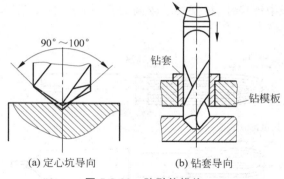

(a) 定心坑导向　　　　(b) 钻套导向

图 5-3-22　防引偏措施

钻孔主要用于加工质量要求不高的孔,如螺栓孔、螺纹底孔、油孔等。对于加工精度和表面质量要求较高的孔或直径大的孔,则应进行扩孔、铰孔、镗孔或磨孔等后续加工。

(2) 扩孔

扩孔是用扩孔钻(见图 5-3-23)对已钻出、铸出或锻出的孔进行扩大孔径并提高其加工质量的加工工艺。

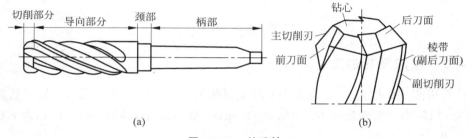

图 5-3-23　扩孔钻

扩孔钻无横刃,刚性好,刀齿多,导向性好,背吃刀量较小,切削较平稳,可修整毛坯孔的轴线位置误差和孔径形状误差。一般扩孔的尺寸精度可达 IT9～IT10,表面粗糙度值 Ra 为 3.2～6.3μm。生产中,直径为 30～100mm 的孔常采用小钻头(直径为孔径的 0.5～0.7 倍)预钻孔,然后再扩孔成相应尺寸的孔,这样可以提高孔的加工质量和生产效率。

扩孔可作为要求不高的孔的最终加工,也可作为孔的精加工前的预加工。当孔的精度和表面粗糙度要求高时,则要采用铰孔。

(3) 铰孔

铰孔是用铰刀(见图 5-3-24)对孔进行精加工的方法之一。在钻床上铰孔时,工件不动,铰刀既作旋转主运动,也作纵向进给运动。铰孔的尺寸精度可达 IT7～IT9,表面粗糙度值 Ra 为 0.4～1.6μm。

铰刀一般分为手铰刀和机铰刀两种,由切削部分、修光(校准)部分、颈部及柄部组成。铰刀可校准孔径、修光孔壁。

铰孔的加工余量一般为 0.05～0.25mm。铰孔时,必须用适当的切削液进行冷却、润滑和清洗,以防止产生积屑瘤并减少切屑在铰刀和孔壁上的黏附。与磨孔和镗孔相比,铰孔易保证孔的精度,生产率高;但铰孔不能校正孔轴线的位置误差,孔的位置精度应由前工序保证。铰孔不宜加工阶梯孔和盲孔。对于较小的孔,与内磨及精镗相比,铰孔是一种较为经济实用的加工方法。对于中等尺寸、精度要求较高的孔,钻-扩-铰工艺是生产中常用的典型加工方案。

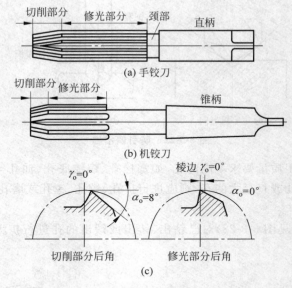

(a) 手铰刀

(b) 机铰刀

(c)

图 5-3-24 铰刀

3.4.2 镗床及其加工

镗孔是用镗刀在镗床、车床或铣床上对预制孔进行加工的一种工艺。一般镗孔的精度可达 IT7~IT8,表面粗糙度值 Ra 为 0.8~$1.6\mu m$;精细镗的精度达 IT6~IT7,表面粗糙度值达 $Ra=0.2$~$0.8\mu m$。

1. 镗床的种类和用途

镗床主要有卧式镗床、立式镗床、坐标镗床、精密镗床、深孔镗床等。常用的是卧式镗床,如图 5-3-25 所示。

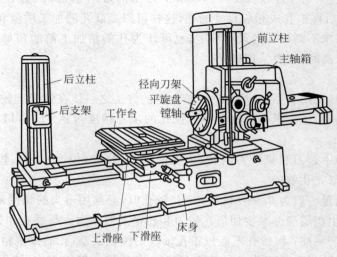

图 5-3-25 卧式镗床

卧式镗床的镗刀一般安装在水平布置的镗轴或平旋盘上,镗刀旋转作主运动,镗刀随主轴箱作上、下移动,工件安装在工作台上作纵向或横向进给运动。工作台还可在滑座上转动一定的角度,以适应各种加工情况。后立柱上的后支架可用来支承伸出较长的镗杆,以提高镗杆的刚度。卧式镗床通用性好,应用广泛。

镗刀分为单刃镗刀(见图 5-3-26)和多刃镗刀(见图 5-3-27,为可调浮动镗刀)。

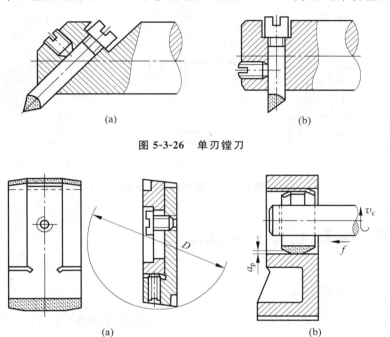

图 5-3-26 单刃镗刀

图 5-3-27 可调浮动镗刀及其工作状态

单刃镗刀结构简单灵活,可镗削通孔或盲孔,可粗加工也可精加工;适应性较广,一把镗刀可加工不同直径的孔,可校正孔的轴线的歪斜或位置偏差,但对工人的技术水平要求较高,生产效率低,适用于单件小批生产。

多刃镗刀中最常见的是可调浮动镗刀(见图 5-3-27),它可通过调节活动刀片的位置来调整刀齿的径向尺寸。镗孔时,镗刀插在镗杆的长方孔中不固定,由两个对称的切削刃产生的切削力自动平衡其位置。多刃镗刀镗孔的质量高,生产率高,但不能校正孔的轴线的歪斜或位置偏差,成本也较高,主要用于批量生产或精加工箱体类零件上的直径较大的孔。

2. 镗削的应用及其工艺特点

镗削主要适用于加工机座、箱体、支架等外形复杂的大型零件,如图 5-3-28 所示。

镗孔和钻-扩-铰工艺相比,孔径尺寸不受刀具尺寸的限制,且单刃镗刀镗孔具有较强的形状、位置误差修正能力。

在镗床上可加工各种不同尺寸和不同精度等级的孔,工艺范围广,对于孔径较大、尺寸和位置精度要求较高的孔和孔系,镗孔几乎是唯一的加工方法。

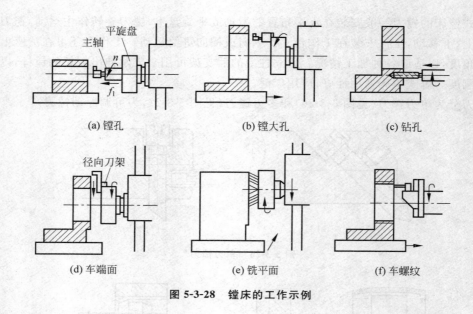

(a) 镗孔　　　　　　　(b) 镗大孔　　　　　　(c) 钻孔

(d) 车端面　　　　　　(e) 铣平面　　　　　　(f) 车螺纹

图 5-3-28　镗床的工作示例

3.5　刨床、插床、拉床及其加工

3.5.1　刨床及其加工

刨床是用刨刀对工件进行切削加工的机床。刨削的尺寸精度可达 IT7～IT8,表面粗糙度值 Ra 为 $1.6～6.3\mu m$。

1. 刨床的种类和用途

常见的刨床有牛头刨床、龙门刨床等,如图 5-3-29 所示。

牛头刨床的主要组成部分有:床身、燕尾形导轨、滑枕、垂直导轨、横梁、工作台、摆杆机构、变速机构、刀架等。牛头刨床多用于单件、小批生产的中小型零件和修配件。

龙门刨床刨削时,工件装夹在工作台 1 上,并沿床身导轨作直线往复运动;侧刀架 12 可沿立柱导轨 10 作垂直间歇进给;垂直刀架 13 可沿横梁导轨 8 作水平间歇进给;横梁导轨 8 可沿立柱导轨 10 上下移动,以调节刨刀高度;所有刀架均可旋转一定的角度以便加工斜面。龙门刨床的主运动是工作台带动工件的直线往复运动,刀具的间歇移动是进给运动。龙门刨床主要加工较大的箱体、支架、床身等零件上长而窄的平面或大平面,也可同时加工多个中、小型工件的平面或沟槽。

2. 刨削的应用及其工艺特点

刨刀的切削部分形似车刀,刀杆为粗大的弯头状(以增加刀的强度),结构简单,灵活方便,成本低。刨削主要用来加工平面、各种沟槽和成形面,如图 5-3-30 所示。

刨床结构简单,成本低,调整方便,通用性好。刨削是断续切削,有冲击、振动,还有空行程损失,生产率较铣削低,但对于狭长表面(如导轨、长槽等)的加工及龙门刨上多件或多刀加工时的生产效率可能高于铣削。

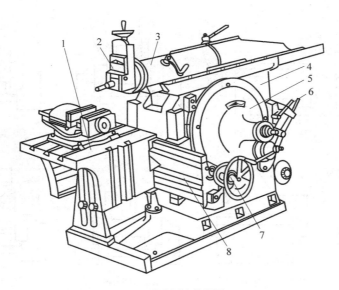

(a) 牛头刨床外形图

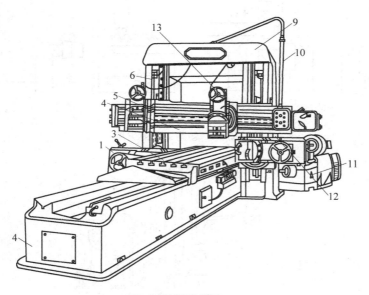

(b) 龙门刨床外形图

图 5-3-29 刨床外形图

1—工作台；2—刀架；3—滑枕；4—床身；5—摇臂机构；6—变速机构；7—进给机构；
8—横梁导轨；9—顶梁；10—立柱；11—驱动机构；12—侧刀架；13—垂直刀架

3.5.2 插床及其加工

插床是用插刀进行切削加工的机床,如图 5-3-31 所示。

插削时,滑枕带动刀具上下往复作主运动,床鞍和溜板可分别作横向和纵向进给运动,工作台可完成圆周进给或分度。

插床有时也被称为立式牛头刨床,主要用于加工内孔键及多边形孔等,有时也用于加工

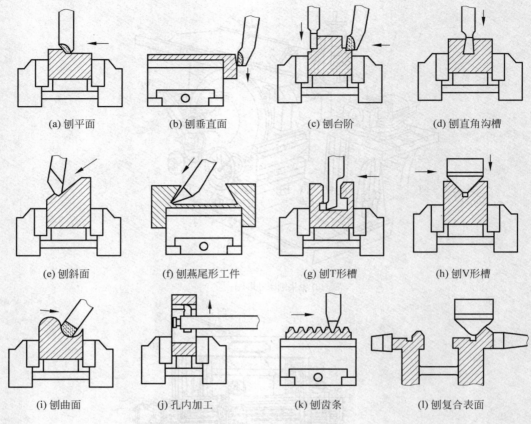

(a) 刨平面　　(b) 刨垂直面　　(c) 刨台阶　　(d) 刨直角沟槽

(e) 刨斜面　　(f) 刨燕尾形工件　　(g) 刨T形槽　　(h) 刨V形槽

(i) 刨曲面　　(j) 孔内加工　　(k) 刨齿条　　(l) 刨复合表面

图 5-3-30　刨削工艺的应用

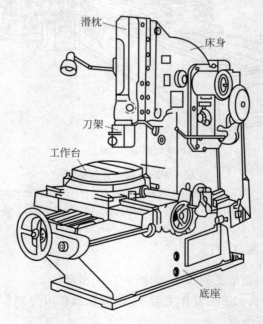

图 5-3-31　插床外形图

成形内表面,特别适用于加工盲孔或有台肩障碍的内表面,但生产效率较低,通常只用于单件、小批生产。

3.5.3　拉床及其加工

拉床是用特制的拉刀进行切削加工的机床。一般拉孔的精度为 IT7～IT8,表面粗糙度值 Ra 为 0.4～0.8μm。

拉床分卧式拉床和立式拉床两种,以卧式拉床最为常见,如图 5-3-32 所示。

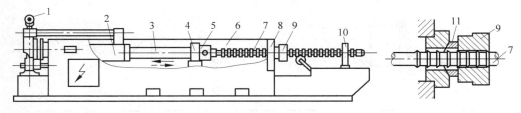

图 5-3-32　在卧式拉床上拉孔示意图

1—压力表；2—液压缸；3—活塞拉杆；4—随动支架；5—夹头；6—床身；
7—拉刀；8—靠板；9—工件；10—滑动托架；11—球面支承垫圈

拉刀(见图 5-3-33)的结构一般有:头部,用来装夹拉刀并传递动力;颈部,是打标记的地方;过渡锥部,使拉刀导入工件孔中;前导部,起定位作用;切削部,担负切削工作,包括粗切齿、过渡齿与精切齿 3 部分;校准部,用来校准和刮光已加工表面;后导部,在拉削即将结束时继续支承工件,以防因工件下垂而损坏刀齿、碰伤已加工表面;尾部,当拉刀又长又重时而增设的支承点,它支承在可与拉刀一起移动的滑动托架上。

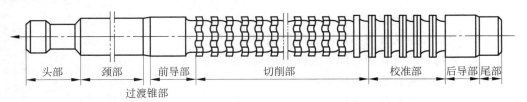

图 5-3-33　内孔拉刀

拉削可以说是刨削的进一步发展,拉削只有一个主运动,它的进给运动是靠拉刀上后一个刀齿高出前一个刀齿的量(称为齿升量)来实现的。拉削是利用拉刀各齿间齿升量的不同,逐齿依次从工件上切下很薄的金属层,从而达到较高精度和表面粗糙度的加工方法,如图 5-3-34 所示。

拉削的加工范围较广,它可加工各种形状的通孔,还可拉削多种形状的沟槽、T 形槽、燕尾槽和涡轮盘上的榫槽等,还可加工平面、成形面、外齿轮和叶片的榫头等,如图 5-3-35 所示。

拉床的结构及操作简单,加工精度高、表面粗糙度值较小,在一次拉削行程中就能粗加工、精加工和精整、光整加工,生产率高;但拉刀是定尺寸刀具,形状复杂,价格昂贵,拉孔不易保证孔位置精度。所以拉削主要用于大批量加工 10～80mm、孔

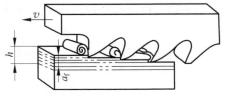

图 5-3-34　拉削平面

深不超过孔径 5 倍的中小零件上的通孔。在单件小批生产中,对于某些精度要求较高、形状特殊的成形表面,用其他方法加工很困难时,也有采用拉削的。

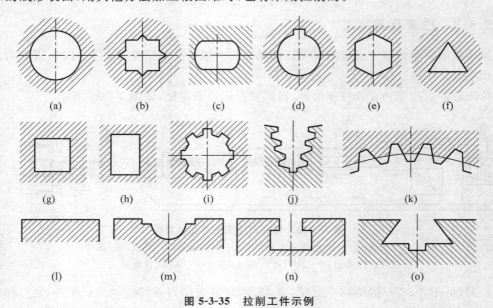

图 5-3-35　拉削工件示例

复习思考题

5-3-1　车床适用于加工何种表面?

5-3-2　顺铣和逆铣有何不同? 实际应用情况如何?

5-3-3　周铣和端铣有何不同? 实际应用情况如何?

5-3-4　普通砂轮有哪些组成要素?

5-3-5　什么是砂轮的自锐性?

5-3-6　常见的磨外圆的方式有哪几种?

5-3-7　为什么加注切削液对于磨削比一般切削加工更为重要?

5-3-8　为什么用标准麻花钻钻孔的精度低且表面粗糙?

5-3-9　什么是钻孔时的"引偏"? 试举出几种减小引偏的措施。

5-3-10　扩孔与铰孔为什么能达到较高的精度和较小的表面粗糙度值?

5-3-11　镗床镗孔与车床镗孔有何不同? 各适用于什么场合?

5-3-12　一般情况下刨削的生产率为什么比铣削低?

5-3-13　拉削有哪些特点? 适用于何种场合?

第4章

精密加工和特种加工

随着现代科技的迅猛发展,各种新结构、新材料和复杂形状的精密零件大量出现,对制造业要求越来越高,常用的传统加工方法已不能满足需求,迫使人们通过各种渠道,借助于多种能量形式,不断研究和探索新的加工方法,即发展精密和特种加工技术。

目前,精密加工与特种加工在难切削材料、复杂形面、精细零件、低刚度零件、模具加工以及大规模集成电路等领域发挥着越来越重要的作用。

4.1 精密加工

精密加工主要是根据加工精度和表面质量两项指标来划分的。当前,精密加工是指被加工零件的加工精度为 $0.1\sim1\mu m$,表面粗糙度值 Ra 为 $0.01\sim0.1\mu m$ 的加工技术。

目前,常用的精密加工技术有精整加工和光整加工。

精整加工是精加工后,从工件表面上切除很薄的金属层,以提高加工精度、减小表面粗糙度值或强化表面为目的加工方法,如研磨、珩磨等。

光整加工是精加工后,从工件表面上不切除或切除极薄的金属层,以减小表面粗糙度值为目的的加工方法,如超级光磨、抛光等。

4.1.1 研磨

1. 研磨加工机理

研磨是在研具与工件之间置以研磨剂,对工件表面进行精整加工的方法。研磨时,研具在一定压力作用下与工件表面之间作复杂的相对运动,通过研磨剂的机械及化学作用,从工件表面上切除很薄的一层材料,从而达到很高的精度和很小的粗糙度。研具的材料应比工件材料软,以便部分磨粒在研磨过程中能嵌入研具表面,对工件表面进行擦磨。

研磨方法分手工研磨和机械研磨两种。

手工研磨是人手持研具或工件进行研磨。机械研磨在研磨机上进行,图 5-4-1 为研磨较小零件所用研磨机的工作示意图。工件置于两块作相反方向转动的盘形研具 A、B 之间,A 盘的转速 n_A 比 B 盘的转速 n_B 高。工件 F 穿在隔离盘 C 的销杆上。工作时,隔离盘 C 被

带动绕轴线 E 旋转,转速为 n_C。由于轴线 E 处在偏心位置,偏心距为 e,则工件一方面在销杆上自由转动,同时又沿销杆滑动,因而获得复杂的相对运动,可保证均匀地切除余量,获得很高的精度和很小的表面粗糙度。

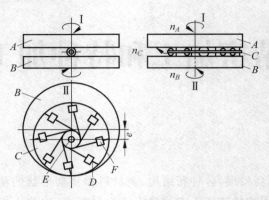

图 5-4-1 机械研磨

2. 研磨的工艺特点及应用

研磨设备和研具简单,成本低,可达到高的尺寸精度、形状精度和小的表面粗糙度值;但不能提高位置精度,生产率低。研磨的加工余量一般不超过 0.01~0.03mm。研磨过的表面有较好的耐腐蚀性和耐磨性,但研磨过程中研磨剂易飞溅,污染环境。

研磨可加工钢、铸铁、硬质合金、光学玻璃、陶瓷等多种材料的各种表面,如平面、外圆面、内圆面、球面、成形面等,适合于多品种小批量生产,常作为精密零件的最终加工。

4.1.2 珩磨

1. 珩磨加工机理

珩磨是利用带有磨条(油石)的珩磨头对孔进行精整加工的方法。如图 5-4-2 所示,珩磨时,工件固定不动,珩磨头由机床主轴带动旋转并作轴向往复直线运动(应使每分钟转数与往复行程数互成质数),以保证磨条沿交叉且不重复的网纹的切削轨迹以一定压力从工件表面上切除一层极薄的材料。

珩磨时要浇注充分的珩磨液,以便及时地排出切屑和切削热,降低切削温度和表面粗糙度值。珩磨铸铁、钢件时,通常用煤油加少量(10%~20%)机油或锭子油作珩磨液。

2. 珩磨的工艺特点及应用

珩磨能提高孔的尺寸、形状精度和表面质量,但不能提高孔的位置精度。珩磨过的表面有交叉网纹,有利于油膜形成,润滑性能好,耐磨损。珩磨余量比研磨稍大,有较高的生产率。

珩磨广泛用于成批大量的孔的精整加工,能加工的孔径为 15~500mm 或更大,并可加工长径比≥10

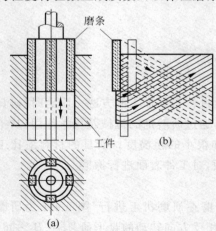

图 5-4-2 珩磨原理

的深孔。但珩磨不适用于加工塑性较大的有色金属工件上的孔，也不能加工带键槽的孔、花键孔等断续表面。

4.1.3　超级光磨

1. 超级光磨加工机理

超级光磨是用装有细粒度、低硬度油石的磨条或砂带，在一定压力下对工件表面进行光整加工的方法。如图 5-4-3 所示，加工时，磨条以恒定压力压于低速旋转的工件表面，沿工件轴向进给的同时作轴向低频振动，从而实现对工件表面的光磨。

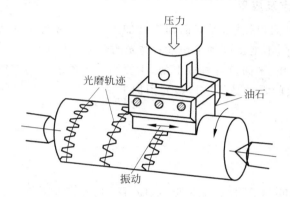

图 5-4-3　超级光磨外圆

超级光磨要在工件与油石间加注光磨液（煤油加锭子油），一是为了冷却、润滑和排屑；二是为了形成油膜，作为终止切削作用的信号。磨条与工件表面初接触时，只接触到面积很小的前道工序留下的凸峰，这时压强大，油膜不完整，切削能力强；随着加工表面逐渐平滑，接触面不断增大，压强不断减小，切削作用减弱；当工件表面与油石间形成完整的油膜时，切削作用便自动停止。

2. 超级光磨的工艺特点及应用

超级光磨设备简单，自动化程度较高，操作简便；加工余量极小，只有 $3\sim10\mu m$，生产效率高；超级光磨能减小工件的表面粗糙度值，不能提高尺寸精度和形状位置精度，这些精度需由前工序保证；超级光磨后的表面耐磨性好。

超级光磨广泛应用于加工轴类零件的外圆柱面、圆锥面、孔、平面和球面等表面。

4.1.4　抛光

1. 抛光加工机理

抛光是利用高速旋转涂有抛光剂的抛光器，对工件表面进行光整加工的方法。抛光器一般由毛毡、橡胶、布、人造革或压制纸板等制成。抛光剂由磨料（氧化铬、氧化铁等）和油酸、软脂等配制而成。

抛光时，如图 5-4-4 所示，在一定的压力下，抛光剂的化学性溶析作用使材料表面产生极薄的软膜而被磨粒微切，以消除上道工序的加工痕迹；高速摩擦导致表面材料层热塑性流动，使原有的微观凹坑被填平，从而获得很光亮的表面。

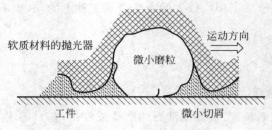

图 5-4-4　抛光原理

2. 抛光的工艺特点及应用

抛光的设备和工具简单经济，易对曲面进行加工；抛光仅能提高工件表面的光亮度，表面粗糙度值降低不明显，不能提高加工精度；抛光的劳动条件差。

抛光可加工外圆、孔、平面及各种成形面，主要用于零件表面的装饰加工，以提高零件表面的疲劳强度；欲电镀的零件必须进行抛光预加工。

4.2　特种加工

不同于传统刀具、能源，特种加工是将电、磁、声、光等物理能量、化学能量或其组合直接施加在被加工部位上，从而使材料被去除、变形或改变性能的加工方法。

特种加工技术可以加工任何硬度、强度、韧性、脆性的金属、非金属材料或复合材料，而且特别适合于加工复杂、微细表面和低刚度的零件。

目前，特种加工在生产中应用较多的有电火花加工、电解加工、超声波加工、高能束加工等。

4.2.1　电火花加工

1. 电火花加工原理

电火花加工是基于脉冲放电蚀除原理产生的，所以也有称为放电加工或电蚀加工。当工具电极（简称工具）与工件电极（简称工件）在绝缘液体中靠近时，极间电压将在两极间"相对最靠近点"电离击穿，形成脉冲放电。在放电通道中瞬时产生大量的热能，可以使金属局部熔化甚至汽化，并在放电爆炸力的作用下，把熔化的金属抛出去，达到蚀除金属的目的。

图 5-4-5(a)所示为电火花加工原理图。直流电源经变阻器 R 向电容器 C 充电储能，当电容器储电至某一极限电压时，液体介质被击穿，电流则通过工具（阴极）和工件（阳极）之间的一定间隙，以火花放电的形式骤然接通。随后，电极间电压骤降，火花通道熄灭，电源又重新向电容器充电储能。依次循环，构成电火花加工的脉冲放电。由于放电的结果，在工件上形成与工具截形相同的精确形孔（见图 5-4-5(b)），而工具仍保持原来的截面形状。

2. 电火花加工的特点及应用

电火花加工能在同一台机床上进行粗、精加工，易于实现自动化，主要用于加工硬、脆、韧、软、高熔点的导电材料，还适用于加工热敏性强的材料；电火花加工无切削力，装夹方

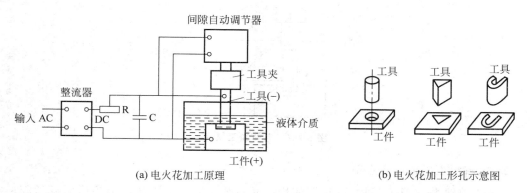

图 5-4-5　电火花加工原理及加工形孔示例

便,适宜加工低刚度工件及形状复杂、微细结构处的精密加工,还可进行表面强化和打印记。

电火花加工在生产上主要用于单件小批量生产。

电火花加工能进行线电极切割,如数控电火花线切割加工是用线状电极(钼丝或铜丝)通过计算机控制伺服进给移动,利用火花放电对工件进行切割成形的一种电火花加工方式,所以称为电火花线切割,简称线切割。如图 5-4-6 所示,卷丝筒作正反向交替转动,带动电极丝作上下往复移动,在电极丝和工件之间加注工作液介质,发生脉冲放电,从而对工件进行切割成形。

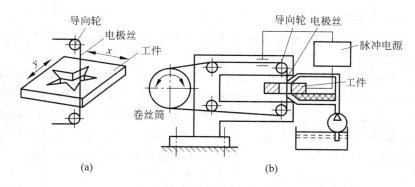

图 5-4-6　电火花线切割原理

4.2.2　电解加工

1. 电解加工原理

电解加工是利用金属在电解液中发生阳极溶解的电化学反应,对金属材料进行成形加工的工艺。

电解加工原理如图 5-4-7 所示。加工时,工件接直流电源的正极,工具接电源的负极,两极间采用低的工作电压(6～24V)、大的工作电流(200～20000A)。工具向工件极缓慢进给,使两极之间保持狭小的间隙(0.1～1mm),具有一定压力的电解液从间隙中高速(5～60m/s)流过,工件表面的金属材料按工具阴极形面的形状不断溶解,同时电解产物被电解液带走。电解加工时,两极距离较近处的电流密度较大,电解液的流速较高,阳极溶解较快;随着工具的不断进给,工件表面不断被电解,直至与工具工作面形状相似为止。

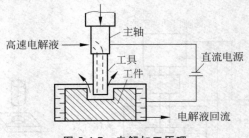

图 5-4-7 电解加工原理

2. 电解加工的特点及应用

电解加工阴极工具不耗损，可长期使用；可一次性加工出形状复杂的形面或形腔；可加工高硬度、高强度及高韧性的金属材料；电解加工无机械切削力或切削热，适用于加工易变形或薄壁零件；加工后的零件无残余应力和变形，无飞边、毛刺，表面粗糙度值 Ra 可达 $0.2\sim0.8\mu m$；生产效率较高；但难以实现高精度的稳定加工；另外，电解加工的附属设备较多，造价较高，电解液对机床有腐蚀作用，电解产物的处理和回收困难，可能污染环境。

电解加工适用于成批大量生产有形孔、形腔、复杂形面、小而深的孔等零件，以及用于套料、去毛刺、刻印等。

4.2.3 超声波加工

1. 超声波加工原理

超声波加工是利用工具的超声频振动，使悬浮磨料对工件表面进行高频冲击、抛磨，使工件成形的加工工艺。

超声波加工原理如图 5-4-8 所示。加工时，工具和工件间加注磨料液，超声波发生器将交流电转变为超声频振动，再经由超声波换能器、变幅杆将超声频振动转变为工具端面的高频机械振动。获得高能量、高频机械振动的工具端面捶击工件表面上的磨料液，通过磨料将加工区的材料粉碎。磨料液循环流动，不断地更新磨料液并带走碎屑，使工具逐渐深入到工件中，直至在工件上加工出与工具形状相吻合的形面或形腔，如图 5-4-9 所示。

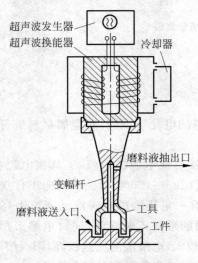

图 5-4-8 超声波加工原理

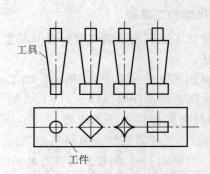

图 5-4-9 超声波加工的形孔示例

2. 超声波加工的特点及应用

超声波加工成形运动简单,适合高效加工各种不导电的非金属脆性材料工件,如玻璃、陶瓷、玛瑙、宝石、金刚石等;也可加工硬度高、脆性较大的金属,如淬火钢、硬质合金等,但效率低;宏观作用力小、无热应力,可加工薄壁、窄缝、低刚度零件。

超声波加工的精度可达 $0.02\sim0.05\text{mm}$,表面粗糙度值 Ra 可达 $0.1\sim1\mu\text{m}$。

目前,超声波加工主要用于硬脆材料的形孔、形腔加工,套料、切割、雕刻以及研磨金刚石拉丝模等。

4.2.4 高能束加工

高能束加工是利用高密度能量射束聚集到加工部位上,以去除工件上多余材料的特种加工方法。目前,高能束加工有激光加工、电子束加工、离子束加工等。

1. 激光加工的原理、特点及应用

激光是一种亮度高、单色性好、方向性好、发散角小的相干光。

加工时,如图 5-4-10 所示,激光器将电能转化为激光,通过光学系统聚焦为高密度能量的激光束照射到工件加工区域产生高温(瞬间可达上千摄氏度,甚至上万摄氏度),瞬时将材料熔化、蒸发,并由强烈的冲击光波喷射去除,形成形面。

激光加工速度极高,热影响区很小,易实现自动化;激光束接触工件,无机械力变形,可以加工各种材料,可用于精密微细加工;可通过气体或光学透明介质进行加工。

目前,激光加工可用于打孔、刻印、焊接、切割、热处理及激光制导等各个领域。

2. 电子束加工的原理、特点及应用

电子束加工原理如图 5-4-11 所示。真空条件下,由旁热阴极发射的电子被高电压(80~200kV)加速,通过聚集系统形成高密度能量的电子束;当电子束冲击到工件时,使加工部位在瞬间升温至熔化或汽化,从而达到去除多余材料的目的。

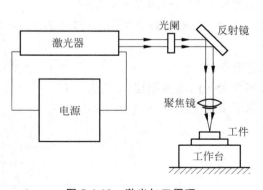

图 5-4-10 激光加工原理

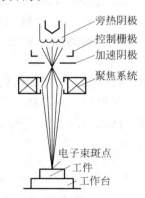

图 5-4-11 电子束加工原理

电子束加工是一种精细工艺,加工点上化学纯度高,无机械切削力,无变形,适合各种材料的加工,生产率高;加工速度快,可控性好,易实现自动化控制;但真空系统及本体系统设备比较复杂,成本高。

电子束加工已广泛应用于高速打孔、异型形孔和特殊面加工、蚀刻、焊接、热处理、光刻等。

3. 离子束加工的原理、特点及应用

离子束加工原理如图 5-4-12 所示。用高频放电、电弧放电、等离子放电或电轰击等方法,使注入低真空电离室的氩、氪、氙等惰性气体电离成离子体;用加速电极将离子束拉出并加速;在高真空加工室,用静电透镜聚成细束离子高速冲击工件表面,靠机械动能将材料去除以达到加工的目的。

离子束加工可以精确控制,加工精度高;离子束加工的小环境纯度高、无污染,适用于易氧化材料和高纯度半导体加工;宏观压力小,无残余应力、热变形,适用于加工低刚度工件;但离子束加工设备费用、成本高,加工效率低。

目前,离子束加工主要用于精微的穿孔、蚀刻、切割、离子溅射沉积、离子镀、离子注入、金属表面改性等。

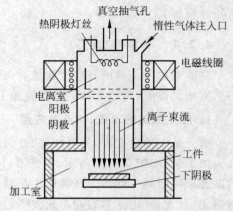

图 5-4-12 离子束加工原理

精密与特种加工提高了材料的可加工性,改变了零件的传统工艺路线,大大缩短了新产品试制周期,对产品零件的结构设计产生很大的影响(如镶拼式结构可以制成整体式结构),对传统的结构工艺性好与坏的衡量标准产生了重要影响,将来必会有越来越多的应用。

复习思考题

5-4-1 试说明研磨、珩磨、超级光磨和抛光的加工原理。

5-4-2 为什么研磨、珩磨、超级光磨和抛光能达到很高的表面质量?

5-4-3 对于提高加工精度来说,研磨、珩磨、超级光磨和抛光的作用有何不同?为什么?

5-4-4 特种加工"特"在何处?常用工艺有哪些?

5-4-5 试说明电火花加工、电解加工、超声加工的基本原理。

5-4-6 试说明激光加工、电子束加工、离子束加工的基本原理。

第5章

典型表面加工分析

机械零件是组成机器的最基本元件,一般需经加工后才能进行装配。零件各表面的加工方法主要根据各加工表面加工精度和表面粗糙度的要求确定,不同的表面具有不同的切削加工方法。选择加工方法时,还应使表面加工方法与零件材料的可加工性相适应、与车间的生产条件相适应、与零件的生产类型相适应,综合考虑,合理选择。

尽管机械零件功能、形状各异,种类纷繁多变,但它们都是由外圆面、孔、锥面、成形面及各种特形面等基本几何要素构成。本章将通过对常见典型表面加工方案的分析,说明各种加工方法的综合运用。

5.1 外圆表面的加工

5.1.1 外圆表面的结构特点和技术要求

1. 外圆表面零件的结构特点及分类

具有外圆表面的零件按其结构特点可以分成以下 3 类:

(1) 轴类零件,包括具有单一轴心线的阶梯轴、空心轴和光轴。一般情况下,毛坯选用棒料(热轧钢或冷拉钢),但对于外形复杂或承载条件要求高的轴,多采用锻件。

(2) 盘套类零件,其除具有同一轴心线的若干外圆表面外,还具有与外圆同心的内孔,通常还要求端面与轴心线保持较高的垂直度。对于结构较简单的零件,毛坯一般选用棒料;对于结构复杂或直径较大的零件,毛坯选用锻件或铸件。

(3) 多中心线零件,其最常见的是曲轴、偏心轴和偏心轮等。这类零件结构较复杂,毛坯一般选用锻件或高强度铸铁件,若零件较小,一般选用棒料。

2. 外圆表面的技术要求

外圆表面的技术要求是由该表面所在的零件决定的。下面以轴类零件为例,说明外圆表面的技术要求。

(1) 尺寸精度

轴类零件的支承轴颈一般与轴承配合,是轴类零件的主要表面,它影响轴的旋转精度与工作状态,通常对其尺寸精度要求较高,为 IT5～IT7;装配传动件的轴颈尺寸精度要求可低一些,为 IT6～IT9。

（2）形状精度

轴类零件的形状精度主要是指支承轴颈的圆度、圆柱度、母线的直线度等,因为外圆表面的形状误差直接影响着与之相配合的零件的接触质量和回转精度,因此一般必须将形状误差限制在尺寸公差范围内。对精度要求较高的轴,应在图样上标注其形状公差。

（3）位置精度

轴类零件的位置精度主要包括外圆表面的同轴度、圆跳动及端面对外圆表面轴心线的垂直度等。对于普通精度的轴类零件,配合外圆表面对支承外圆表面的径向圆跳动一般为 0.01～0.03mm,高精度的轴为 0.001～0.005mm。对于套筒类零件,外圆表面常常与内孔有同轴度的要求,一般为 0.01～0.03mm。

（4）表面粗糙度

外圆表面的粗糙度值是由该表面的工作性质、配合类型、转速和尺寸精度等级决定。对于轴类零件,一般与传动件相配合的轴颈的表面粗糙度 Ra 值为 2.5～6.3 μm;与轴承相配合的支承轴颈的表面粗糙度 Ra 值为 0.16～0.63 μm;而非配合的外圆表面 Ra 一般为 3.2～12.5 μm。

（5）热处理

轴的质量除与所选钢材种类有关外,还与热处理有关。为了改善其切削加工性能或提高综合力学性能及使用寿命等,一般进行正火、调质、淬火、表面淬火及表面氮化等热处理。如:对于轴用的 45 钢,在粗加工之前常安排正火处理,而调质处理安排在粗加工之后进行。

5.1.2　外圆表面的加工方案

外圆表面常用的基本加工方法有车削加工、磨削加工和光整加工。外圆表面的常用加工方案见表 5-5-1。

表 5-5-1　外圆表面的加工方案

序号	加工方案	经济精度等级	表面粗糙度 Ra/μm	适用范围
1	粗车	IT11 以下	12.5～50	适用于淬火钢以外的各种金属
2	粗车-半精车	IT8～IT10	3.2～6.3	
3	粗车-半精车-精车	IT6～IT8	0.8～1.6	
4	粗车-半精车-精车-滚压(或抛光)	IT5～IT7	0.025～0.2	
5	粗车-半精车-磨削	IT6～IT8	0.4～0.8	主要用于淬火钢,也可用于未淬火钢,但不宜加工有色金属
6	粗车-半精车-粗磨-精磨	IT5～IT7	0.1～0.4	
7	粗车-半精车-粗磨-精磨-超精加工(或轮式超精磨)	IT5～IT7 以上	0.012～0.2	
8	粗车-半精车-精车-金刚石车	IT5～IT7	0.025～0.4	主要用于要求较高的有色金属的加工
9	粗车-半精车-粗磨-精磨-超精磨或镜面磨	IT5 以上	0.006～0.025	高精度的外圆加工
10	粗车-半精车-粗磨-精磨-研磨	IT5～IT7 以上	0.006～0.1	

5.2　内圆表面的加工

内圆表面是套类、支架、箱体零件的主要组成表面。内圆表面主要指圆柱形的孔,由于一方面加工受孔本身直径尺寸的限制,且刀具刚性差,排屑、散热、冷却、润滑都比较困难,因此一般加工条件比外圆表面差。另一方面孔可以采用固定尺寸刀具加工,故孔的加工与外圆表面相比较有大的区别。

5.2.1　内圆表面的技术要求

对于不同零件上的内圆表面,其技术要求也不相同。

(1) 回转零件的内圆表面,如空心轴、套筒、轮盘类零件上的内圆表面,这类内圆表面的精度要求较高(IT6～IT9),表面粗糙度值 Ra 较小(0.8～3.2μm),内圆表面与外圆表面有较高的同轴度要求,孔轴线与端面有垂直度要求。

(2) 连接零件的紧固内圆表面,如螺钉孔、螺栓孔、非配合油孔、气孔等,这类内圆表面的精度和表面粗糙度值要求不高,精度一般在 IT10～IT12,表面粗糙度值 Ra 为 12.5～50μm。

(3) 箱体零件的内圆表面,如机床主轴箱上的轴承支承孔,这类内圆表面的精度要求较高(IT6～IT7),表面粗糙度值 Ra 较小(0.8～1.6μm),几何形状精度一般应在内圆表面的公差范围内,要求高的应不超过内圆表面公差的 1/3～1/2。内圆表面中心距、各内圆表面轴心线间的平行度都有较高的要求,一般机床主轴箱上内圆表面的中心距允差为 $\pm$(0.025～0.06)mm,轴心线平行度允差在全长取 0.03～0.1mm。内圆表面轴心线与箱体基准面的平行度、垂直度要求也较高。

(4) 深孔,指长径比 $L/D \geqslant 5$ 的孔,如主轴孔、长油孔、枪孔等,其加工条件较差,很难保证较高的加工精度和较小的表面粗糙度值。一般要求精度为 IT8～IT10,表面粗糙度 Ra 值为 0.8～6.3μm,同时要求有一定的直线度。

5.2.2　内圆表面的加工方案

内圆表面加工方法的选择与内圆表面的类型及结构特点有密切的关系,主要取决于机械零件对内圆表面加工精度和表面粗糙度的要求,内圆表面尺寸大小、深度,零件形状、质量、材料,生产纲领及所用设备等。

内圆表面的加工方案较多,各种方法又有不同的适用条件。例如:用定尺寸刀具加工的钻、扩、铰、拉,因受刀具尺寸的限制,只宜加工中小尺寸的内圆表面,大孔只能用镗削加工。因此,选择孔的加工方案应综合考虑各相关因素和加工条件,常见孔加工方案见表 5-5-2。

表 5-5-2 内圆表面的加工方案

序号	加 工 方 案	经济精度等级	表面粗糙度 Ra/μm	适 用 范 围
1	钻	IT8～IT10	12.5	用于加工未淬火钢及铸铁的实心毛坯,也可用于加工有色金属(但表面粗糙度稍大,孔径<15～20mm)
2	钻-铰	IT7～IT8	1.6～3.2	
3	钻-粗铰-精铰	IT7～IT8	0.8～1.6	
4	钻-扩	IT8～IT10	6.3～12.5	同上,但孔径>15～20mm
5	钻-扩-铰	IT7～IT8	1.6～3.2	
6	钻-扩-粗铰-精铰	IT7～IT8	0.8～1.6	
7	钻-扩-机铰-手铰	IT5～IT7	0.1～0.4	
8	钻-扩-拉	IT5～IT8	0.1～1.6	大批大量生产(精度由拉刀的精度而定)
9	粗镗(或扩孔)	IT8～IT10	6.3～12.5	除淬火钢外的各种钢和有色金属,毛坯的铸出孔或锻出孔
10	粗镗(粗扩)-半精镗(精扩)	IT7～IT8	1.6～3.2	
11	粗镗(扩)-半精镗(精扩)-精镗(铰)	IT6～IT8	0.8～1.6	
12	粗镗(扩)-半精镗(精扩)-精镗-浮动镗刀精镗	IT6～IT8	0.4～0.8	
13	粗镗(扩)-半精镗-磨孔	IT6～IT8	0.4～0.8	主要用于淬火钢,也用于未淬火钢,但不宜用于有色金属加工
14	粗镗(扩)-半精镗-粗磨-精磨	IT5～IT7	0.1～0.2	
15	粗镗-半精镗-精镗-金刚镗	IT5～IT7	0.05～0.4	主要用于精度要求高的有色金属加工
16	钻-(扩)-粗铰-精铰-珩磨 钻-(扩)-拉-珩磨 粗镗-半精镗-精镗-珩磨	IT5～IT7 以上	0.025～0.2	精度要求很高的孔
17	以研磨代替上述方案中的珩磨	IT6 以上		

5.3 平面的加工

平面是盘形和板形零件的主要表面,也是箱体和支架类零件的主要表面之一。根据平面所起的作用,大致可以分为以下几种类型:

(1)非结合面,这类平面只是在外观或防腐蚀需要时才进行加工,属于低精度平面。

(2)零部件的固定连接平面,如车床的主轴箱、进给箱与床身的结合表面,属于中等精度平面。

(3)零部件的重要接合面,如减速器的箱体和箱盖的连接面、滑动轴承的上下剖分面等;或导向平面,即互相配合并作相对往复运动的零件平面,通常要求保持严格的导向精度和耐磨性能,如机床导轨面、滑动花键槽等,属于精密平面。

(4)精密测量工具的工作面等,属于超精密平面。

由于平面的作用不同,其技术要求也不相同,应采用不同的加工方案。

5.3.1　平面的技术要求

平面的技术要求包括两个方面：

(1) 平面本身的精度(如平面度和直线度等)及表面质量(如表面粗糙度、表层硬度、残余应力以及显微组织等)。

(2) 平面与零件其他表面的相互位置精度(如平面之间的尺寸精度、平行度、垂直度等)。

平面本身无尺寸精度，但平面与平面或与其他表面间一般有尺寸精度要求。

5.3.2　平面的加工方案

选择平面加工方案时，要综合考虑其技术要求和零件的结构形状、尺寸大小、材料性质及毛坯种类等情况，并应结合生产纲领及具体加工条件。平面可分别采用车、铣、刨、磨、拉等方法加工。对于要求较高的精密平面，可用刮研、研磨、抛光等进行光整加工。常用的平面加工方案见表 5-5-3。

表 5-5-3　平面的加工方案

序号	加 工 方 案	经济精度等级	表面粗糙度 Ra/μm	适 用 范 围
1	粗车-半精车	IT7～IT10	3.2～6.3	端面
2	粗车-半精车-精车	IT6～IT8	0.8～1.6	
3	粗车-半精车-磨削	IT6～IT8	0.2～0.8	
4	粗刨(或粗铣)-精刨(或精铣)	IT7～IT10	1.6～6.3	一般不淬硬平面(端铣的表面粗糙度可较小)
5	粗刨(或粗铣)-精刨(或精铣)-刮研	IT5～IT8	0.1～0.8	精度要求较高的不淬硬平面,批量较大时宜采用宽刃精刨方案
6	粗刨(或粗铣)-粗刨(或精铣)-宽刃精刨	IT6～IT8	0.2～0.8	
7	粗刨(或粗铣)-精刨(或精铣)-磨削	IT6～IT8	0.2～0.8	精度要求较高的淬硬平面或不淬硬平面
8	粗刨(或粗铣)-精刨(或精铣)-粗磨-精磨	IT5～IT7	0.025～0.4	
9	粗刨-拉	IT6～IT8	0.2～0.8	大量生产,较小的平面(精度视拉刀的精度而定)
10	粗铣-精铣-磨削-研磨	IT5～IT7 以上	0.006～0.1	高精度平面

5.4　成形表面的加工

成形表面是机械零件中常见的一类表面，其中最主要的是圆锥面，一般用于工具配合面，如车床主轴锥孔与前顶尖莫氏锥套的配合、麻花钻头的锥柄与钻床主轴锥孔的配合等。另外一类成形表面就是由若干条曲线组成的表面，如手柄、圆球、凸轮等特形面。由于它们的使用场合不同,对其技术要求也不一样。圆锥面一般要求较高的母线直线度和同轴度,由于主要用于工具上,表面粗糙度值一般较低。而特形面则要求有较高的表面质量,一般要经过抛光处理,同时对曲线的误差也有严格的要求,尤其是凸轮曲线。

5.4.1 成形面的技术要求

与其他表面类似,成形面的技术要求也包括尺寸精度、形位精度及表面质量等。但是,成形面往往是为了实现特定功能而专门设计的,因此其表面形状的要求十分重要。加工时,刀具的切削刃形状和切削运动应首先满足表面形状的要求。

5.4.2 成形面加工方法的分析

一般成形面可以分别用车削、铣削、刨削、拉削或磨削等方法加工,这些加工方法可以归纳为如下两种基本方式:

(1) 用成形刀具加工

即用切削刃形状与工件轮廓相符合的刀具,直接加工出成形面。例如用成形车刀车成形面(见图 5-5-1)、用成形铣刀铣成形面(见图 5-3-6(g)、(h)、(i)、(j)、(o))等。

用成形刀具加工成形面,机床的运动和结构比较简单,操作也简便,但是刀具的制造和刃磨比较复杂(特别是成形铣刀和拉刀),成本较高。而且,这种方法的应用受工件成形面尺寸的限制,不宜用于加工刚度差且成形面较宽的工件。

(2) 利用刀具和工件作特定的相对运动加工

用靠模装置车削成形面(见图 5-5-2)就是其中的一种,此外,还可以利用手动、液压仿形装置或数控装置等,来控制刀具与工件之间特定的相对运动。利用刀具和工件作特定的相对运动来加工成形面,刀具比较简单,并且加工成形面尺寸范围较大。但是,机床的运动和结构都较复杂,成本也高。随着数控加工技术的发展及数控加工设备的广泛应用,用数控机床加工成形面已成为主要的加工方法。

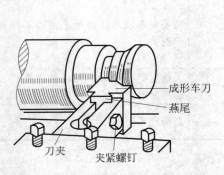

图 5-5-1 用成形车刀车成形面

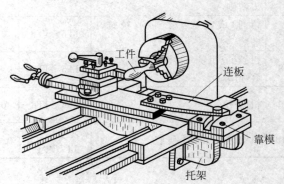

图 5-5-2 用靠模车成形面

成形面的加工方法,应根据零件的尺寸、形状及生产批量等来选择。

(1) 利用刀具和工件作特定的相对运动来加工成形面,刀具比较简单,且加工成形面的尺寸范围较大。但是,机床的运动和结构都较复杂,成本也高。

(2) 小型回转体零件上形状不太复杂的成形面,在大批大量生产时,常用成形车刀在自动或半自动车床上加工；批量较小时，可用成形车刀在普通车床上加工。

（3）成形的直槽和螺旋槽等，一般可用成形铣刀在万能铣床上加工。

（4）尺寸较大的成形面，在大批量生产中，多采用仿形车床或仿形铣床加工。单件小批生产时，可借助样板在普通车床上加工，或者依据划线在铣床或刨床上加工，但这种方法加工的质量和效率较低。为了保证加工质量和提高生产效率，在单件小批生产中可应用数控机床加工成形面。

（5）大批量生产中，为了加工一定的成形面，常常专门设计和制造专用的拉刀或专门化的机床，例如加工凸轮轴上凸轮的凸轮轴车床、凸轮轴磨床等。

（6）对于淬硬的成形面，或精度高、粗糙度值小的成形面，其精加工则要采用磨削，甚至要用精整加工。

5.5　螺纹表面的加工

5.5.1　螺纹的类型

在机器和仪器制造中，常用的螺纹按其用途主要可分为紧固螺纹、传动螺纹和紧密螺纹3大类。

（1）紧固螺纹，用于零件间的固定连接，常用的有普通螺纹和管螺纹等。普通螺纹牙型为三角形，牙型角为 $60°$；管螺纹牙型为三角形，牙型角为 $55°$。普通螺纹要求旋入方便、连接可靠，对于管螺纹还要求具有良好的密封性。

（2）传动螺纹，用于传递动力、运动和位移，牙型为梯形或锯齿形。传动螺纹要求传动准确、可靠，螺牙接触良好和耐磨，如丝杠和测微螺杆的螺纹等。

（3）紧密螺纹，主要用于密封结合，如各种油管、气管、水管的接头等，要求不漏水、不漏气、不漏油。

5.5.2　螺纹表面的技术要求

螺纹和其他类型的表面一样，有一定的尺寸精度、形位精度和表面质量要求。

（1）螺纹精度

普通螺纹精度分为精密、中等和粗糙3级。精密级用于要求配合性质稳定，且保证相当定位精度的螺纹结合；中等级用于一般的螺纹结合；粗糙级则用于不重要的螺纹结合或加工较困难的螺纹。

（2）旋合长度

螺纹的旋合性受螺纹的半角误差和螺距误差的影响。短旋合长度的螺纹旋合性比长旋合长度的螺纹旋合性好，加工时容易保证精度。螺纹的旋合长度分为 S、N、L 3 种。

（3）形位公差的要求

对于普通螺纹一般不规定形位公差，仅对高精度螺纹规定在旋合长度内的圆柱度、同轴度和垂直度等规定形位公差。其公差值一般不大于中径公差的 50%，并遵守包容原则。

（4）尺寸精度

螺纹的基本偏差根据螺纹结合的配合性质和作用要求来确定。内螺纹的基本偏差优先选用 H，为保证螺纹结合的定心精度及结合强度，可选用最小间隙为零的配合（H/h）。

（5）粗糙度和硬度要求

对于传动螺纹，为了保证传动或读数精度及耐磨性，对螺纹表面的粗糙度和硬度等有较高要求。

5.5.3 螺纹表面的加工方法

1. 套螺纹与攻螺纹

用板牙在圆柱面上加工出外螺纹的方法称为套螺纹。套螺纹时，受板牙结构尺寸的限制，螺纹直径一般为 $\phi 1 \sim 52\text{mm}$。套螺纹又分手工与机动两种，手工套螺纹可以在机床或钳工台上完成，而机动套螺纹需要在车床或钻床上完成。

用丝锥在零件内孔表面上加工出内螺纹的方法称为攻螺纹。对于小尺寸的内螺纹，攻螺纹几乎是唯一的加工方法。单件小批生产时，由操作者用手用丝锥攻螺纹；当零件批量较大时，可在车床、钻床或攻螺纹机上用机用丝锥攻螺纹。

采用手工攻螺纹或套螺纹时，板牙或丝锥每转过 $1/2 \sim 1$ 圈后，均应倒转 $1/4 \sim 1/2$ 圈，使切屑碎断后排出，以免因切屑挤塞而造成刀齿或零件螺纹的损坏。

攻、套螺纹的加工精度较低，主要用于精度要求不高的普通连接螺纹。攻螺纹与套螺纹因加工螺纹操作简单，生产效率高，成品的互换性也较好，在加工小尺寸螺纹表面中得到了广泛应用。

2. 车螺纹

在普通车床上用螺纹车刀车削螺纹是常用的螺纹加工方法，可用来加工三角螺纹、矩形螺纹、梯形螺纹、管螺纹、蜗杆等各种牙型、尺寸和精度的内、外螺纹，尤其是导程和尺寸较大的螺纹，其加工精度可达 IT4～IT9 级，表面粗糙度值 Ra 可达 $0.4 \sim 3.2\mu\text{m}$。车螺纹时零件与螺纹车刀间的相对运动必须保持严格的传动比关系，即零件每转 1 周，车刀必须沿着零件轴向移动 1 个导程。车螺纹的生产率较低，加工质量取决于工人技术水平及机床和刀具的精度。但因车螺纹刀具简单，机床调整方便，通用性广，在单件、小批量生产中得到广泛应用。

3. 铣削螺纹

在成批和大量生产中，广泛采用铣削加工螺纹。铣螺纹一般都是在专门的螺纹铣床上进行的，根据所用铣刀的结构不同，可以分为两种：

（1）用盘形螺纹铣刀铣削，一般用于加工大尺寸的梯形和方牙传动螺纹，其加工精度较低，通常只作为粗加工，然后用车削进行精加工。

（2）用梳形螺纹铣刀铣削，一般用于加工大直径的细牙螺纹，其生产率比用盘形铣刀加工方法高但加工精度更低，但可加工靠近轴肩或盲孔底部的螺纹，且不需要退刀槽。

4. 滚压螺纹

滚压螺纹是一种无屑加工，有以下两种方式：

（1）搓板滚压，如图 5-5-3(a)所示，下搓板是固定的，上搓板作往复运动。搓板工作面的截面形状与被加工螺纹截面形状相同。杆状坯料在上、下搓板之间被挤压和滚动,当上搓板工作行程结束时,螺杆就被挤压成形。

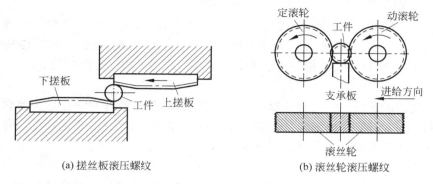

(a) 搓丝板滚压螺纹　　　　　　(b) 滚丝轮滚压螺纹

图 5-5-3　滚压螺纹的方法

(2) 滚子滚压,如图 5-5-3(b)所示,滚子的工作表面截面形状与被加工螺纹相同,它们在带动工件旋转的同时,还逐渐作径向进给运动,直至挤压到规定的螺纹深度为止。

搓丝比滚丝的生产率高,但滚丝压力小,精度高,粗糙度低。

5. 磨螺纹

用于淬硬螺纹的精加工,例如丝锥、螺纹量规及精密传动丝杠等。螺纹磨削一般在专门的螺纹磨床上进行。磨削螺纹有两种基本方式:单片砂轮磨削和多片砂轮磨削,如图 5-5-4 所示。

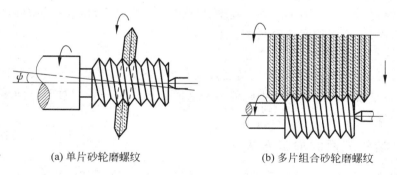

(a) 单片砂轮磨螺纹　　　　　　(b) 多片组合砂轮磨螺纹

图 5-5-4　磨螺纹的方法

两种方法相比较,单片砂轮磨削螺纹精度高,这是因为多片砂轮的修整比较困难;但是多片砂轮磨削生产率较高,通常工件转 $1\frac{1}{3} \sim 1\frac{1}{2}$ 周内就可以完成磨削加工;单片法可以加工任意长度的螺纹,而多片法只能加工较短的螺纹。

5.6　齿轮齿形的加工

齿轮是传递运动和动力的重要零件,在机械、仪器、仪表中广泛应用,其作用是按规定的传动比传递运动和功率。由齿轮构成的齿轮传动是机械传动的基本形式之一,因其传动的可靠性好、承载能力强、制造工艺成熟等优点成为各类机械中传递运动和动力的主要机构。

5.6.1　齿轮表面的技术要求

齿轮传动有圆柱齿轮传动、圆锥齿轮传动、齿轮齿条传动以及蜗杆蜗轮传动等。由于齿轮传动的类型很多，对齿轮传动的使用要求也是多方面的，一般情况下，齿轮传动有以下几个方面的使用要求，每种要求都是用齿轮的一个或一组相应的评价指标表示。

（1）齿轮传动的准确性

齿轮传动的准确性是指齿轮转动一周内传动比的变动量，评定的指标主要包括：齿距累积总误差、径向跳动、切向综合总误差、径向综合总误差、公法线长度变动等。通过对以上几项公差的控制使齿轮的传动精度达到要求。

（2）齿轮传动的平稳性

齿轮传动的平稳性是指齿轮在转过一个齿距角的范围内传动比的变动量，评定指标有：单个齿距偏差、基圆齿距偏差、齿廓偏差、一齿切向综合误差、一齿径向综合误差等。该项指标主要影响齿轮在转动过程中的噪声。

（3）载荷分布的均匀性

齿轮载荷分布的均匀性是指在轮齿啮合过程中，工作齿面沿全齿宽和全齿长上保持均匀接触，并具有尽可能大的接触面积比，评定指标有螺旋线偏差、接触斑点和轴线平行度误差。通过控制以上指标，可保证齿轮传递载荷分布的均匀性，以提高齿轮的使用寿命。

（4）齿轮副侧隙

齿轮副侧隙是指一对齿轮啮合时，在非工作齿面间应留有合理的间隙，其目的是储藏润滑油，补偿齿轮副的安装与加工误差以及受力变形和发热变形，保证齿轮自由回转，评定指标包括齿厚偏差、公法线长度偏差和中心距偏差。

（5）齿坯基准面的精度

齿坯基准表面的尺寸精度和形位精度直接影响齿轮的加工精度和传动精度。齿轮在加工、检验和安装时的径向基准面和轴向辅助基准面应该尽量一致。对于不同精度的齿轮齿坯公差可查阅有关标准。

5.6.2　齿轮表面的加工方法

无论是圆柱齿轮还是圆锥齿轮的加工，按照加工时的工作原理，可分为成形法和展成法两种。下面以圆柱齿轮为例进行介绍。

1. 齿面的加工

1）成形法

成形法加工齿面是采用刀刃形状与被加工齿轮齿槽截面形状相同的成形刀具加工齿轮，常用成形铣刀进行铣齿。成形铣刀有盘状模数铣刀和指状模数铣刀两种，专门用来加工直齿和螺旋齿（斜齿）圆柱齿轮，如图 5-5-5 所示，其中指状模数铣刀适用于加工模数较大的齿轮。用成形铣刀加工齿轮时，每次加工齿轮的一个齿槽，零件的各个齿槽是利用分度装置依次切出的。其优点是所用刀具与机床的结构比较简单，还可在通用机床上用分度装置来进行加工，如可在升降台式铣床或牛头刨床上分别用齿轮铣刀或成形刨刀加工齿轮。

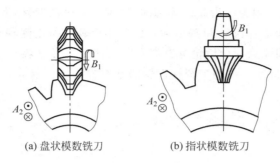

(a) 盘状模数铣刀　　　(b) 指状模数铣刀

图 5-5-5　用成形铣刀加工齿轮轮齿

用成形法加工齿轮时,由于同一模数的齿轮只要齿数不同,齿形曲线也不相同,为了加工准确的齿形,就需要很多的成形刀具,这显然是很不经济的。同时,因成形刀的齿形误差、系统的分度误差及齿坯的安装误差等影响,成形法加工精度较低,一般低于 IT10 级。常用于单件小批生产和修配行业。

2) 展成法

展成法加工齿面是根据齿轮啮合传动原理实现的,即将其中一个齿轮制成具有切削功能的刀具,另一个则为齿轮坯,通过专用机床使二者在啮合过程中由各刀齿的切削痕迹逐渐包络出零件齿面。展成法加工齿轮的优点是：用同一把刀具可以加工同一模数不同齿数的齿轮,加工精度和生产率较高。按展成法加工齿面最常见的方式是插齿、滚齿、剃齿和磨齿,用来加工内、外啮合的圆柱齿轮和蜗轮等。

（1）插齿

插齿主要用于加工直齿圆柱齿轮的轮齿,尤其是加工内齿轮、多联齿轮,还可以加工斜齿轮、人字齿轮、齿条、齿扇及特殊齿形的轮齿。

插齿是按展成法的原理来加工齿轮的,如图 5-5-6(a)所示。插齿精度高于铣齿,可达 IT7～IT8 级,齿面的表面粗糙度值 $Ra=1.6～3.2\mu m$,但生产率较低。当插斜齿轮时,除了采用斜齿插齿刀外,还要在机床主轴滑枕中装有螺旋导轨副,以实现插齿刀的附加转动。

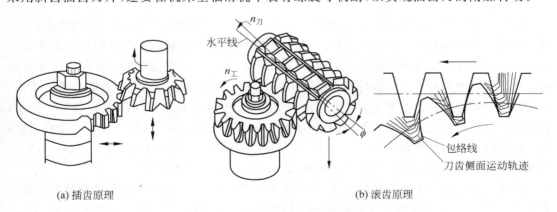

(a) 插齿原理　　　　　　　　　　　(b) 滚齿原理

图 5-5-6　展成原理及其成形运动

（2）滚齿

滚齿是用齿轮滚刀在滚齿机上加工齿轮和蜗轮齿面的方法,如图 5-5-6(b)所示。滚齿精度可达 IT7～IT8 级。因为滚齿属连续切削,故生产率比铣齿、插齿都高。

滚齿不仅可用于加工直齿轮和斜齿轮,还可加工蜗轮和花键轴等;其他许多零件、棘轮、链轮、摆线齿轮及圆弧点啮合齿轮等也都可以设计专用滚刀来加工。滚齿既可用于大批大量生产,也是单件小批生产中加工圆柱齿轮的基本方法。

2. 齿面的精加工

硬的齿面,在铣、插、滚等预加工或热处理后还需进行精加工。常用齿面精加工方法如下。

(1) 剃齿

剃齿是用剃齿刀对齿轮或蜗轮未淬硬齿面进行精加工的基本方法,是一种利用剃齿刀与被切齿轮作自由啮合进行展成加工的方法。

剃齿加工精度主要取决于刀具,只要剃齿刀本身的精度高、刃磨好,就能够剃出表面粗糙度值 Ra 为 $0.4～0.8\mu m$、精度为 IT6～IT8 级的齿轮。剃齿精度受剃前齿轮精度的影响,剃齿一般只能使轮齿精度提高一级。从保证加工精度考虑,剃前工艺采用滚齿比采用插齿好,因为滚齿的运动精度比插齿好,滚齿后的齿形误差虽然比插齿大,但这在剃齿工序中是不难纠正的。剃齿加工主要用于加工中等模数,IT6～IT8 级精度、非淬硬齿面的直齿或斜齿圆柱齿轮,部分机型也可加工小锥度齿轮和鼓形齿的齿轮。由于剃齿工艺的生产率极高,被广泛地用作大批大量生产中齿轮的精加工。

(2) 珩齿

珩齿是用珩磨轮对齿轮或蜗轮的淬硬齿面进行精加工的重要方法,齿面硬度一般超过 35HRC。珩齿与剃齿不同的只是以含有磨料的塑料珩轮代替了原来的剃齿刀,在珩轮与被珩齿轮自由啮合过程中,利用齿面间的压力和相对滑动对被切齿轮进行精加工。但珩齿对零件齿面齿形精度改善不大,主要用于降低热处理后的齿面表面粗糙度。珩磨轮用金刚砂和环氧树脂等混合经浇注或热压而成。金刚砂磨粒硬度极高,珩磨时能切除硬齿面上的薄层加工余量。珩磨过程具有磨、剃和抛光等几种精加工的综合作用。

(3) 磨齿

磨齿是按展成法的原理用砂轮磨削齿轮或齿条的淬硬齿面。磨齿需在磨齿机上进行,属于淬硬齿面的精加工。按展成法磨齿时,将砂轮的工作面修磨成锥面以构成假想齿条的齿面;加工时砂轮以高速旋转为主运动,同时沿零件轴向作往复进给运动;砂轮与零件间通过机床传动链保持着一对齿轮啮合运动关系,磨好一齿后由机床自动分度再磨下一个齿,直至磨完全部齿面。假想齿条的齿面可由两个碟形砂轮工作面来构成,如图 5-5-7(a)所示,也可由一个锥形砂轮的两侧工作面构成,如图 5-5-7(b)所示。磨齿工序修正误差的能力强,在一般条件下加工精度能达到 IT6～IT8 级精度,表面粗糙度 Ra 可达 $0.16～0.8\mu m$,但生产率低,与剃齿形成明显的对比,但磨齿可加工淬硬齿面,剃齿则不能。

磨齿是齿轮加工中加工精度最高、生产率最低的精加工方法,只是在齿轮精度要求特别高(IT5 级以上),尤其是在淬火之后齿轮变形较大需要修整时,才采用磨齿法加工。

3. 齿面加工方案

齿轮齿面的精度要求大多较高,加工工艺也较复杂,选择加工方案时应综合考虑齿轮的模数、尺寸、结构、材料、精度等级、生产批量、热处理要求和工厂加工条件等。在汽车、拖拉

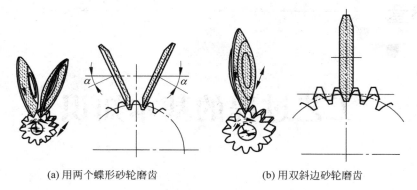

(a) 用两个蝶形砂轮磨齿　　　　　　　(b) 用双斜边砂轮磨齿

图 5-5-7　磨齿

机和许多机械设备中,精度为 IT6~IT9 级、模数为 1~10mm 的中等尺寸圆柱齿轮,齿面加工方案通常按表 5-5-4 选择。

表 5-5-4　常见齿面加工方案

序号	加工方案	精度等级	生产规模	主 要 装 备	适 用 范 围	说　明
1	铣齿	IT9~IT10	单件小批	通用铣床、分度头及盘铣刀或指状铣刀	机修业、农机业小厂及乡镇企业	靠分度头分齿
2	滚(插)齿	IT6~IT9	单件小批	滚(插)齿机、滚(插)齿刀	非常广泛,滚齿常用于外啮合圆柱齿轮及蜗轮,插齿常用于阶梯轮、齿条、扇形轮、内齿轮	滚齿的运动精度较高,插齿的齿形精度较高
3	滚(插)-剃齿	IT6~IT7	大批大量	滚(插)齿机、剃齿机、滚(插)齿刀、剃齿刀	不需淬火的调质齿轮	尽量用滚齿后剃齿、双联、三联齿轮插后剃齿
4	滚(插)-剃-高频淬火-珩	IT6	成批大量	滚齿机、剃齿机、珩磨机	需淬硬的齿轮、机床制造业	矫正齿形精度及热处理变形能力较差
5	滚(插)-淬火-磨	IT5~IT6	单件小批	滚(插)齿机、磨齿机及滚(插)齿刀、砂轮	精度较高的重载齿轮	生产率低,精度高

复习思考题

5-5-1　在零件加工过程中,为什么把精加工和粗加工分开进行?

5-5-2　插齿和滚齿各适合加工何种齿轮?

5-5-3　成形面加工一般有哪几种方式?各有什么特点?

5-5-4　试说明插齿和滚齿的加工原理及运动?

第6章

工艺过程的基本知识

机械加工工艺过程是生产过程的重要组成部分,它是指采用机械加工的方法,直接改变毛坯的形状、尺寸和表面质量等,使其成为零件的过程。由于零件的生产类型、材料、结构、形状、尺寸、技术要求及生产条件等不同,其制造工艺方案也不相同。

对于某个具体零件,可以采用几种不同的工艺方案进行加工。虽然这些方案都可能加工出合格的零件,但从生产效率和经济效益来看,可能其中只有一种方案比较合理且切实可行。在确保零件质量的前提下,拟定具有良好的综合技术经济效益、合理可行的工艺方案的过程称为零件的工艺过程设计。本章将介绍与拟定工艺过程有关的一些问题。

6.1 基本概念

6.1.1 生产过程和工艺过程及其组成

1. 生产过程

由原材料转变成成品的过程称为生产过程。对机器制造而言,生产过程包括:产品决策、设计,原材料的运输、保管、生产准备,毛坯制造(如铸造、锻造、冲压、焊接等),零件的机械加工与热处理,装配、检验及试车,油漆和包装等。

2. 工艺过程

采用机械加工的方法,直接改变毛坯的形状、尺寸和表面质量等,使其成为零件的过程,称为机械加工工艺过程(简称工艺过程)。

3. 工艺过程的组成

机械加工工艺过程是由一个或若干个顺序排列的工序组成的,而工序又可分为安装、工位、工步和走刀。毛坯依次通过这些工序加工为成品。

(1) 工序

工序是指一个或一组工人,在一台机床或一个工作地点对同一个或同时对几个工件所连续完成的那一部分工艺过程。工作地、工人、零件和连续作业作为构成工序的 4 个要素。

划分工序的主要依据是工作地是否变动和工作是否连续。加工如图 5-6-1 所示的阶梯轴,当生产量较小时,其工序划分见表 5-6-1;当生产量较大时,其工序划分见表 5-6-2。在表 5-6-1 的工序中,先车一个工件的一端,然后调头装夹,再车另一端。如果先车好一批工件的一端,然后调头再车这批工件的另一端,这时对每个工件来说,两端的加工已不连续,所以,即使在同一台车床上加工也应算作两道工序。

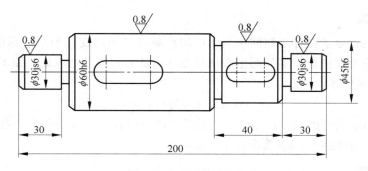

图 5-6-1　阶梯轴简图

表 5-6-1　阶梯轴工艺过程(生产量较小时)

工序号	工 序 内 容	设　备
1	车端面,钻中心孔	车床
2	车外圆,车槽和倒角	车床
3	铣键槽,去毛刺	铣床
4	磨外圆	磨床

表 5-6-2　阶梯轴工艺过程(生产量较大时)

工序号	工 序 内 容	设　备
1	两边同时铣端面,钻中心孔	铣端面钻中心孔机床
2	车一端外圆,车槽和倒角	车床
3	车另一端外圆,车槽和倒角	车床
4	铣键槽	铣床
5	去毛刺	钳工台
6	磨外圆	磨床

(2)安装工件(或装配单元)

经一次装夹后所完成的那一部分工序称为安装。将工件在机床上或夹具中定位、夹紧的过程称为装夹。工件在加工中应尽量减少装夹次数,因为多一次装夹,就会增加装夹的时间,还会增加装夹误差。

(3)工位

为了完成一定的工序部分,一次装夹工件后,工件(或装配单元)与夹具或设备的可动部分一起相对刀具或设备的固定部分所占据的每一个位置称为工位。

(4)工步

工步是指在一个工序中,当工件的加工表面、切削刀具和切削用量中的转速与进给量均保持不变时所完成的那部分工序。加工表面较多的工序,可分为若干工步。工步是构成工序的基本单元。

6.1.2 生产纲领和生产类型

1. 生产纲领

生产纲领是指企业在计划期间应当生产的产品产量和进度计划。计划期常为一年,所以生产纲领常称为年产量。零件的生产纲领要计入备品和废品的数量。加工零件的年生产纲领 N 可按下式计算:

$$N = Qn(1+a\%)(1+b\%)$$

式中,N 为零件的年产量(件/年);Q 为产品的年产量(台/年);n 为每台产品中该零件的个数(件/台);$a\%$ 为备品率;$b\%$ 为废品率。

2. 生产类型

生产类型是指企业(或车间、工段、班组、工作地)生产专业化的分类。生产纲领是划分生产类型的依据,对工厂的生产过程及管理有着决定性的影响。根据加工零件的年生产纲领和零件本身的特性(轻重、大小、结构的复杂程度、精密程度等),可以参照表5-6-3所列数据,将零件的生产类型划分为单件生产、成批生产、大量生产三种。产品种类很多,同一种产品的数量不多,生产很少重复,此种生产称为单件生产。产品的品种较少,数量很多,每台设备经常重复地进行某一工件的某一工序的生产,此种生产称为大量生产。成批地制造相同零件的生产,称为成批生产。根据生产数量的不同,成批生产又分为小批生产、中批生产、大批生产。成批生产的具体数量又与加工零件的类型有关,不同机械产品各种类型零件的质量范围见表5-6-4。

表 5-6-3 加工零件的生产类型

生产类型		同种零件年生产纲领/(件/年)		
		重型零件	中型零件	轻型零件
单件生产		<5	<20	<100
成批生产	小批	5～100	20～200	100～500
	中批	100～300	200～500	500～5000
	大批	300～1000	500～5000	5000～50000
大量生产		>1000	>5000	>50000

表 5-6-4 不同机械产品各种类型零件的质量范围

机械产品类别	加工零件的质量/kg		
	轻型零件	中型零件	重型零件
电子工业机械	<4	4～30	>30
机床	<15	15～50	>50
重型机械	<100	100～2000	>2000

3. 生产类型与工艺特征的关系

在生产量较小时,一般使用工艺性能较广的机床附件,如三爪自定心卡盘、四爪卡盘、机床用平口虎钳、分度头及通用刀具和量具。它们具有适应加工对象变换的柔性,但只有依靠增加操作者的劳动强度才能提高生产效率。在生产量较大时,为了提高生产效率,使人为因素对加工质量的影响较小,以及减轻操作者的重复劳动量,则应使用专门化的自动机床,以及专门为加工某一零件设计和制造的专用机床和辅助工艺设备。

6.2　工件的安装和夹具

机械加工必须把工件装夹在机床上,使它在夹紧之前确定工件在机床上或夹具中占有准确加工位置的过程,称为定位。在工件定位后用外力将其固定,使其在加工过程中保持定位位置不变的操作,称为夹紧。从定位到夹紧的整个过程,称为安装。

6.2.1　工件的安装

安装的正确与否直接影响加工精度,安装是否方便和迅速,又会影响辅助时间的长短,从而影响到加工的生产率。因此,工件的安装对于加工的经济性、质量和效率有着重要的作用,必须给予足够的重视。

在各种不同的生产条件下加工时,工件可能有不同的安装方法,但归纳起来大致可以分为直接安装法和利用专用夹具安装法两类。

1. 直接安装法

直接安装法是指工件直接安放在机床工作台或者通用夹具(如三爪卡盘、四爪卡盘、平口钳、电磁吸盘等标准附件)上。直接安装有时不另行找正即夹紧,例如利用三爪卡盘或电磁吸盘安装工件;有时则需要根据工件上某个表面或划线找正,再行夹紧,例如在四爪卡盘或在机床工作台上安装工件。用四爪卡盘安装工件时,找正比较费时,且定位精度的高低主要取决于所用工具或仪表的精度,以及工人的技术水平,定位精度不易保证,生产率较低,所以通常仅适用于单件小批生产。

2. 利用专用夹具安装法

利用专用夹具安装时,工件安装在为其加工专门设计和制造的夹具中,无需进行找正,就可以迅速而可靠地保证工件对机床和刀具的正确相对位置,并可迅速夹紧。但由于夹具的设计、制造和维修需要一定的投资,所以只有在成批生产或大批大量生产中才能取得比较好的效益。对于单件小批生产,当采用直接安装法难以保证加工精度,或非常费工时,也可以考虑采用专用夹具安装。例如,为了保证车床床头箱箱体各纵向孔的位置精度,在镗纵向孔时,若单靠人工找正,既费事,又很难保证精度要求,因此,有条件的话可考虑使用镗模夹具,如图5-6-2所示。

6.2.2　夹具简介

机床夹具是机床上用以装夹工件(和引导刀具)的一种装置。其作用是将工件定位,以

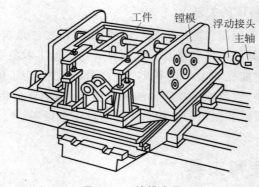

图 5-6-2　镗模夹具

使工件获得相对于机床和刀具的正确位置,并把工件可靠地夹紧。

1. 夹具的种类

夹具一般按用途分类,有时也可按其他特征进行分类。按用途的不同,机床夹具通常可以分为两大类:

(1) 通用夹具,是指加工两种或两种以上工件的同一夹具,一般已经标准化,不需特殊调整就可以用于加工不同的工件。通用夹具的通用性强,被广泛应用于单件小批量生产,对于充分发挥机床的技术性能、扩大机床的使用范围起着重要作用。

(2) 专用夹具,是指专为某一工序设计和制造的夹具。专用夹具没有通用性;结构紧凑,操作方便;生产效率高,加工精度容易保证,适用于定型产品的成批和大量生产。

此外,还可以按夹紧力源的不同,将夹具分成手动夹具、气动夹具、电动夹具和液压夹具等。单件小批生产中主要使用手动夹具,而成批和大量生产中则广泛采用气动、电动或液压夹具等。

2. 夹具的组成

尽管加工工件的形状、技术要求不同,所使用的机床不同,但在加工时所使用的夹具大多是由定位元件及定位装置、夹紧装置、对刀及引导元件、夹具体以及其他元件及装置组成。

(1) 定位元件:用于确定工件在夹具中的位置。

(2) 夹紧装置:用于夹紧工件。

(3) 对刀、导引元件:确定刀具相对夹具定位元件的位置。

(4) 夹具体:用于将夹具上的各种元件和装置连接成一个有机整体。

(5) 连接元件和连接表面:用于确定夹具本身在机床主轴或工作台上的位置。

(6) 其他装置:如分度元件等。

6.3　工艺规程的拟定

为了保证产品质量、提高生产效率和经济效益,根据具体生产条件拟定的较合理的工艺过程,用图表(或文字)的形式写成文件,就是工艺规程。它是生产准备、生产计划、生产组织、实际加工及技术检验等的重要技术文件,是进行生产活动的基础资料。根据生产过程中工艺性质的不同,又可以分为毛坯制造、机械加工、热处理及装配等不同的工艺规程。本节仅介绍拟定机械加工工艺规程的一些基本问题。

6.3.1　工艺规程的概念、作用、类型及格式

1. 工艺规程的概念

规定产品或零部件制造工艺过程和操作方法等的工艺文件称为工艺规程。其中,规定零件机械加工工艺过程和操作方法等的工艺文件称为机械加工工艺规程。

2. 工艺规程的作用

工艺规程是指导工人操作和用于生产、工艺管理工作的主要技术文件,是指挥现场生产的依据,也是新产品投产前进行生产准备和技术准备的依据及新建、扩建工厂或车间的原始资料(生产面积、厂房布局、人员编制、购置设备等各项工作的依据)。此外,先进的工艺规程还起着交流和推广先进经验的作用,典型和标准的工艺规程能缩短工厂的准备时间。

3. 工艺规程的类型及格式

工艺过程拟定之后,要以图表或文字的形式写成工艺文件。根据 GB/T 24737.5—2009,引用 JB/T 9165.2—1998《工艺规程格式》中规定的工艺规程格式共有 30 种,包括:机械加工、装配和各种热加工工艺规程格式等。

工艺文件的种类和形式有多种多样,其繁简程度也有很大不同,要视生产类型而定。最常用的有如下几种:

（1）机械加工工艺过程卡片

用于单件小批生产的机械加工工艺过程卡片如图 5-6-3 所示,它的主要作用是概略地说明机械加工的工艺路线。实际生产中,工艺过程卡片内容的简繁程度也不一样,最简单的只列出各工序的名称和顺序,较详细的则附有主要工序的加工简图等。

（2）机械加工工序卡片

在大批大量生产中,要求工艺文件更加完整和详细,每个零件的各加工工序都要有工序卡片,如图 5-6-4 所示。它是针对某一工序编制的,要画出该工序的工序图,以表示本工序完成后工件的形状、尺寸及其技术要求,还要表示出工件的装夹方式、刀具的形状及其位置等。工序卡片的格式和填写要求可参阅原机械工业部指导性技术文件《工艺规程格式及填写规则》。生产管理部门按零件将工序卡片汇装成册,以便随时查阅。

（3）机械加工工艺(综合)卡片

工艺(综合)卡片主要用于成批生产,它比工艺过程卡片详细,比工序卡片简单且较灵活,是介于两者之间的一种格式。工艺卡片既要说明工艺路线,又要说明各工序的主要内容。原机械工业部指导性技术文件未规定工艺卡片的格式,仅规定了幅面格式,各单位可根据需要参考文件要求自定。

6.3.2　制定工艺规程的基本要求、主要依据和制定步骤

1. 制定工艺规程的基本要求

制定工艺规程的基本要求是,在保证产品质量的前提下,尽量提高生产率和降低成本。同时,还应在充分利用本企业现有生产条件的基础上,尽可能采用国内外先进工艺技术和经

	机械加工工艺过程卡片	产品型号		零件图号		总1页	第1页
		产品名称		零件名称		共1页	第1页

材料牌号		毛坯种类		毛坯外形尺寸		每毛坯可制件数		每台件数		备注	

	工序号	工序名称	工序内容	车间	工段	设备	工艺装备	工时	
								准终	单件
描图									
描校									
底图号									
装订号									

										设计(日期)	审核(日期)	标准化(日期)	会签(日期)
标记	处数	更改文件号	签字	日期	标记	处数	更改文件号	签字	日期				

图 5-6-3　机械加工工艺过程卡片

机械加工工序卡片

		产品型号		零件图号		总1页	第1页
		产品名称		零件名称		共1页	第1页

车间	工序号	工序名称	材料牌号
毛坯种类	毛坯外形尺寸		每台件数
设备名称	设备型号	设备编号	同时加工件数
夹具编号	夹具名称		切削液
工位器具编号	工位器具名称		工序工时 准终 / 单件

工步号	工步内容	工艺设备	主轴转速(r/min)	切削速度(m/min)	进给量(mm/r)	切削深度/mm	进给次数	工步工时 机动 / 辅助

			设计(日期)	审核(日期)	标准化(日期)	会签(日期)
标记	处数	更改文件号	签字	日期	标记 处数 更改文件号	签字 日期

描图		
描校		
底图号		
装订号		

图 5-6-4　机械加工工序卡片

验,并保证良好的劳动条件。

由于工艺规程是直接指导生产和操作的重要技术文件,所以工艺规程还应做到正确、完整、统一和清晰,所用术语、符号、计量单位、编号等都要符合相应标准。

2. 制定工艺规程的主要依据(即原始资料)

(1)产品的装配图样和零件图样。

(2)产品的生产纲领。

(3)现有生产条件和资料,它包括毛坯的生产条件或协作关系、工艺装备及专用设备的制造能力、有关机械加工车间的设备和工艺装备的条件、技术工人的水平以及各种工艺资料和标准等。

(4)国内外同类产品的有关工艺资料等。

3. 制定工艺规程的步骤

(1)熟悉和分析制定工艺规程的主要依据,确定零件的生产纲领和生产类型,进行零件的结构工艺性分析。

(2)确定毛坯,包括选择毛坯类型及其制造方法。

(3)拟订工艺路线,这是制定工艺规程的关键一步。

(4)确定各工序的加工余量,计算工序尺寸及其公差。

(5)确定各主要工序的技术要求及检验方法。

(6)确定各工序的切削用量和时间定额。

(7)进行技术经济分析,选择最佳方案。

(8)填写工艺文件。

6.3.3　工艺规程的拟定

1. 零件的工艺分析

首先要熟悉整个产品(如整台机器)的用途、性能和工作条件,结合装配图了解零件在产品中的位置、作用、装配关系及其精度等技术要求对产品质量和使用性能的影响。然后从加工的角度,对零件进行工艺分析,主要分析内容如下。

(1)检查零件的图纸是否完整和正确,例如视图是否足够、正确,所标注的尺寸、公差、粗糙度和技术要求等是否齐全、合理。并要分析零件主要表面的精度、表面质量和技术要求等在现有的生产条件下能否达到,以便采取适当的措施。

(2)审查零件材料的选择是否恰当。零件材料的选择应立足于国内,尽量采用我国资源丰富的材料,不要轻易地选用贵重材料。另外还要分析所选的材料会不会使工艺变得困难和复杂。

(3)审查零件结构的工艺性。零件的结构工艺性是指所设计的零件在满足使用要求的前提下制造的可行性和经济性。它包括零件的各个制造过程中的工艺性,包含零件结构的铸造、锻造、冲压、焊接、热处理、切削加工工艺性等。由此可见,零件的结构工艺性涉及面很广,具有综合性,必须全面综合地分析。在制定机械加工工艺规程时,主要进行零件切削加工工艺性分析,分析零件的结构是否符合工艺性一般原则的要求,现有生产条件能否经济、高效、合格地将零件加工出来。

如果发现有问题,应与有关设计人员共同研究,按规定程序对原图纸进行必要的修改与补充。

2. 毛坯的选择及加工余量的确定

机械加工的加工质量、生产效率和经济效益,在很大程度上取决于所选用的工件毛坯。常用的毛坯类型有型材、铸件、锻件、冲压件和焊接件等。影响毛坯选择的因素有很多,例如生产类型,零件的材料、结构和尺寸,零件的力学性能要求,加工成本等。毛坯结构的设计已在前几篇作了介绍,本节仅简要介绍与毛坯结构尺寸有密切关系的加工余量。

1) 加工余量的概念

为了加工出合格的零件,必须从毛坯上切去的那层材料,称为加工余量。加工余量分为工序余量和总余量。某工序中所需切除的那层材料,称为该工序的工序余量。从毛坯到成品总共需要切除的余量,称为总余量,它等于相应表面各工序余量之和。在工件上留加工余量的目的,是为了切除上一道工序所留下来的加工误差和表面缺陷,例如铸件表面的硬质层、气孔、夹砂层,锻件及热处理件表面的氧化皮、脱碳层、表面裂纹,切削加工后的内应力层和表面粗糙度等,以保证获得所需要的精度和表面质量。

2) 工序余量的确定

毛坯上所留的加工余量不应过大或过小。过大,则费料、费工、增加刀具的消耗,有时还不能保留工件最耐磨的表面层;过小,则不能保证切去工件表面的缺陷层,不能纠正上一道工序的加工误差,有时还会使刀具在不利的条件下切削,加剧刀具的磨损。决定工序余量的大小时,应考虑在保证加工质量的前提下使余量尽可能地小。由于各工序的加工要求和条件不同,余量的大小也不一样。一般来说,越是精加工,工序余量越小。

目前,确定加工余量的方法有以下几种。

(1) 估计法

估计法由工人和技术人员根据经验和本厂具体条件,估计确定各工序余量的大小。为了不出废品,往往估计的余量偏大,仅适用于单件小批生产。

(2) 查表法

查表法即根据各种工艺手册中的有关表格,结合具体的加工要求和条件,确定各工序的加工余量。由于手册中的数据是大量生产实践和试验研究的总结和积累,所以对一般的加工都能适用。

(3) 计算法

对于重要零件或大批大量生产的零件,为了更精确地确定各工序的余量,则要分析影响余量的因素,列出公式,计算出工序余量的大小。

最小余量的计算公式为:

① 对于外圆加工

$$2z_{b\min} = d_{a\min} - d_{b\max}$$

② 对于内表面加工

$$z_{b\min} = a_{b\min} - a_{a\max}$$

③ 对于内孔加工

$$2z_{b\min} = d_{b\min} - d_{a\max}$$

式中，$z_{b\min}$ 为本工序单面最小余量；$2z_{b\min}$ 为本工序双面直径最小余量；$a_{a\min}$、$d_{a\min}$、$a_{a\max}$、$d_{a\max}$ 为前一工步最小和最大极限尺寸；$a_{b\min}$、$d_{b\min}$、$a_{b\max}$、$d_{b\max}$ 为本工步（加工后）最小和最大极限尺寸。

最大余量的计算公式为：

$$z_{b\max} = z_{b\min} + T_a + T_b$$
$$2z_{b\max} = 2z_{b\min} + T_{da} + T_{db}$$

式中，T_a、T_{da} 为上工序的尺寸公差、直径公差；T_b、T_{db} 为本工序的尺寸公差、直径公差。

加工内、外表面基本余量计算公式为：

① 单边余量

$$Z_{b基本} = Z_{b\min} + T_a$$

② 外圆余量

$$2z_{b基本} = 2z_{b\min} + T_{da}$$

6.3.4 定位基准的选择

在机械加工中，无论采用哪种安装方法，都必须使工件在机床或夹具上正确定位，以便保证被加工面的精度。

任何一个没受约束的物体，在空间都具有 6 个自由度，即沿 3 个互相垂直坐标轴的移动和绕这 3 个坐标轴的转动。要使物体在空间占有确定的位置（即定位），就必须约束这 6 个自由度。

1. 工件的六点定位原理

在机械加工物体的 6 个自由度中，要完全确定工件的正确位置，必须有 6 个相应的支承点来限制工件的 6 个自由度，称为工件的"六点定位原理"。如图 5-6-5 所示，6 个支承点分布在 3 个互相垂直的坐标平面内。其中 3 个支承点(1,2,3)在 xOy 平面上，限制 x 轴旋转、y 轴旋转、z 轴平移 3 个自由度；2 个支承点(4,5)在 yOz 平面上，限制 x 轴平移和 z 轴旋转 2 个自由度；最后 1 个支承点(6)在 xOz 平面，限制 y 轴平移自由度。

在铣床上铣削一批工件的沟槽时，为了保证每次安装中工件的正确位置，保证 3 个加工尺寸 X、Y、Z，就必须限制 6 个自由度，这种情况称为完全定位。有时为保证工件的加工尺寸，如图 5-6-6 所示，图(a)为铣削一批工件的台阶面，为了保证 X、Z 两个加工尺寸，只需限制 $\vec{x}$、$\vec{z}$、$\hat{x}$、$\hat{y}$、$\hat{z}$ 5 个自由度即可；图(b)为磨削一批工件的顶面，为保证一个加工尺寸 Z，仅需要限制 $\hat{x}$、$\hat{y}$、$\vec{z}$ 3 个自由度。这种并不需要完全限制 6 个自由度的定位，称为不完全定位。

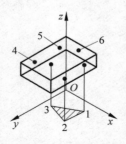

图 5-6-5 六点定位原理

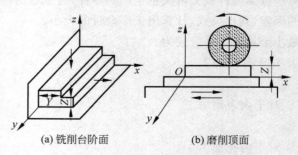

(a) 铣削台阶面　　　　(b) 磨削顶面

图 5-6-6 加工台阶与顶面

有时,为了增加工件在加工时的刚度,或者为了传递切削运动和动力,可能在同一个自由度的方向上有两个或更多的定位支承点。如图 5-6-7 所示,车削光轴的外圆时,若用前、后顶尖及三爪卡盘(夹住工件较短的一段)安装,前后顶尖已限制了 $\vec{x}$、$\vec{y}$、$\vec{z}$、$\hat{y}$、$\hat{z}$ 5 个自由度,而三爪卡盘又限制了 $\vec{y}$、$\vec{z}$ 2 个自由度,这样在 $\vec{y}$ 和 $\vec{z}$ 两个自由度的方向上,定位点多于 1 个,重复了,这种情况称为超定位或过定位。由于三爪卡盘的夹紧力会使顶尖和工件变形,增加加工误差,是不合理的,但这是传递运动和动力所需要的。若改用卡箍和拨盘带动工件旋转,则就避免了超定位。

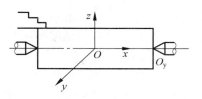

图 5-6-7　车削外圆

2. 工件的基准

零件的形状是由许多表面以各种不同的组合形式构成的,各表面之间有一定的尺寸和相互位置要求。在零件的设计和制造过程中,要确定一些点、线或面的位置,必须以一些指定的点、线或面作为依据,这些作为依据的点、线或面称为基准。按其作用的不同,基准可分为设计基准和工艺基准。

(1) 设计基准

设计基准即设计时在零件图纸上所使用的基准。如图 5-6-8 所示,齿轮内孔、外圆和分度圆的设计基准是齿轮的轴线,两端面可以认为是互为基准。

又如图 5-6-9 所示,表面 2、3 和孔 4 轴线的设计基准是表面 1;孔 5 轴线的设计基准是孔 4 的轴线。

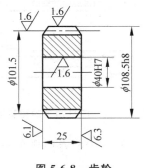

图 5-6-8　齿轮

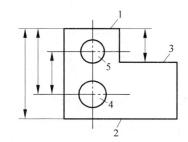

图 5-6-9　机座简图

(2) 工艺基准

工艺基准即在制造零件和装配机器的过程中所使用的基准。工艺基准又分为定位基准、度量基准和装配基准,它们分别用于工件加工时的定位、工件的测量检验和零件的装配。本节仅介绍定位基准。

如车削图 5-6-8 所示齿轮轮坯的外圆和左端面时,若用已经加工过的内孔将工件安装在心轴上,则孔的轴线就是外圆和左端面的定位基准。

必须指出的是,工件上作为定位基准的点或线,总是由具体表面来体现的,这个表面称为定位基准面。例如,图 5-6-8 所示齿轮孔的轴线并不具体存在,而是由内孔表面来体现的,所以确切地说,上例中的内孔是加工外圆和左端面的定位基准面。

3. 定位基准的选择

合理选择定位基准,对保证加工精度、安排加工顺序和提高加工生产率有着重要的影响。从定位的作用来看,它主要是为了保证加工表面的位置精度。因此,选择定位基准的总原则应该是从有位置精度要求的表面中进行选择。

1) 粗基准的选择

对毛坯开始进行机械加工时,第一道工序只能以毛坯表面定位,这种基准面称为粗基准(或毛基准)。粗基准应该保证所有加工表面都具有足够的加工余量,而且各加工表面对不加工表面具有一定的位置精度。其选择的具体原则如下:

(1) 选择不加工的表面作粗基准。如图 5-6-10 所示,以不加工的外圆表面作为粗基准,既可在一次安装中把绝大部分要加工的表面加工出来,又能够保证外圆面与内孔同轴以及端面与孔轴线垂直。如果零件上有好几个不加工的表面,则应选择与加工表面相互位置精度要求高的表面作粗基准。

(2) 选择要求加工余量均匀的表面为粗基准,这样可以保证作为粗基准的表面加工时,余量均匀。例如车床床身要求导轨面耐磨性好,希望在加工时只切去较小而均匀的一层余量,使其表层保留均匀一致的金相组织和物理力学性能。若先选择导轨面作粗基准加工床腿的底平面(见图 5-6-11(a)),然后再以床腿的底平面为基准加工导轨面(见图 5-6-11(b)),就能达到此目的。

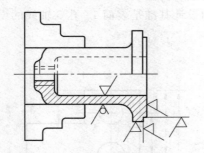

图 5-6-10 不加工的表面作粗基准

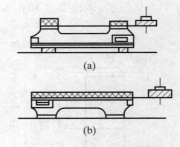

图 5-6-11 床身加工的粗基准

(3) 对于所有表面都要加工的零件,应选择余量和公差最小的表面作粗基准,以避免余量不足而造成废品。

(4) 选择光洁、平整、面积足够大、装夹稳定的表面为粗基准。

(5) 粗基准只能在第一道工序中使用一次,不应重复使用。这是因为粗基准表面粗糙,在每次安装中位置不可能一致,而使加工表面的位置超差。

2) 精基准的选择

在第一道工序之后,应当以加工过的表面为定位基准,这种定位基准称为精基准(或光基准)。其选择原则如下:

(1) 基准重合原则,即尽可能选用设计基准作为定位基准,这样可以避免定位基准与设计基准不重合而引起的定位误差。

(2) 基准同一原则,即位置精度要求较高的某些表面加工时,尽可能选用同一个定位基准,这样有利于保证各加工表面的位置精度。例如,加工较精密的阶梯轴时,往往以中心孔为定位基准车削其他各表面,并在精加工之前还要修研中心孔,然后以中心孔定位,磨削各表面。这样有利于保证各表面的位置精度,如同轴度、垂直度等。

(3) 选择精度较高、安装稳定可靠的表面作精基准,而且所选的基准应使夹具结构简单,安装和加工工件方便。

但是,在实际工作中,定位基准的选择要完全符合上述所有的原则,有时是不可能的。因此,应根据具体情况进行分析,选出最有利的定位基准。

6.3.5 工艺路线的拟定

拟定工艺路线,就是把加工工件所需的各个工序按顺序合理地排列出来,它主要包括以下内容。

1. 确定加工方案

根据零件每个加工表面(特别是主要表面)的技术要求,选择较合理的加工方案(或方法)。常见典型表面的加工方案(或方法)可参照本篇第5章有关内容来确定。在确定加工方案(或方法)时,除了表面的技术要求外,还要考虑零件的生产类型、材料性能,以及本单位现有的加工条件等。

2. 安排加工顺序

应较合理地安排切削加工工序、热处理工序、检验工序和其他辅助工序的先后次序,次序不同,将会得到不同的技术经济效果,甚至有时连加工质量也难以保证。

1) 切削加工工序的安排

除了本篇第5章中提到的"粗、精加工要分开"的原则外,还应遵循如下几项原则:

(1) 基准面先加工。精基准面应在一开始就加工,因为后续工序加工其他表面时,要用它定位。

(2) 主要表面先加工。主要表面一般是指零件上的工作表面、装配基面等,它们的技术要求较高,加工工作量较大,应先安排加工。其他次要表面,如非工作面、键槽、螺钉孔、螺纹孔等,一般可穿插在主要表面加工工序之间,或稍后进行加工,但应安排在主要表面最后精加工或精整加工之前。

2) 划线工序的安排

形状较复杂的铸件、锻件和焊接件等,在单件小批生产中,为了给安装和加工提供依据,一般在切削加工之前要安排划线工序。有时为了加工的需要,在切削加工工序之间,可能还要进行第二次或多次划线。但在大批大量生产中,由于采用专用夹具等,可免去划线工序。

3) 热处理工序的安排

根据热处理工序的性质和作用不同,一般可以分为:

(1) 预备热处理,指为改善金属的组织和切削加工性而进行的热处理,如退火、正火等,一般安排在切削加工之前。调质也可以作为预备热处理,但若是以提高材料的力学性能为主要目的,则应放在粗加工之后、精加工之前进行。

(2) 时效处理。在毛坯制造和切削加工的过程中,都会有内应力残留在工件内,为了消除它对加工精度的影响,需要进行时效处理。对于大而结构复杂的铸件,或者精度要求很高的非铸件类工件,需在粗加工前、后各安排一次人工时效。对于一般铸件,只需在粗加工前或后进行一次人工时效。对于要求不高的零件,为了减少工件的往返搬运,有时仅在毛坯铸造以后安排一次时效处理。

(3) 最终热处理,指为提高零件表层硬度和强度而进行的热处理,如淬火、氮化等,一般安排在工艺过程的后期。淬火一般安排在切削加工之后、磨削之前,氮化则安排在粗磨和精磨之间。应注意在氮化之前要进行调质处理。

4) 检验工序的安排

为了保证产品的质量,除了加工过程中操作者的自检外,在下列情况下还应安排检验工序:

(1) 粗加工阶段之后;

(2) 关键工序前后;

(3) 特种检验(如磁力探伤、密封性试验、动平衡试验等)之前;

(4) 从一个车间转到另一车间加工之前;

(5) 全部加工结束之后。

5) 其他辅助工序的安排

(1) 零件的表面处理,如电镀、发蓝、油漆等,一般均安排在工艺过程的最后。但有些大型铸件的内腔不加工面常在加工之前先涂防锈油漆等。

(2) 去毛刺、倒棱边、去磁、清洗等,应适当穿插在工艺过程中进行。这些辅助工序不能忽视,否则会影响装配工作,妨碍机器的正常运行。

6.4 典型零件工艺过程

6.4.1 轴类零件的工艺过程

以图 5-6-12 所示传动轴的加工为例,说明在单件小批生产中一般轴类零件的工艺过程。

1. 零件各主要部分的作用及技术要求

(1) 在 $\phi30_{-0.014}^{~~0}$ 和 $\phi20_{-0.014}^{~~0}$ 的轴段上装滑动齿轮,为传递运动和动力开有键槽;$\phi24_{-0.04}^{-0.02}$ 和 $\phi22_{-0.04}^{-0.02}$ 的两段为轴颈,支承于箱体的轴承孔中。表面粗糙度 Ra 值皆为 $0.8\mu m$。

(2) 各圆柱配合表面对轴线的径向圆跳动公差为 $0.02mm$。

(3) 工件材料为 45 钢,淬火硬度为 40~45HRC。

2. 工艺分析

该零件的各配合表面除本身有一定的精度(相当于 IT7)和粗糙度要求外,对轴线的径向圆跳动还有一定的要求。

根据对各表面的具体要求,可采用如下的加工方案:

$$粗车 \rightarrow 半精车 \rightarrow 热处理 \rightarrow 粗磨 \rightarrow 精磨$$

轴上的键槽,可以用键槽铣刀在立式铣床上铣出。

3. 基准选择

为了保证各配合表面的位置精度,用轴两端的中心孔作为粗、精加工的定位基准。这样,既符合基准同一和基准重合的原则,也有利于生产率的提高。为了保证定位基准的精度

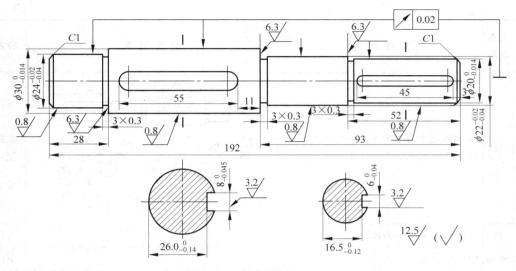

图 5-6-12　传动轴

和粗糙度,热处理后应修研中心孔。

4. 工艺过程

该轴的毛坯用 ϕ35 圆钢料。在单件小批生产中,其工艺过程可按表 5-6-5 安排。

表 5-6-5　单件小批生产轴的工艺过程

工序号	工序名称	工序内容	加工简图	设备
1	车	(1) 车一端面,钻中心孔; (2) 切断,长 194; (3) 车另一端面至长 192,钻中心孔	192　ϕ35　12.5	卧式车床
2	车	(1) 粗车一端外圆分别至 $\phi32\times104$、$\phi26\times27$; (2) 半精车该端外圆分别至 $\phi30.4_{-0.1}^{0}\times105$,$\phi24.4_{-0.1}^{0}\times28$; (3) 切槽 $\phi23.4\times3$; (4) 倒角 C1.2; (5) 粗车另一端外圆分别至 $\phi24\times92$、$\phi22\times51$; (6) 半精车该端外圆分别至 $\phi22.4_{-0.1}^{0}\times93$,$\phi20.4_{-0.1}^{0}\times52$; (7) 切槽分别至 $\phi21.4\times3$、$\phi19.4\times3$; (8) 倒角 C1.2	192　105　28　3　C1.2　ϕ23.4　ϕ24.4$_{-0.1}^{0}$　ϕ30.4$_{-0.1}^{0}$　6.3 93　52　3　3　C1.2　ϕ21.4　ϕ19.4　ϕ20.4$_{-0.1}^{0}$　ϕ22.4$_{-0.1}^{0}$　6.3	卧式车床

续表

工序号	工序名称	工序内容	加工简图	设备
3	铣	粗-精铣键槽分别至 $8_{-0.045}^{0} \times 26.2_{-0.09}^{0} \times 55$、$6_{-0.04}^{0} \times 16.7_{-0.07}^{0} \times 45$	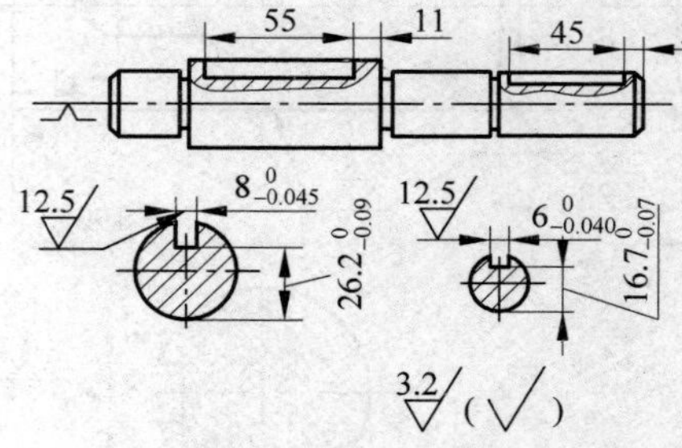	立式铣床
4	热	淬火回火 40～45HRC		
5	钳工	修研中心孔		钻床
6	磨	（1）粗磨一端外圆分别至 $\phi 30.06_{-0.04}^{0}$、$\phi 24.06_{-0.04}^{0}$； （2）精磨该端外圆分别至 $\phi 30_{-0.014}^{0}$、$\phi 24_{-0.04}^{-0.02}$； （3）粗磨另一端外圆分别至 $\phi 22.06_{-0.04}^{0}$、$\phi 20.06_{-0.04}^{0}$； （4）精磨该端外圆分别至 $\phi 22_{-0.04}^{-0.02}$、$\phi 20_{-0.014}^{0}$	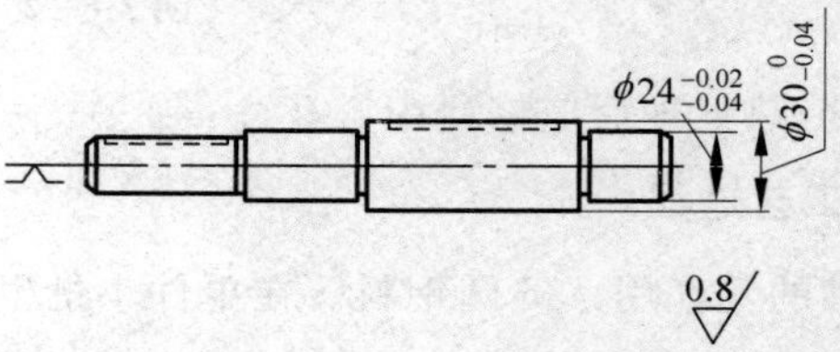 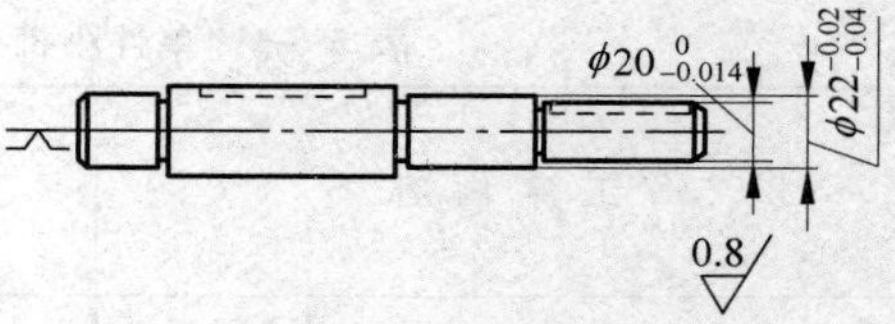	磨床
7	检验	按图纸要求检验		

注：①加工简图中粗实线为该工序加工表面；②加工简图中"╱╲"符号所指为定位基准。

6.4.2 盘套类零件的工艺过程

1. 定位基准的选择

常见的盘套类零件有齿轮、轴承套及法兰盘等。因为多数中小盘类零件选用实心毛坯或孔径小且余量不均的铸、锻毛坯，所以一般选择外圆表面作为粗基准，但对于有较大或较精确的内孔的零件，也可选用内孔作为粗基准。精基准一般选择为轴线部位的孔，但有时也采用外圆作为精基准或以内、外圆表面互为精基准。

2. 工艺路线的拟定

盘套类零件的主要加工面是孔和外圆。由于盘套类零件的结构多种多样，尺寸和技术要求也各不相同，因而其工艺路线也是不同的。例如，对于既无键槽又无法兰等结构简单，且内孔尺寸较小的套类零件，其工艺路线一般为：

下料→（锻造毛坯→正火）→粗车端面、外圆→粗车另一端面、外圆→钻孔→扩孔→铰孔→半精车外圆→精车或磨削外圆→检验入库

对于既有键槽,又有法兰等结构较复杂,且内孔尺寸又较大的盘类零件,其工艺路线一般为:

下料→锻造毛坯→正火→粗车端面、外圆→粗车另一端面、外圆→钻孔→粗、精车孔→插键槽→钻法兰小孔→热处理→磨孔→磨外圆

对于有台阶的齿轮类零件,其工艺路线一般为:

下料→锻造毛坯→正火→粗车齿坯→调质处理→精车齿坯→磨小端面→齿形加工→齿端倒圆→(划键槽线)→插(刨)键槽(拉键槽)→齿面高频淬火→磨内孔→磨齿→检验入库

3. 盘套类零件加工工艺过程实例

现以图 5-6-13 所示轴套类零件为例,说明盘套类零件在单件小批量生产中的加工工艺过程。

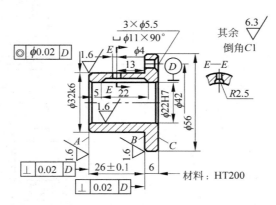

图 5-6-13 轴套

该零件的机械加工工艺过程如表 5-6-6 所示。

表 5-6-6 单件小批生产轴套的工艺过程

工序号	工序名称	工 序 内 容	加 工 简 图	设备
1	铸造	铸造毛坯,清砂		
2	车	(1) 粗精车端面 A; (2) 粗精车 $\phi32k6$ 外圆及端面 B,保证长度 26 ± 0.1; (3) 钻孔 $\phi20$,扩孔至 $\phi21.8$,粗铰孔至 $\phi21.94$,精铰孔至 $\phi22H7$; (4) 外圆倒角 $1\times45°$; (5) 调头,车端面 C,保证长度 6; (6) 车 $\phi56$ 外圆; (7) 内外圆倒角 $1\times45°$		车床

续表

工序号	工序名称	工 序 内 容	加 工 简 图	设备
3	钻	(1) 钻 3 个 $\phi5.5$ 螺钉孔； (2) 锪 3 个 $\phi11\times90°$ 沉孔	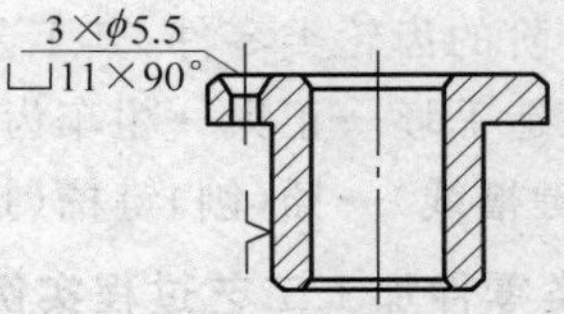 $\dfrac{3\times\phi5.5}{\llcorner 11\times90°}$	钻床
4	钻	钻 $\phi4$ 油孔	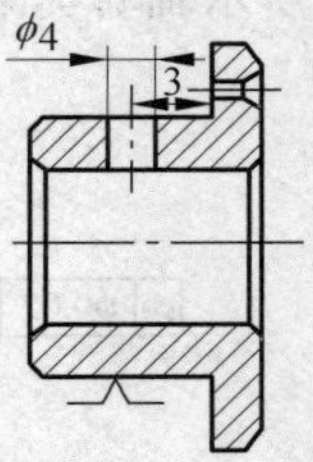 $\phi4$ 3	钻床
5	钳工	开油槽,去毛刺	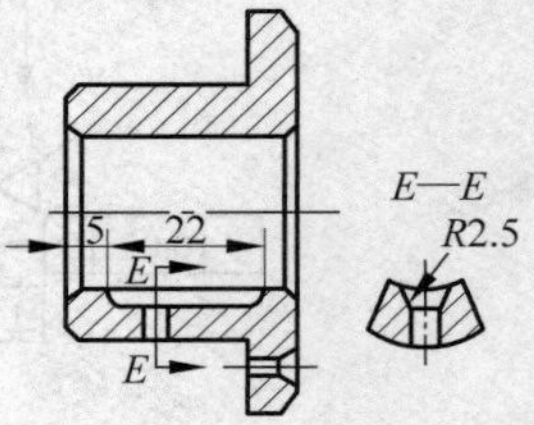 5 22 E $E—E$ $R2.5$	
6	检验	按图纸要求检验		检具

6.4.3　箱体类零件的工艺过程

1. 定位基准的选择

箱体类零件是机器的基础部件,主要是孔和面的加工。一般选重要的孔(如轴承孔)为主要粗基准,以内腔或其他毛坯孔为辅助基准面;对剖分式箱体,一般选剖分面法兰不加工面为粗基准。精基准的确定有两种情况:①一面两销定位,即以一个平面和该平面上的两个孔定位;②以装配基准定位,即以箱体的底面和导向平面定位。

2. 工艺路线的拟定

箱体类零件加工时,通常采用先面后孔的加工原则。一般箱体类零件的加工工艺路线为:铸造毛坯→退火→划线→粗加工平面→粗加工孔→时效处理→划线→精加工平面→精加工孔→钻小孔、攻螺纹→检验入库

3. 箱体类零件加工工艺过程

现以图 5-6-14 所示箱体类零件为例说明箱体类零件在单件小批量生产中的加工工艺过程。该零件的机械加工工艺过程如表 5-6-7 所示。

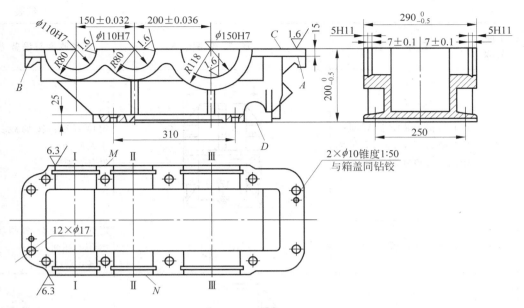

图 5-6-14　减速器下箱体简图

表 5-6-7　减速器下箱体的机械加工工艺过程

工序号	工序名称	工序内容	加工简图	定位基准与设备
1	铸造	铸造毛坯,清砂		
2	热处理	去应力退火		
3	钳工	画 C 面加工线		定位基准:A、B 平面; 设备:划线平台
4	刨(铣)	(1) 刨(铣)C 面; (2) 刨(铣)D 面,控制 C、D 面间距离为 $200_{-0.5}^{0}$		定位基准:刨 C 面时, 按划线找正;刨 D 面时,以 C 面为基准; 设备:刨床或铣床
5	钳工	划 C、D 面各螺栓孔、定位销孔和 M、N 面加工线	(见图 5-6-14)	定位基准:轴承孔毛坯和箱座内壁; 设备:划线平台
6	钻	(1) 钻各螺栓孔; (2) 与已加工的箱盖装配,钻→铰 $2×\phi10$ 定位销孔,并插入定位销		定位基准:划线找正; 设备:钻床

续表

工序号	工序名称	工序内容	加工简图	定位基准与设备
7	刨	(1) 与箱盖装配刨 M 面； (2) 刨 N 面，控制 M、N 面距离为 $290_{-0.5}^{0}$	$290_{-0.5}^{0}$ M N	定位基准：按划线找正及底面 D； 设备：刨床
8	钳工	划轴承孔中心线	（见图 5-6-14）	定位基准：C 面和轴承孔毛坯面； 设备：划线平台
9	镗	(1) 镗轴承孔； (2) 镗内槽		定位基准：M 面或 N 面，D 面和按划线找正； 设备：卧式镗床
10	检验	按图纸要求进行检验		

复习思考题

5-6-1　何为生产过程、工艺过程、工序？

5-6-2　何为工件的六点定位原理？加工时，工件是否都要完全定位？

5-6-3　何为基准？根据其作用的不同，基准分为哪几类？

5-6-4　切削加工工序安排的原则是什么？

5-6-5　拟定零件工艺过程时，应考虑哪些主要因素？

5-6-6　常用的工艺文件有哪几种？各适用于什么场合？

5-6-7　箱体零件加工时一般要遵循哪些原则？

第7章

零件结构的工艺性

零件本身的结构,对加工质量、生产效率和经济效益有着重要影响。为了获得较好的技术经济效果,在设计零件结构时,不仅要考虑满足使用要求,还应当考虑是否能够制造和便于制造,也就是要考虑零件结构的工艺性。

7.1 概述

零件结构的工艺性,是指这种结构的零件被加工的难易程度。所谓零件结构的工艺性良好,是指所设计的零件在保证使用要求的前提下能较经济、高效、合格地加工出来。

零件结构工艺性的好坏是相对的,它将随着科学技术的发展和客观条件(如生产类型、设备条件等)的不同而变化。例如阀套(见图 5-7-1(a))上精密方孔的加工,为了保证方孔之间的尺寸公差要求,过去将阀套分成 5 个圆环,分别加工,待方孔之间的尺寸精度达到要求后再连接起来,当时认为这样结构的工艺性好。但随着电火花加工精度的不断提高,把原来由 5 个圆环组装改为整体结构(见图 5-7-1(b)),用 4 个电极同时把方孔加工出来,也能保证方孔之间的尺寸精度。这样既减少了劳动量,又降低了成本,所以这种整体结构的工艺性也是好的。

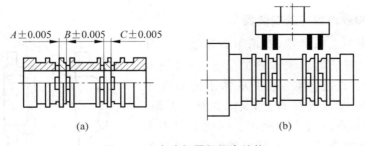

图 5-7-1 电液伺服阀阀套结构

7.2　一般原则及实例分析

零件结构的工艺性与其加工方法和工艺过程有着密切联系。为了获得良好的工艺性，设计人员首先要了解和熟悉常见加工方法的工艺特点、典型表面的加工方案以及工艺过程的基本知识等。在具体设计零件结构时，除考虑满足使用要求外，通常还应注意以下几项原则。

7.2.1　便于装夹

便于装夹即便于准确地定位、可靠地夹紧。下面对生产中一些常用来提高零件装夹性的措施进行简要说明。

1. 增加工艺凸台

刨削较大型工件时，通常把工件直接安装在工作台上。为了刨削上表面，工件安装时必须使加工面水平。图 5-7-2(a)所示的零件较难安装，如果在零件上加一个工艺凸台（见图 5-7-2(b)）便容易安装找正。必要时，精加工后再把凸台切除。

2. 增设装夹凸缘或装夹孔

图 5-7-3(a)所示的工艺凸台大平板在龙门刨床或龙门铣床上加工上平面时，不便用压板、螺栓将它装夹在工作台上。如果在平板侧面增设装夹用的凸缘或孔（见图 5-7-3(b)）便容易可靠地夹紧，同时也便于吊装和搬运。

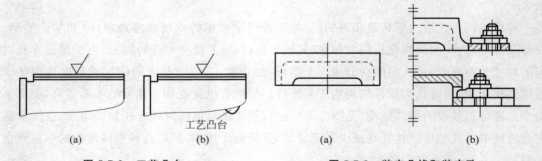

| (a) | (b) | (a) | (b) |

图 5-7-2　工艺凸台　　　　　　　　图 5-7-3　装夹凸缘和装夹孔

3. 改变结构或增加辅助安装面

车床通常是用三爪卡盘、四爪卡盘来装夹工件的。图 5-7-4(a)所示的轴承盖要加工 $\phi120$ 外圆及端面。如果夹在 A 处，则一般卡爪伸出的长度不够，夹不到 A 处；如果夹在 B 处，又因为是圆弧面，与卡爪是点接触，不能将工件夹牢。因此装夹不方便。若把工件改为图 5-7-4(b)所示的结构，使 C 处为一圆柱面，便容易夹紧。或在毛坯上增加一个辅助安装面，如图 5-7-4(c)中之 D 处，用它进行安装，

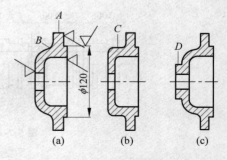

图 5-7-4　轴承盖结构的改进

也比较方便。必要时,零件加工后再将这个辅助面切除(辅助安装面也称为工艺凸台)。

7.2.2 便于加工和测量

1. 刀具的引进和退出要方便

图 5-7-5(a)所示的零件带有封闭的 T 形槽,T 形槽铣刀没法进入槽内,所以这种结构没法加工。如果把它改变成图 5-7-5(b)的结构,T 形槽铣刀可以从大圆孔中进入槽内,但不容易对刀,操作不方便,也不便于测量。如果把它设计成开口的形状(见图 5-7-5(c)),则可方便地进行加工。

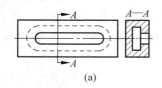 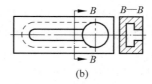 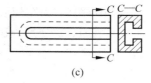

(a)　　　　　　　　　(b)　　　　　　　　　(c)

图 5-7-5　T 形槽结构的改进

2. 尽量避免箱体内的加工面

箱体内安放轴承座的凸台如图 5-7-6(a)所示,加工与测量极不方便。如果改用带法兰的轴承座,使它与箱体外面的凸台连接如图 5-7-6(b)所示,将箱体内表面的加工改为外表面的加工,就会带来很大的方便。再如图 5-7-7(a)所示结构,箱体轴承孔端面与齿轮端面接触,需要加工,比较困难。若改为图 5-7-7(b)所示结构,采用轴承套,箱体内端面不与齿轮面接触,避免了箱体内表面的加工。

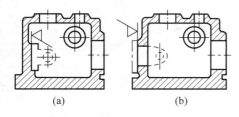 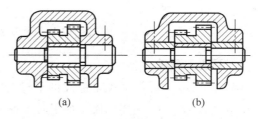

(a)　　　　　　　　(b)　　　　　　　　　　(a)　　　　　　　　(b)

图 5-7-6　外加工表面与内加工表面　　　　**图 5-7-7　避免箱体内表面加工**

3. 凸缘上的孔要留出足够的加工空间

如图 5-7-8 所示,若孔的轴中心线与壁的距离 s 小于钻卡头外径 D 的一半,则难以进行加工。一般情况下,要保证 $s \geqslant D/2+(2\sim5)$mm 才便于加工。

4. 尽可能避免弯曲的孔

图 5-7-9(a)所示零件上的孔很显然是不可能钻出的;改为图 5-7-9(b)所示的结构,中间那一段也是不能钻出的;改为图 5-7-9(c)所示的结构虽能加工出来,但还要在中间一段附加一个柱塞,比较费时。

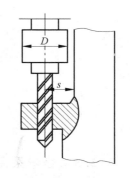

图 5-7-8　留够钻孔空间

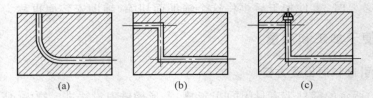

图 5-7-9 避免弯曲的孔

5. 必要时留出足够的退刀槽、空刀槽或越程槽等

为了避免刀具(或砂轮)与工件的某个部分相碰,有时要留出退刀槽、空刀槽或越程槽等。图 5-7-10 中,图(a)为车螺纹的退刀槽;图(b)为铣齿或滚齿的退刀槽;图(c)为插齿的空刀槽;图(d)、(e)、(f)分别为刨削、磨外圆和磨孔的越程槽。其具体尺寸参数可查阅《机械零件设计手册》等。

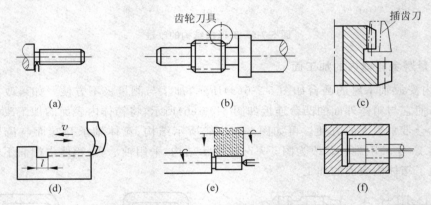

图 5-7-10 退刀槽、空刀槽和越程槽

6. 要便于测量

图 5-7-11(a)中,孔与基准面 A 的平行误差很难测量准确。而图 5-7-11(b)增设工艺凸台,使测量大为方便,这样也便于加工时工件的装夹。

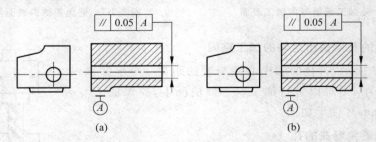

图 5-7-11 便于位置误差测量

7.2.3 尽量采用标准化参数

1. 尽量采用标准件

设计时,应尽量按国标、部标或厂标选用标准件,以利于产品成本的降低。

2. 应能使用标准刀具加工

零件上的结构要素，如孔径及孔底形状、中心孔、沟槽宽度或角度、圆角半径、锥度、螺纹的直径和螺距、齿轮的模数等，其参数值应尽量与标准刀具相符，以便能使用标准刀具加工，避免设计和制造专用刀具，降低加工成本。

例如，被加工的孔应具有标准直径，不然需要特制刀具。当加工不通孔时，由一直径到另一直径的过渡最好做成与钻头顶角相同的圆锥面（见图 5-7-12（a）），这是因为与孔的轴线垂直的底面（见图 5-7-12（b））或其他角度的锥面将使加工复杂化。又如图 5-7-13（b）所示零件的凹下表面，可以用端铣刀加工，在粗加工后其内圆角必须用立铣刀清边，因此其内圆角的半径必须等于标准立铣刀的半径。如果设计成如图 5-7-13（a）所示的形状，则很难加工出来。零件内圆角半径越小，所用立铣刀的直径越小，凹下表面深度越大，则所用立铣刀的长度也越大，加工越困难，加工费用越高。所以在设计凹下表面时，圆角的半径越大越好，深度越小越好。

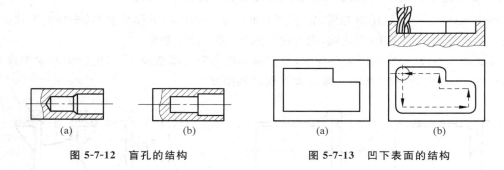

| (a) | (b) | (a) | (b) |

图 5-7-12　盲孔的结构　　　　　　　图 5-7-13　凹下表面的结构

7.2.4　保证加工质量和生产率

1. 有相互位置精度要求的表面，尽量避免两次装夹

有相互位置精度要求的表面最好能在一次安装中加工，这样既有利于保证加工表面间的位置精度，又可以减少装夹次数及所用的辅助时间。

图 5-7-14（a）所示轴套两端的孔需两次安装才能加工出来，若改为图 5-7-14（b）的结构，则可在一次安装中加工出来，避免两次安装。

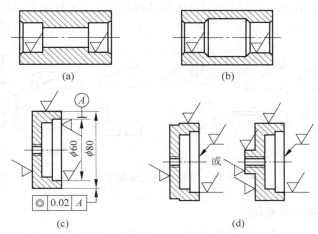

图 5-7-14　避免两次装夹

又如图 5-7-14(c)所示零件结构,外圆和内孔不能在一次安装中加工出来,难以保证同轴度要求。若改为图 5-7-14(d)的结构,则可以在一次安装中进行加工。

2. 尽量减少安装次数

图 5-7-15(a)所示的轴承盖上的螺孔若设计成倾斜的,则既增加了安装次数,又使钻孔和攻螺纹不方便,不如改成图 5-7-15(b)所示的结构。

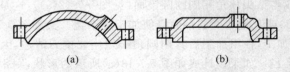

(a)　　　　　　　　　(b)

图 5-7-15　孔的方位应一致

3. 要有足够的刚度,以减小工件在夹紧力或切削力作用下的变形

图 5-7-16(a)所示的薄壁套筒,在卡盘卡爪夹紧力的作用下容易变形,车削后形状误差较大。若改成图 5-7-16(b)的结构,则可增加刚度,提高加工精度。

又如图 5-7-17(a)所示的床身导轨,加工时切削力使边缘挠曲,会产生较大的加工误差。若增设加强肋(见图 5-7-17(b)),则可大大提高其刚度。

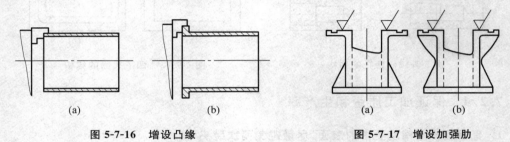

(a)　　　　　　(b)　　　　　　　　(a)　　　　　(b)

图 5-7-16　增设凸缘　　　　　图 5-7-17　增设加强肋

4. 孔的轴线应与其端面垂直

如图 5-7-18(a)所示的孔,由于其轴线不垂直于进口或出口的端面,钻孔时钻头很容易产生偏斜或弯曲,甚至折断。因此,应尽量避免在曲面或斜壁上钻孔,可以采用如图 5-7-18(b)所示的结构。同理,轴上的油孔,图 5-7-19(a)所示结构的加工工艺性不好,应采用如图 5-7-19(b)所示的结构。

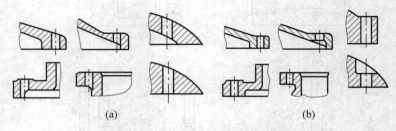

(a)　　　　　　　　　　　　　　(b)

图 5-7-18　避免在曲面或斜壁上钻孔

5. 同类结构要素应尽量统一

图 5-7-20(a)所示的阶梯轴,加工其上的退刀槽、过渡圆弧、锥面和键槽时要用多把刀

具,并增加了换刀和对刀次数。若改为图 5-7-20(b)所示的结构,既可减少刀具的种类,又可节省换刀和对刀等的辅助时间。

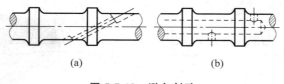

图 5-7-19 避免斜孔

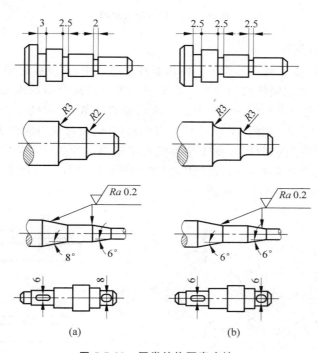

图 5-7-20 同类结构要素应统一

6. 尽量减少加工量

设计零件时,应考虑标准型材的利用,尽可能选用形状和尺寸相近的型材作坯料,这样可大大减少加工的工作量。尽量简化零件结构,图 5-7-21(b)中零件 1 结构比图 5-7-21(a)中零件 1 的结构简单,可减少切削的工作量。尽量减小加工面积,图 5-7-22(b)所示支座的底面与图 5-7-22(a)所示结构相比,既可减小加工面积,又能保证装配时零件间紧密地结合。

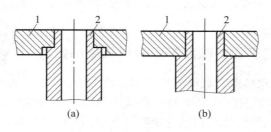

图 5-7-21 简化零件结构

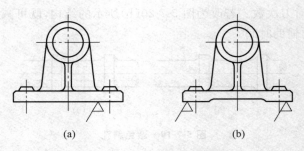

图 5-7-22 减小加工面积

7. 尽量减少走刀次数

铣牙嵌离合器时,由于离合器齿形的两侧面要求通过中心,呈放射形。这就使奇数齿的离合器在铣削加工时要比偶数齿的省工。如铣削一个五齿离合器的端面齿,只要 5 次分度和走刀就可以铣出(见图 5-7-23(a),图中数字表示走刀次数)。而铣一个四齿离合器,却要 8 次分度和走刀才能完成(见图 5-7-23(b))。因此,离合器设计成奇数齿为好。

如图 5-7-24(a)所示的零件,当加工这种具有不同高度的凸台表面时,需要逐一地将工作台升高或降低。如果把零件的凸台设计成等高(见图 5-7-24(b)),则能在一次走刀中加工所有凸台的表面,这样可节省大量的辅助时间。

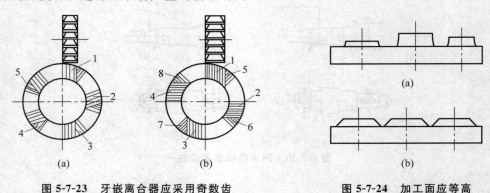

图 5-7-23 牙嵌离合器应采用奇数齿

图 5-7-24 加工面应等高

8. 便于多件一起加工

图 5-7-25(a)所示的拨叉,沟槽底部为圆弧形,只能单个地进行加工。若改为如图 5-7-25(b)所示的结构,则可实现多件一起加工,利于提高生产效率。

又如图 5-7-25(c)所示的齿轮,轮毂与轮缘不等高,多件一起滚齿时刚性较差,并且轴向进给的行程较长。若改为图 5-7-25(d)所示的结构,既可增加加工时的刚性,又可缩短轴向进给的行程。

7.2.5 合理规定表面的精度等级和粗糙度的数值

零件上工作表面的粗糙度参数值应比非工作表面小,不需要加工的表面不要设计成加工面;在满足使用要求的前提下,表面的精度越低、粗糙度数值越大,越容易加工,成本也越低。所规定的尺寸公差、形位公差和粗糙度数值应按国家标准选取,以便使用通用量具进行检验。

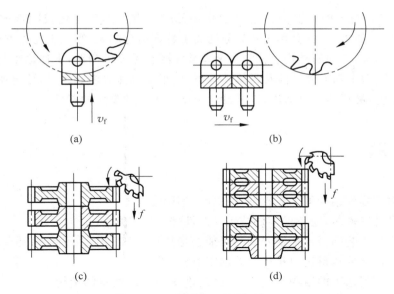

图 5-7-25 便于多工件同时加工

7.2.6 合理采用零件的组合

一般来说,在满足使用要求的条件下,所设计的机器设备,零件数量越少越好,结构越简单越好。但是为了方便,合理地采用组合件也是适宜的。例如轴带动齿轮旋转,(见图 5-7-26(a))当齿轮较小、轴较短时,可以把轴和齿轮做成一体(称为齿轮轴)。当轴较长、齿轮较大时,做成一体则难以加工,必须分成三件:轴、齿轮、键,分别加工后,装配到一起(见图 5-7-26(b))。这样加工很方便,所以这种结构的工艺是好的。

图 5-7-26(c)为轴与键的组合。如轴与键做成一体,则轴的车削是不可能的,必须分为两件(见图 5-7-26(d)),分别加工后再进行装配。

图 5-7-26(e)所示的零件,其内部的球面凹坑很难加工。如改为图 5-7-26(f)所示的结构,把零件分为两件,凹坑的加工变为外部加工,就比较方便。

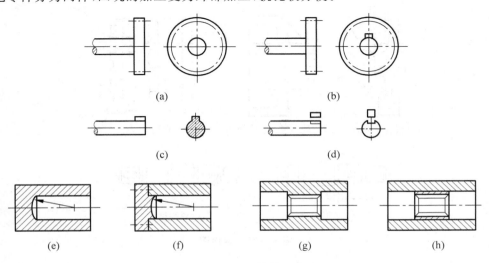

图 5-7-26 零件的组合

又如图 5-7-26(g)所示的零件,滑动轴套中部的花键孔加工是比较困难的。如果改为图 5-7-26(h)所示的结构,圆套和花键套分别加工后再组合起来,则加工比较方便。

需要说明的是,零件的结构工艺是一个非常实际和重要的问题,上述原则与实例分析只不过是一般原则和个别事例。涉及具体零件时,应根据具体要求和条件,综合所掌握的工艺知识和实际经验,灵活地加以运用,以求设计出结构工艺性良好的零件。

复习思考题

5-7-1　何为零件结构的工艺性?它有什么实际意义?

5-7-2　设计零件时,应考虑零件结构工艺性哪几项原则?

5-7-3　增加工艺凸台或辅助安装面可能会增加加工的工作量,为什么还要它们?

5-7-4　为什么要尽量避免箱体内的加工面?

5-7-5　从切削加工的结构工艺考虑,试改进图 5-7-27 所示的结构。

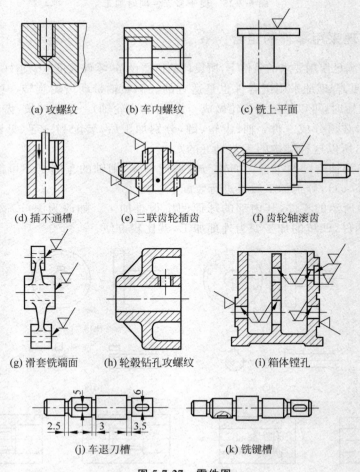

(a) 攻螺纹　　　(b) 车内螺纹　　　(c) 铣上平面

(d) 插不通槽　　　(e) 三联齿轮插齿　　　(f) 齿轮轴滚齿

(g) 滑套铣端面　　　(h) 轮毂钻孔攻螺纹　　　(i) 箱体镗孔

(j) 车退刀槽　　　(k) 铣键槽

图 5-7-27　零件图

第8章

计算机辅助设计与制造

8.1 概述

在激烈的市场竞争和巨大的内、外环境压力下,企业若要达到预期的市场占有率和预期的经济效益,提高企业的应变能力和竞争能力,用最短的时间生产出市场适销对路的、质量好、价格低的产品,最大程度地满足用户的需求,最有成效地提高自己的经济效益,成为企业生产经营的主目标。在制造环境相同的情况下,影响产品的主要因素是产品设计水平,而产品的设计水平是与企业所采用的设计手段密不可分的。

从20世纪50年代末起,伴随着计算机技术的飞速发展,计算机辅助设计技术以其强大的冲击力影响和改变着工业的各个方面,甚至社会的各个方面。世界上一些大型的汽车公司的铸造厂,如美国的通用、福特,德国的奔驰等,都把数值模拟软件作为一种日常工具来使用。对于国内企业来说,计算机辅助设计(computer aided design,CAD)技术已不再是一个陌生的概念,许多大大小小的企业都已经建立了计算机辅助设计技术系统,并多多少少地开展了计算机辅助设计技术的普及应用和二次应用开发工作,使传统的产品技术、工程技术发生了深刻的变革。计算机辅助设计系统已经成为设计人员从事产品设计、分析的工具。计算机辅助设计技术的使用,极大地提高了产品质量,缩短了从设计到生产的周期,实现了设计的自动化,使设计人员从繁琐的绘图中解放出来,集中精力进行创造性的劳动、设计工作。如果说计算机辅助设计技术解决了设计问题,那么计算机辅助工程分析(computer aided engineering,CAE)/计算机辅助制造(computer aided manufacturing,CAM)的应用解决了实际工程分析和制造加工问题,大大地提高了产品的质量,加速了产品的开发,缩短了产品的上市周期。

8.1.1 计算机辅助设计

计算机辅助设计泛指设计者以计算机为主要工具,对产品进行设计、绘图、工程分析与编撰技术文档等设计工作的总称,是一项综合性技术。一个完整的CAD系统应由科学计算、图形系统和工程数据库等组成。科学计算用于有限元分析、可靠性分析、动态分析、产品的常规设计和优化设计等;图形系统用于几何(特征)造型、自动绘图、动态仿真等;工程数据库用于对设计过程中需要使用和产生的数据、图形、文档等进行输入/输出和管理。其中,工程分析泛指包括有限元分析、可靠性分析、动态分析、优化设计及产品的常规分析计算等内容,也称为计算机辅助工程分析。因此,CAD 不再是早期英文 computer aided drafting(计算机辅助绘图)的缩写,而是整个产品的辅助设计。

作为一个设计过程,CAD 是在计算机环境下完成产品的创造、分析、设计和修改,以达到预期规划目标的过程。目前,CAD 技术可实现的功能包括:设计人员在进行产品概念设计的基础上从事产品的几何造型分析,完成产品几何模型的建立;然后抽取模型中的有关数据进行工程分析和计算(例如有限元分析、模拟仿真等);根据计算结果决定是否对设计结果进行修改,修改满意后编辑全部设计文档,输出工程图。从 CAD 作业过程可以看出,CAD 技术也是一项产品建模技术,它是将产品的物理模型转化为产品的数据模型,并把建立的数据模型存储在计算机内供后续的计算机辅助技术共享,驱动产品生命周期的全过程。

在 CAD 系统中,若加入人工智能和专家系统技术,让计算机模拟人类专家解决问题的思路和方法进行推理和决策,可大大提高设计的自动化水平,并可实现对产品进行功能设计、总体方案设计等产品的概念设计过程,从而对产品设计全过程提供支持。

8.1.2　计算机辅助制造

计算机辅助制造到目前为止尚无统一的定义。一般而言,它是指计算机在制造领域有关应用的统称,它有广义 CAM 和狭义 CAM 之分。

广义 CAM 一般是指利用计算机辅助完成从毛坯到产品制造过程中直接和间接的各种活动,包括工艺准备、生产作业计划、物流过程的运行控制、生产控制、质量控制等主要方面。其中,工艺准备包括计算机辅助工艺过程设计、计算机辅助工装设计与制造、NC 编程、计算机辅助工时定额和材料定额的编制等内容;物流过程的运行控制包括物料的加工、装配、检验、输送、储存等生产活动。

狭义 CAM 通常指数控程序的编制,包括刀具路线的规划、刀位文件的生成、刀具轨迹仿真以及后置处理和 NC 代码生成等。CAM 中的核心技术是数控技术,是为数控机床服务的。

8.1.3　计算机辅助工艺过程设计技术

计算机辅助工艺过程设计(computer aided process planning,CAPP)是根据产品设计结果进行加工方法和制造过程的设计。一般认为,CAPP 系统的功能包括毛坯设计、加工方法选择、工序设计、工艺路线制定和工时定额计算等。其中的工序设计又包含加工设备和工装的选用、加工余量的分配、切削用量选择、机床和刀具的选择、必要的工序图生成等。

CAPP 在性质上是 CAD 与 CAM 的中间环节,所以被公认为是 CAD 与 CAM 的桥梁,是柔性制造系统(flexible manufacturing system,FMS)与计算机集成制造系统(CIMS)的技术基础之一。由于工艺过程设计涉及的范围十分广泛,数据信息量庞大,长期以来,都是工艺人员依据个人的经验以手工的方式进行工艺设计。而这种方法固有的效率低、工艺方案因人而异、难以取得最佳的工艺方案等缺陷,难以适应当今快速发展的生产需要。

应用 CAPP 能够迅速编制出完整、详尽、优化的工艺方案和各种工艺文件,可极大提高工艺人员的工作效率,缩短工艺准备时间,加快产品投放市场的速度。此外,应用 CAPP 技术还可以获得符合企业实际条件的优化工艺方案,给出合理的工时定额和材料消耗,为企业的科学管理提供可靠的数据。因此,CAPP 技术的研究和应用对改革中国工艺设计的现状、促进企业的发展、增强企业的市场适应能力、提高企业的市场响应速度都有着重要的作用。目前,人工智能(artificial intelligence,AI)与专家系统(expert system,ES)技术在开发新的 CAPP 系统中应用,以及 CAD/CAPP/CAM 的集成化工作已成为各国的重点研究课题。

8.2 CAD/CAM 技术的应用

CAD/CAM 技术通过充分发挥计算机软件、硬件的能力,将各种工程领域的专业技术和计算机技术相结合,实现产品设计和制造的一体化。随着计算机技术的不断发展,CAD/CAM 系统的性能不断提高,目前 CAD/CAM 系统已广泛应用于电子、电气、工厂自动化、图像处理、人工智能和出版等国民经济的各个行业。从行业应用来讲,目前,CAD/CAM 系统在航空航天、机械电子和建筑行业的应用比较成熟,已取得十分显著的经济效益和社会效益。下面介绍 CAD/CAM 技术的典型应用领域。

1. 工程和产品设计

作为应用 CAD/CAM 技术最早的领域,在飞机、船舶和机床等产品的设计过程中,可以采用 CAD/CAM 技术进行有关零件的外形设计、结构分析、优化计算、模拟仿真和加工程序的编制等产品全生命周期的各项设计工作。目前,在建筑工程等领域,项目投标所需的产品设计和施工图纸等必须提交用符号标注的 CAD 图纸,因此,在这些领域是否掌握和应用 CAD 技术已经成为企业进入市场的"敲门砖"和"入场券"。

2. 仿真和动画制作

应用高性能的 CAD 工作站可以真实地模拟机械零件的加工过程和物体受力破坏过程等,在影视界可用 CAD 来产生动画和电影的特技镜头。

3. 事务管理

在事务管理中绘制各种形式的统计管理图标,如直方图、扇形图和库存图等,可以清晰、形象和直观地反映事务的本质特征。

4. 绘制功能图

用 CAD 技术绘制地理图、地形图、气象图、人口分布密度图以及有关的直线、等位面图等,已在有关领域发挥巨大作用。

5. 机器人

用 CAD 技术不仅可以设计机器人,还可以进行机器人的运动仿真。

8.3 CAD/CAM 技术的发展趋势

当今时代激烈的市场竞争和计算机技术的迅猛发展,推动着 CAD/CAM 系统日新月异地发展。目前,CAD/CAM 技术的发展趋势可以概括为以下几个方面。

1．设计思想参数化

设计参数化一直是 CAD 系统追求的目标。参数化设计技能是通过各种尺寸参数为设计者提供设计对象所需原始数据，同时又能通过尺寸参数对设计对象进行所需的更改。在全参数化的 CAD 系统中，所有可变的因素都被当作参数变量，同时允许建立参数变量间的各种约束和关系式。

2．设计平台计划

以 32/64 位微型机为主的构成系统越来越受人们的重视。从 20 世纪 80 年代后期开始，以 I-DEAS，UG，Pro/Engineer 等为代表的 CAD/CAM 软件，其硬件平台以工程工作站为主。近年来，微型机已经具有非常强大的图形处理和支持多 CPU 的并行处理能力，从而促使基于工作站平台的 CAD/CAM 软件纷纷向微型机移植，而本来就基于卫星及平台的 CAD/CAM 软件则纷纷推出了更优秀的新一代产品，如 Solidedge 和 Solidworks。

3．应用模式集成化

在技术发展的历史上，产品的计算机辅助设计和辅助制造是两个相对独立的概念。其中，数字化设计技术均以 CAD 和 CAM 技术为核心，是在计算机图形学（computer graphics，CG）的基础发展起来的。因此在很长时期内，CAD/CAM 技术都走过了一段相对独立的发展阶段。

4．设计过程智能化

与传统的系统相比，现有的 CAD/CAM 系统具有较高的智能化程度。尽管如此，现有的 CAD/CAM 技术在产品设计过程中比较擅长的还是处理数值型工作，包括各种计算、分析与绘图。而在设计活动中还存在方案构思与拟定、方案选择和评价决策等一系列需要各方面知识、经验和推理的职能活动。要达到完全的设计自动化，必然进一步将人工智能化和专家系统、CAD/CAM 技术结合起来。形成智能化 CAD/CAM 系统是技术发展的必然趋势。

5．应用手段网络化

网络技术是计算机技术与通信技术相互渗透和结合的产物。CAD/CAM 系统只有通过网络连接起来，才能真正达到资源共享、节省投资和降低总体拥有成本的目的。网络化为应用计算机的各部门实现信息共享、协同作业提供了物质基础条件，以便充分发挥系统的整体优势。近年来随着网络技术的飞速发展而出现的 Intranet/Internet 和 Web 技术也对 CAD/CAM 的发展产生了深远的影响。只要企业网络与 Internet 相连，设计人员就可以同世界上任何一个地方的同行进行无障碍的交流，这有助于进一步提高和改善设计工作的效率与质量，充分体现群体的作用。

6．设计模型实体化、可视化

与传统的二维计算机辅助绘图不同，随着三维图形和零件实体造型技术的发展，人们可以将产品设计过程中头脑内所构思的三维物体直接用计算机内部的三维实体模型来表示，从而能够更加直观和全面地反映设计意图。另外，在三维实体模型的基础上可以进行装配、干涉检验、有限元分析和机构运动分析等各种高级的计算机辅助设计分析工作。目前，三维实体造型已成为 CAD/CAM 系统的主流。

可视化技术在 CAD/CAM 中的定型应用是虚拟产品设计。虚拟产品是一种数字化产品模型,它在产品实际投入生产之前就已存在,利用虚拟产品可以进行并行设计和分析,还可用来与供应商和合作者交换产品信息,供客户进行产品评估。虚拟产品开发的相关技术包括:虚拟产品建模技术和产品信息及其存储管理技术。

7. 设计方式并行化

为了实现设计制造过程的一体化,新一代 CAD/CAM 系统的核心是实现一个并行的产品设计和制造环境。它强调在计算机网络环境内对产品开发的整个设计和管理过程,从软件结构、产品数据、面向对象的开发技术、产品建模和智能设计、质量控制等方面为并行工程提供完善的工作环境。通过采用产品数据管理的 PDM 技术,管理产品开发和制造环境中的所有数据,从而将工程设计、制造、生产、后勤和计划等过程连为一体。

8. 设计技术标准化

标准化不仅是开发应用 CAD/CAM 的基础,也是促进 CAD/CAM 技术普及应用的有效手段。CAD/CAM 技术的相关标准包括:面向图形设备的标准(computer graphics interface,CGI)、面向用户的图形标准(graphics kernel system,GKS)和(programmer's hierachical interactive graphics system,PHIGS),面向不同 CAD 系统的数据交换标准(initial graphics exchange specification,IGES)和(standard for the exchange of product model data,STEP)标准等。目前,基于这些标准的软件是 CAD/CAM 软件市场的主流。用于产品数据交流的 IGES 和 STEP 标准,它们既是标准又是方法,深刻地影响着产品建模、数据管理及外部接口。

CAD/CAM 技术标准化的发展方向包括:研究开发产品数据转换标准 STEP 的转换接口,建立符合 STEP 标准的全局产品数据及模型,促进 CAD 技术的国际交流和合作;研究制定网络多媒体环境下的不同层次、不同种类数据信息的表示和传输标准,支持异地协同设计与制造;建立图文并茂、参数化的标准件库,替代现行的各种形式的标准化手册,减少重复劳动,提高设计效率。

参 考 文 献

[1]　邓文英,郭晓鹏.金属工艺学[M].北京:高等教育出版社,2008.

[2]　郑修本.机械制造工艺学[M].北京:机械工业出版社,2011.

[3]　宋金虎.金属工艺学[M].北京:清华大学出版社,北京交通大学出版社,2009.

[4]　米国发.金属加工工艺基础[M].北京:冶金工业出版社,2011.

[5]　王英杰.金属工艺学[M].北京:机械工业出版社,2008.

[6]　陶亦亦,汪浩.工程材料与机械制造基础[M].北京:化学工业出版社,2012.

[7]　罗继相,王志海.金属工艺学[M].武汉:武汉理工大学出版社,2009.

[8]　李远才.金属液态成形工艺[M].北京:化学工业出版社,2007.

[9]　刘斌.材料成形工艺基础[M].北京:国防工业出版社,2011.

[10]　于永泗,齐民.机械工程材料[M].大连:大连理工大学出版社,2010.

[11]　周世全.机械制造工艺基础[M].武汉:华中科技大学出版社,2005.

[12]　邢忠义,张学仁.金属工艺学[M].哈尔滨:哈尔滨工业大学出版社,2003.

[13]　严韶华.材料成型工艺基础[M].2版.北京:清华大学出版社,2003.

[14]　杨宗德.机械制造技术基础[M].北京:国防工业出版社,2006.

[15]　张万昌.热加工工艺基础[M].北京:高等教育出版社,2002.